高职高专系列教材

新能源技术

（第二版）

周　锦　席　静　主　编

张延龙　副主编

中国石化出版社

内 容 提 要

本书以可再生能源和其他新能源的技术与应用新进展为出发点，重点介绍了太阳能、风能、水能、生物质能、地热能等可再生能源的技术发展现状及应用前景，同时评价了氢能(含燃料电池)、核能以及新能源汽车的发展状况。

本书可作为高职高专院校、本科院校举办的职业技术学院化工技术类专业及相关专业教材，也可作为五年制高职、成人教育及相关专业的教材。

图书在版编目(CIP)数据

新能源技术 / 周锦，席静主编. —2版. —北京：中国石化出版社，2019.12(2025.3重印)
高职高专系列教材
ISBN 978-7-5114-5624-3

Ⅰ. ①新… Ⅱ. ①周… ②席… Ⅲ. ①新能源-高等职业教育-教材 Ⅳ. ①TK01

中国版本图书馆CIP数据核字(2019)第282132号

中国石化出版社出版发行
地址：北京市东城区安定门外大街58号
邮编：100011 电话：(010)57512500
发行部电话：(010)57512575
http://www.sinopec-press.com
E-mail：press@sinopec.com
北京富泰印刷有限责任公司印刷
全国各地新华书店经销
*
787×1092毫米 16开本 14.25印张 353千字
2020年1月第2版 2025年3月第2次印刷
定价：42.00元

前言
Preface

人类生活在同一个地球，能源时刻都在伴随着我们的活动而存在，可以说能源是人类社会不断向前发展的重要物质基础。

人类的进化发展史，也是一部不断向自然界索取和利用能源的历史。从18世纪蒸汽机带来的工业革命到19世纪以内燃机驱动的可移动机械技术创新，再到20世纪下半叶新能源和可再生能源的绿色风潮，每一次能源利用方式的转变或能源领域的拓展，都意味着人类文明向新的水平迈进。

但是人类在享受能源带来的经济发展、科技进步等好处的同时，也遇到了一系列无法避免的能源安全挑战，比如：传统化石能源短缺、资源争夺以及过度使用能源造成的环境污染等问题威胁着人类的生存与发展。这一系列问题都使绿色能源和可再生能源在全球范围内受到关注，各国都纷纷制定了新能源开发利用的政策，大规模的开发利用绿色能源和可再生能源已成为未来世界各国能源战略的重要组成部分。

尤其是当今世界，开发和利用新能源，缓解能源、环境、生态问题已迫在眉睫，以太阳能、地热能、风能、水能、生物质能、氢能和核能等为代表的新能源，越来越受到世人的重视。无论是从经济社会走可持续发展之路和保护人类赖以生存生态环境的高度来审视，还是从为世界上十几亿无电人口和特殊用途解决现实的能源供应出发，开发利用新能源和可再生能源都具有重大战略意义。可以这么说，新能源和可再生能源是人类社会未来能源的基石，也将是传统化石能源的替代能源。

就我国而言，我国能源结构不合理，煤炭所占比例大，石油对外依存度高，天然气储备不足，人均能源占有率低，能源利用率低，所以近些年我国无论是从国家政策层面还是从开发利用技术应用方面，新能源技术的开发利用在我国越来越受到重视。随着对新能源研究和利用的人力和物力的投入力度不断加大，我国新能源利用技术和装置研发也在不断进行着更新。

为了满足从事能源生产、能源管理、环境保护和能源化工等领域的工程技术人员以及高职高专院校有关专业学生对新能源知识更新的需要，我们重新编写修订了《新能源技术》一书。本次修订在第一版的基础上优化调整了章节顺序，去除了一些知识点不突出的内容，更新了新能源技术的最新政策、开发技术及开发应用数据。全书共9章内容，重点讲述了新能源知识以及新能源的推广应用技术，力求以新的数据、广的视角和大的集成，使读者掌握世界与中国在新能源领域的新技术、新产能、新应用和新方向。

由于新能源在理论和应用方面不断发展，加之编者水平有限，书中难免存在不妥之处，敬请读者批评指正。

目 录

Contents

第1章 绪论 …… (1)

1.1 传统能源带来的社会和环境问题 …… (2)

1.1.1 以石油为代表的传统能源的过度消耗问题 …… (2)

1.1.2 传统能源开发利用过程中的环境问题 …… (3)

1.2 能源的分类 …… (4)

1.2.1 新能源的范围 …… (4)

1.2.2 新能源的开发利用 …… (6)

1.3 新能源产业的开发政策 …… (7)

1.3.1 风能 …… (7)

1.3.2 光伏发电 …… (9)

1.3.3 生物质能源 …… (10)

1.3.4 新能源汽车 …… (12)

1.3.5 核电 …… (13)

第2章 太阳能 …… (14)

2.1 太阳能概述 …… (14)

2.1.1 太阳和太阳辐射能 …… (14)

2.1.2 太阳能资源及其分布 …… (14)

2.1.3 太阳能的利用历史 …… (16)

2.1.4 太阳能转换技术 …… (17)

2.1.5 太阳能的收集技术 …… (18)

2.1.6 太阳能的储存技术 …… (19)

2.1.7 太阳能的利用技术 …… (19)

2.2 太阳能光-热转换技术 …… (21)

2.2.1 太阳能热水器 …… (21)

2.2.2 太阳灶 …… (29)

2.2.3 太阳房 …… (29)

2.2.4 太阳能光热发电 …… (30)

2.3 太阳能光-电转换技术 …… (35)

2.3.1 太阳能光伏发电 …… (35)

2.3.2 太阳能电池 …………………………………………………………………………………… (40)
2.3.3 太阳能电池发电系统 ………………………………………………………………………… (48)
2.3.4 太阳能-化学能转化技术 …………………………………………………………………… (54)
第3章 风能 ……………………………………………………………………………………… (56)
3.1 风能概述 …………………………………………………………………………………… (56)
3.1.1 风能 …………………………………………………………………………………… (56)
3.1.2 风能资源的分布 ……………………………………………………………………… (57)
3.1.3 风能的指标 …………………………………………………………………………… (59)
3.1.4 风能利用 ……………………………………………………………………………… (62)
3.1.5 风能的政策 …………………………………………………………………………… (64)
3.1.6 风能发展的潜力 ……………………………………………………………………… (66)
3.2 风力发电 …………………………………………………………………………………… (67)
3.2.1 风力发电的发展及现状 ……………………………………………………………… (67)
3.2.2 风力发电的原理及系统组成 ………………………………………………………… (69)
3.3 风力发电机组 ……………………………………………………………………………… (74)
3.3.1 风力发电机组的分类 ………………………………………………………………… (76)
3.3.2 风力发电机组的发展 ………………………………………………………………… (76)
3.3.3 风力机 ………………………………………………………………………………… (77)
3.3.4 发电机 ………………………………………………………………………………… (83)
3.3.5 塔架 …………………………………………………………………………………… (84)
3.3.6 升速齿轮箱 …………………………………………………………………………… (84)
3.3.7 控制系统 ……………………………………………………………………………… (84)
3.3.8 发展趋势 ……………………………………………………………………………… (85)
3.4 风力发电场 ………………………………………………………………………………… (86)
3.4.1 风力发电场发展 ……………………………………………………………………… (86)
3.4.2 风力发电场的特点 …………………………………………………………………… (86)
3.4.3 风电场容量系数及发电成本 ………………………………………………………… (87)
3.4.4 风电场对保护环境效果显著 ………………………………………………………… (88)
3.5 风力发电储能系统 ………………………………………………………………………… (88)
3.5.1 蓄电池储能 …………………………………………………………………………… (88)
3.5.2 压缩空气储能 ………………………………………………………………………… (88)
3.5.3 飞轮储能 ……………………………………………………………………………… (89)
3.5.4 抽水储能 ……………………………………………………………………………… (89)
3.5.5 电解水制氢储能 ……………………………………………………………………… (89)
第4章 水能 ……………………………………………………………………………………… (90)
4.1 水能资源的概述 …………………………………………………………………………… (90)
4.2 水力发电 …………………………………………………………………………………… (97)

4.2.1 水力的开发 …… (97)
4.2.2 水力发电的原理与流程 …… (107)
4.2.3 水能资源的开发方式及水电站的基本类型 …… (108)
4.2.4 水电与其他发电方法的比较 …… (112)
4.3 水力发电设备 …… (113)
4.3.1 水轮机 …… (113)
4.3.2 发电机概述 …… (115)
4.3.3 水工建筑物 …… (117)
4.4 海洋能 …… (119)
4.4.1 海洋能概述 …… (119)
4.4.2 波浪能发电 …… (120)
4.4.3 海洋温差发电 …… (123)
4.4.4 海流发电 …… (125)
4.5 潮汐能 …… (126)
4.5.1 潮汐能概述 …… (126)
4.5.2 潮汐能发电技术 …… (126)
4.5.3 潮汐电站工程和设施 …… (129)
4.5.4 水轮发电机组 …… (130)
4.5.5 潮汐能发电站特点 …… (131)
4.5.6 潮汐发电展望 …… (131)
第5章 生物质能 …… (133)
5.1 生物质能概述 …… (133)
5.1.1 生物质能的定义 …… (133)
5.1.2 生物质能的分类 …… (134)
5.1.3 生物质能的特点 …… (136)
5.1.4 生物质能的利用技术 …… (137)
5.2 生物质燃料的生产技术 …… (145)
5.2.1 水相化学反应 …… (145)
5.2.2 合成生物学方法 …… (146)
5.2.3 生物质直接制备油(生物油) …… (147)
5.3 乙醇生产技术与发展趋势 …… (150)
5.3.1 乙醇生产常规技术及进展 …… (151)
5.3.2 纤维素乙醇生产技术及发展 …… (154)
5.4 生物柴油生产技术 …… (160)
5.4.1 植物油和生物柴油的特性 …… (160)
5.4.2 生物柴油的生产技术 …… (161)
5.4.3 我国生物柴油生产标准和开发进展 …… (165)
5.5 微藻生物燃料 …… (168)
5.5.1 微藻生产生物燃料的优点 …… (168)

5.5.2 微藻生物燃料生产技术 …… (170)
5.5.3 我国微藻生物燃料的发展 …… (171)
第6章 地热能 …… (173)
6.1 地热能概述 …… (173)
6.1.1 地热能概述 …… (173)
6.1.2 地热资源 …… (173)
6.1.3 全球地热资源 …… (176)
6.1.4 我国的地热资源 …… (178)
6.1.5 我国地热能开发及利用的政策梳理 …… (181)
6.2 地热直接利用 …… (183)
6.3 地热发电 …… (186)
6.4 地源热泵 …… (188)
第7章 核能发电技术与应用 …… (190)
7.1 核能发展简史 …… (190)
7.1.1 核资源 …… (190)
7.1.2 月球的核应用 …… (191)
7.2 核能发电 …… (193)
7.2.1 核能发电概述 …… (193)
7.2.2 核能发电的优缺点分析 …… (193)
7.2.3 世界核能发电发展 …… (194)
7.2.4 中国核能发电现状与展望 …… (197)
第8章 氢能 …… (200)
8.1 氢能概述 …… (200)
8.1.1 氢能 …… (200)
8.1.2 氢能的特点 …… (201)
8.1.3 氢能开发利用 …… (202)
8.1.4 氢能的发展展望 …… (205)
8.2 氢能的制备与存储 …… (207)
8.2.1 氢能的制备 …… (207)
8.2.2 氢气的储存 …… (209)
8.3 氢燃料电池 …… (211)
8.3.1 氢燃料电池的概述 …… (211)
8.3.2 氢燃料电池的应用 …… (212)
8.3.3 我国氢燃料电池发展中遇到的问题 …… (214)
第9章 新能源汽车 …… (216)
9.1 新能源汽车概述 …… (216)
9.2 中国新能源汽车发展状况 …… (217)
参考文献 …… (218)

第1章 绪　论

当前全球国家的经济发展和能源有着密切的联系，可以说能源技术是推动社会发展进步和经济增长的主要基础，能源技术的每次革新都推进了人类社会向文明迈进的脚步。

BP 集团首席执行官戴德立指出，全球能源消费和使用能源过程中产生的碳排放在 2018 年的增速达到了自 2011 年以来的最高水平，碳排放持续增长的时间越长，未来“零碳排放”调整的难度和成本就会越高，全球各国应尽快做出改变。

这种增速与巴黎气候协定设定的加快转型的目标背道而驰。BP 经济学团队认为天气因素是这些增长的主要原因。2018 年频繁的异常寒冷与炎热的天气使得家庭和企业增加供暖与制冷的需求。能源消费上升的直接后果就是碳排放的进一步攀升。

即便天气异常是个短期因素，使得能源需求和碳排放的增长在未来数年内趋缓，当前的进展仍无法与巴黎气候协定目标相契。我们的世界正走在一条不可持续的道路之上：碳排放持续增长的时间越长，未来“零碳排放”调整的难度和成本就会越高。碳排放在 2018 年再度增长，提醒我们需要尽快做出改变。

《BP 世界能源统计年鉴》针对这些新的发展和变化做出及时客观的分析。

所有能源燃料的消费均在增长。许多燃料的增速都超过了其近期历史平均水平，尤其是天然气。天然气正经历着近三十年来最强势的增长，在 2017 年贡献了一次能源消费增量的 40%。供给方面，2018 年的数据再度反映了美国页岩革命的重要性。2018 年美国石油和天然气的年度产量增速均是有史以来各国年度增速的最高增速，其中的绝大部分来源于陆上页岩油气。与此同时，以风能和太阳能为代表的可再生能源的产量增速远超其他能源。

据 2019 年版《BP 世界能源统计年鉴》统计数据显示，在国家政策的持续推动下，我国能源结构仍在持续优化。2018 年，煤炭消费量在我国能源消费总量中占比仅为 58%，再创历史新低；可再生能源消费量大幅提升，同比增长 29%，占全球增长量的 45%。

2018 年，我国能源消费增速由 2017 年的 3. 3%增长至 4. 3%，超过过去十年 3. 9%的平均增速水平。同时，中国仍然是世界上最大的能源消费国，在全球能源消费量占比 24%，全球能源消费增长量占比 34%。

细分来看，化石能源方面，天然气消费量同比增长 18%，石油消费量同比增长 5%，天然气产量增长 $120\times10^8m^3$、同比增长 8. 3%。清洁能源方面，太阳能发电增长最快、同比增长 51%，风能紧随其后、同比增长 24%，生物质能及地热能同比增长 14%，水电增长 3. 2%，约为近十年平均水平的三分之一。值得一提的是，2018 年，我国核能发电量增长 19%，超过近十年平均增速，占据全球核能发电增量规模的 74%。

需要注意的是，2018 年，我国成为全球第一大油气进口国。其中，天然气对外依存度为 43%，石油对外依存度达 72%、为近五十年来最高水平。

1.1 传统能源带来的社会和环境问题

1.1.1 以石油为代表的传统能源的过度消耗问题

21世纪，石油依然是经济发展的主动力，但如果石油危机爆发，世界经济将面临严峻的挑战，因此21世纪的石油工业又称为后石油时代的石油工业。

2018年的石油价格经历了过山车一样的起伏。油价从年初开始攀升，在十月份一度达到令人眩目的85美元/桶，但随后在第四季度暴跌至50美元/桶。

石油需求没有太大的波动，继续稳步增长，每日需求量在2017年基础上增加140万桶。从绝对量上来看，发展中国家和地区主导了这一部分的增长。其中，中国(70万桶/日)和印度(30万桶/日)贡献了约三分之二的增量。但是相比过去十年，美国的表现一反常态。2018年，美国的石油需求增加50万桶/日，达近十年来最高增长，最主要的推力是新兴产能投产下乙烷需求的增长。

全球范围内产品增长的不同势头也印证了化工行业在刺激石油需求上的重要作用。去年全球一半的石油需求增长来自诸如乙烷、液态石油、轻油等和化工密切相关的产品。

在需求稳步增长的背景下，能源供应方得到了发展的契机。全球产量增加220万桶/日，超历史平均水平的两倍。增长主要是由美国驱动，其220万桶/日的增长是单一国家石油产量年度增长的历史最高水平。自2012年致密油革命开始，美国的产量(包括天然气凝液)已经增加超过700万桶/日，大致相当于沙特阿拉伯的原油出口量。这一令人惊叹的增长已经转变了美国的经济结构和世界石油市场的动态。因此，美国净石油进口量已经从2005年的1200万桶/日下降至不到300万桶/日。

2018年度平均油价(即期布伦特)从2017年的每桶54.19美元上涨至每桶71.31美元。炼油厂原油加工量增长96万桶/日，低于2017年150万桶/日的同比增量。然而，炼油厂平均开工率继续攀升，达到2007年来的最高水平。

天然气消费增长$1950\times10^8m^3$，增速达5.3%，为1984年以来最快年增速之一。消费增长主要来自美国($780\times10^8m^3$)，其次是中国($430\times10^8m^3$)、俄罗斯($230\times10^8m^3$)和伊朗($160\times10^8m^3$)三国。全球天然气产量增长$1900\times10^8m^3$，增速达5.2%。其中，美国贡献了几乎一半的产量增长($860\times10^8m^3$)。2018年美国油气产量增长均打破了单一国家的历史最高年产量增长纪录。俄罗斯($340\times10^8m^3$)、伊朗($190\times10^8m^3$)以及澳大利亚($170\times10^8m^3$)紧随其后。跨区域天然气贸易增长$390\times10^8m^3$，增速达4.3%，超过去十年平均年增速的两倍。液化天然气的持续快速扩张是主要原因。液化天然气的供给增长主要来自澳大利亚($150\times10^8m^3$)、美国($110\times10^8m^3$)和俄罗斯($90\times10^8m^3$)。约一半的液化天然气进口增长来自中国($210\times10^8m^3$)。

煤炭消费增长1.4%，为近十年平均增速的两倍。煤炭消费的增长主要来自印度(36Mt油当量)和中国(16Mt油当量)。经合组织国家的煤炭需求降至1975年以来的最低水平。煤炭在一次能源消费中所占比重下降至27.2%，为近十五年来最低。全球煤炭产量增加162Mt油当量，增速达4.3%。增量主要来自中国(82Mt油当量)和印度尼西亚(51Mt油当量)。

世界和中国主要常规能源储量预测见图1-1。

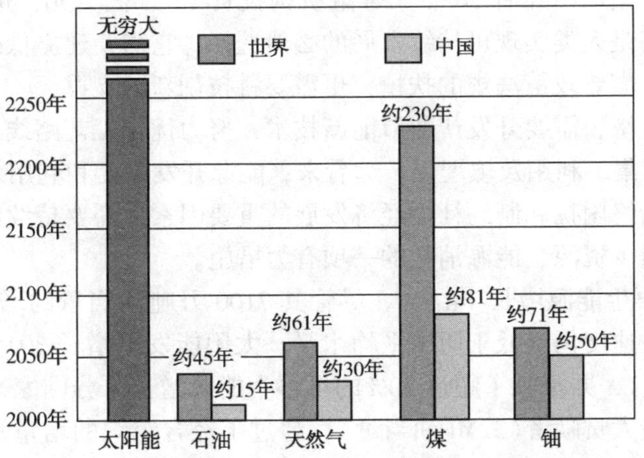

图 1-1 世界和中国主要常规能源储量预测

1.1.2 传统能源开发利用过程中的环境问题

在能源开发利用的过程中除了过度消费的问题，还伴随着一个不能忽视的环境问题。在以瓦特发明蒸汽机为标志的第一次工业革命后，汽车、飞机成为主要的交通工具，煤炭、石油等化石燃料被广泛利用。继工业革命之后，世界又迎来了信息革命等一系列的重大变革。然而，这些革命都带来了温室气体的大量排放，导致全球气候变暖。为了弥补上述革命带来的缺憾，如今，一个以低能耗、低污染、低排放为基础的低碳经济时代正在到来。低碳经济被人们认为是继两次工业革命、信息革命、生物技术革命之后，第五次改变世界经济的革命浪潮。

高速发展的世界经济在创造巨大物质财富的同时，也使大气中包含二氧化碳在内的温室气体的含量急剧增加。在人类社会实现工业化以前的 19 世纪初，大气中二氧化碳的浓度为 270μL/L，而目前大气中的二氧化碳含量已达 350μL/L。有人预测，如果人类不采取任何措施，到 2050 年，大气中二氧化碳含量将超过 900μL/L。由此引起的全球变暖可能会导致温带扩大、冰川消融、海平面上升等一系列环境问题，人类生存环境面临着自我发展所带来的空前威胁。

以天然气和可再生能源为主力，全球一次能源消费在 2018 年增长迅猛。然而，碳排放增速达到了近七年以来的最高水平。2018 年，一次能源消费增长 2.9%，几乎是过去十年平均增速(1.5%)的两倍，也是 2010 年以来的最高增速。分品种看，能源消费的增长主要由天然气驱动，后者的贡献超过 40%。可再生能源是第二大驱动因素，所有的燃料增速都超过了过去十年的平均速度。中国、美国及印度共贡献了全球能源需求增长的三分之二。其中，美国的能源需求增长创三十年来新高。

各国纷纷采取鼓励低碳能源开发和使用的政策。比如英国引入了气候变化税、碳排放贸易基金、碳信托交易基金。美国于 2007 年年底颁布了新能源法，为其发展低碳经济提供法律保障。美国通过能源法案，对风能、太阳能、生物燃料等一系列可再生能源项目实行减免税收、提供贷款担保和经费支持等优惠政策。此外，一些欧洲国家还对汽油、化工产品等开征能源税和碳税。一些欧洲国家对燃烧会产生二氧化碳的化石燃料如汽油等，也准备开征能源税和碳税。目前，全球已经有 50 多家金融机构投资 13 万亿美元，进行低碳技术等的开发。走低碳经济之路是人类实现可持续发展的必然选择，它需要建立低碳产业结构、调整能源结构及消费结构，需要政策法规的扶植，更需要科技创新的支撑。

我国发展低碳经济，需要开发产业节能新技术，努力优化工艺路线，选择节约型替代产品，并实现 CO_2的捕集、利用及填埋。长远看来，能源开发深度和利用效率是人类文明发展水平的标志，也是始终困扰和制约社会经济发展的重要因素，需要持续的科研攻关。而资源回收利用是大幅度减少资源、能源消耗的一项有力措施。

2018 年全球可再生能源增长 14. 5%。尽管其 7100 万吨油当量的增量十分接近 2017 年的创纪录高位，这一速度仍略低于历史平均水平。太阳能发电增长 30Mt 油当量，仅低于风能发电(32Mt 油当量)，并贡献了超过 40%的可再生能源增长。分国家来看，中国再次成为可再生能源增长的最大贡献者(32Mt 油当量)，超过了经合组织的增量总和(26Mt 油当量)。水电增速达 3. 1%，超平均水平。其中，欧洲发电量回升 12. 9Mt 油当量，达 9. 8%，大致抵消 2017 年急剧的下滑。全球核电增长 2. 4%，为 2010 年以来的最快增速。其中，中国贡献几乎四分之三的增长(10Mt 油当量)。日本(5Mt 油当量)紧随其后。

1. 2　能源的分类

能源按其生成方式，分为天然能源(一次能源)和人工能源(二次能源)两大类。

所谓的一次能源指自然界中以天然形式存在并没有经过加工或转换的能量资源，涵盖了三大类：①来源于地球之外的天体的能量，比如太阳能；②来源于地球自身蕴含的能量，比如地热能；③来源于地球和其他天体相互作用产生的能量，比如潮汐能。

二次能源则是指由一次能源直接或间接转换成其他种类和形式的能量资源，如煤气、汽油、煤油、柴油、电力、蒸汽、热水、氢气、激光等。

新能源与可再生能源，是指除常规化石能源和大中型水力发电、核裂变发电之外的太阳能、风能、生物质能、海洋能以及地热能等一次能源。这些能源资源丰富、可以再生、清洁干净，是最有前景的替代能源，将成为未来世界能源的基石。

1. 2. 1　新能源的范围

化石燃料存在两大问题，一是其存储量有限，无法满足人们长久的能源需求；二是其在使用后产生大量污染物质，特别是导致全球变暖的二氧化碳气体。高油价给全球的经济带来相当大的冲击，许多国家开始认真思考未来本国能源安全的问题。其实，即使化石燃料存储量丰富、价格稳定，但是从人类地球环境的未来出发，人们也应着手改变现在的能源需求结构，大力发展新能源。

人类严重依赖原油、煤炭和天然气这类化石燃料并非长久之计，只有广开能源渠道才能保持社会可持续性发展。

替代能源开发正在加快。200 多年前开始大规模使用煤炭，100 多年前开始大规模使用石油，30 多年前开始大规模使用天然气，现在，煤炭、石油和天然气的价格与需求均在增长之中，使用它们还都有温室气体排放(GHG)问题。

各国设定新能源的种类不尽相同。中国目前设定的新能源包括太阳能、风能、生物质能、地热能和海洋能等 5 种。这些可再生能源列为新能源，为联合国和许多国家所认同。太阳能、生物质能、风能、地热能都是古老的、早就被人类利用的能源，只不过现在要在高新技术基础上加以开发利用。因此，新能源是在高新技术基础上开发利用的可再生能源。

可再生能源来自自然，资源丰富，环境污染低，可永续利用，是我国重要的能源资源。可再生能源具有可再生性、污染小、利用效率高等优点，开发利用新能源及可再生能源是人类解决能源危机、环境危机的最优途径，它在满足能源需求、保障国家能源安全、改善能源结构、减少环境污染、发展农村经济、增加就业机会，促进经济、环境、社会的可持续发展方面意义重大。在目前全球金融危机的大环境下，发展可再生能源对于拉动经济增长有着特殊的意义。

这类能源的共同点是，能量密度较低并且高度分散，风能、太阳能、潮汐能等还有间歇性、随机性问题。因此，它们的开发利用受到一定的限制，在技术上往往也存在一定的难度。新能源是清洁的能源，它们的开发利用不会污染环境或较少污染环境。新能源开发利用技术涉及工程热物理学、电子学、气象学、地质学、空气动力学、海洋学、微生物学和材料学等多种学科，是综合性的高新技术。

当今新能源范围概念图如图 1-2 所示。

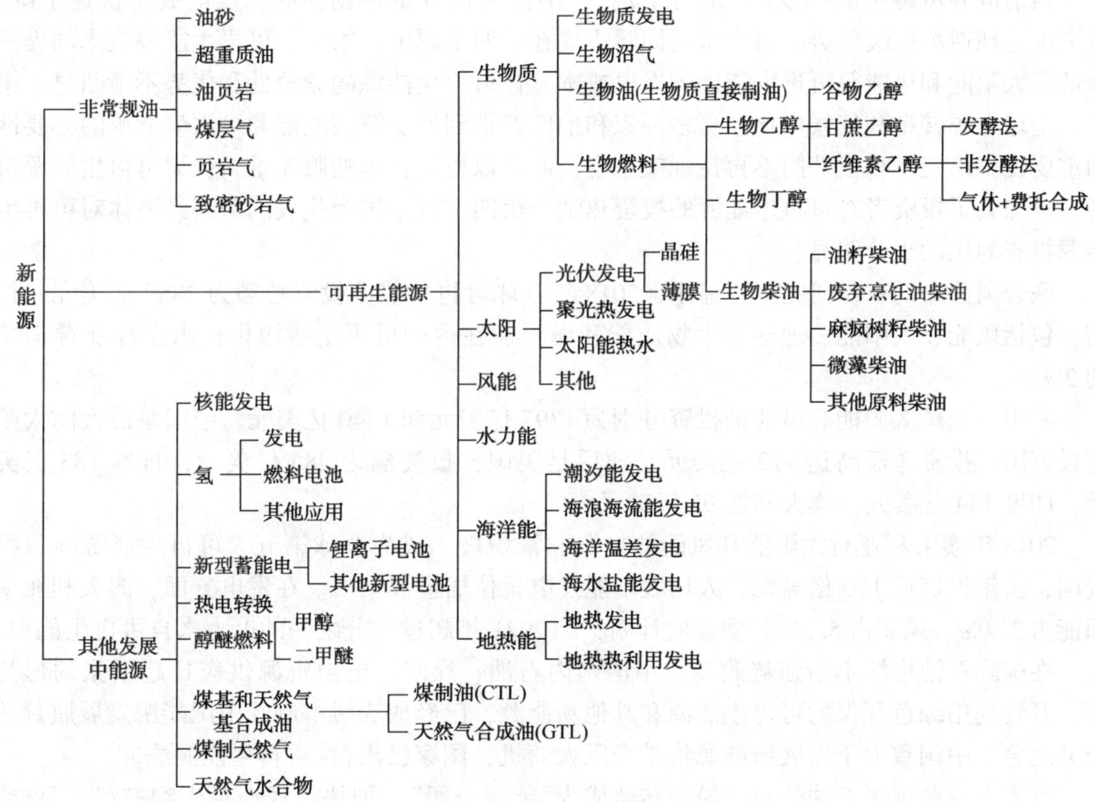

图 1-2 当今新能源范围概念图

新能源按其开发利用途径可分为若干类，其内容为：①太阳能，包括太阳能热利用、太阳能光伏利用和蓄能技术；②生物质能，包括能源植物(陆生、水生)、沼气、生物质气化、生物质液化、生物质压块、生物质发电；③风能，包括风能动力、风力发电、风帆助航以及其他利用技术；④地热能，包括中低温地热水利用、地热发电和干热岩的利用；⑤海洋能，包括潮汐能发电、波浪能发电、海洋温差发电、海流发电、潮流发电以及盐度差能利用。其中水能、生物质能的应用相对成熟；风能、地热能、太阳能由于政策的支持近年来发展比较迅速。海洋能尚处于研究开发和验证阶段，距大规模商业化应用还有一段距离。

世界环境论坛指出，核能不是可再生能源，也不是清洁能源。石油、煤炭和天然气也不是可再生能源或清洁能源。核能和化石燃料都对环境有污染，并且属不可再生能源，它们都产生长期的放射性废物或温室气体排放。但因核能仍是发展中的能源，故仍习惯地将其列入新能源范畴。

当今世界各国都在为获取充足的能源而拼搏，而且对解决能源问题的决策给予了极大重视，其中可再生能源的开发与利用尤为引人注目。新技术的发展，使得风能、生物质能以及太阳能等可再生能源得到加快开发利用。发展新能源，尤其发展可再生能源有利于促进能源安全、经济安全、气候安全和国家安全。随着化石能源的日趋枯竭，可再生能源终将成为化石能源的替代品。

1.2.2 新能源的开发利用

当前世界可再生能源发展“动力十足”，不仅装机容量再创新高，发电成本快速下降，投资也呈现逆势回暖趋势。投资市场回暖主要在于四个原因：第一，可再生能源技术的提高降低了太阳能和风能等可再生能源的发电成本，让可再生能源的竞争性和优势不断凸显。第二，全球能源转型和气候变化让更多国家和地区意识到发展清洁能源和可再生能源的必要性和重要性。第三，私营部门不再持观望态度，而是以更加长远的眼光重新认识可再生能源市场，也加大了投资者对可再生能源的投资热情。第四，以中国为代表的新兴经济体对可再生能源投资的拉动十分明显。

联合国公布的一份研究报告显示，2018 年全球可再生能源投资总额为 2889 亿美元。目前，包括风能、太阳能、地热、生物质能和海洋能在内的可再生能源仍仅占全球能源消费的 2%。

其中，全球太阳能和风能的投资分别为 1397 亿美元和 1340 亿美元。中国是最大的太阳能投资国，投资总额高达 912 亿美元。随后是美国，投资额为 485 亿美元，日本 183 亿美元，印度 154 亿美元，澳大利亚 95 亿美元。

2018 年澳大利亚对太阳能和风能的投资非常积极，成为全球第五大可再生能源项目投资国，去年投资近 100 亿美元，人均太阳能发电量位居世界第二。在发电方面，澳大利亚太阳能占 2.4%、风能占 5.5%。澳政府计划，到 2021 年超过三分之一的电力来自可再生能源。

在国际石油市场不断强势震荡，中国国内石油、煤炭、电力资源供应日趋紧张的形势下，开发利用绿色环保的可再生能源和其他新能源，已经成为缓解制约中国能源发展瓶颈的当务之急。中国致力于发展新能源将带来巨大商机，国家已出台《可再生能源法》。

世界上一些顶级石油公司已纷纷转轨成为“能源公司”，加快步伐涉足生物燃料、氢能、太阳能、风能等新能源的开发和利用。

以“为国家提供优质能源”为己任的中国石油、中国石化、中国海洋三大石油公司，除了进一步加快石油、天然气的开发速度外，也已腾出手来将目光投向了生物质能源、太阳能发电、风能利用、地热、煤层气等新能源开发上。

我国新能源与可再生能源资源丰富，太阳能、生物质能、海洋能等储量更是属于世界领先地位。目前我国开发风力发电技术已基本成熟，但是对于核能、海洋能、生物质能等能源的利用还处于探索阶段。在《可再生能源法》及《可再生能源中长期发展规划》等推动下，中国可再生能源已步入快速发展阶段。

1.3 新能源产业的开发政策

新能源开发利用是伴随高新技术的不断出现而发展的新兴产业领域。新能源技术开发和装备制造是新能源利用的重要基础和支撑。在新能源开发利用与日俱增的形势下，国内新能源装备制造能力不足的矛盾日益凸现，大量的如核电、风电、太阳能发电等核心设备严重依赖进口，在一定程度上制约了我国能源产业的发展，影响了国家能源安全。因此，加速新能源转化利用技术和开发，壮大新能源装备制造产业，已经成为国家先进装备制造业发展的重点。“国务院关于加快振兴装备制造业的若干意见”将发展大型清洁高效发电装备列为重点突破的 16 大领域之一，其中涉及新能源的关键技术包括百万千瓦级核电机组、大功率风力发电机等新型能源装备，推进以核电装备为主的新能源装备国产化被提到重要议事日程。按照国家新能源发展中长期规划，在到 2020 年的中长期内，国内的核电、水电、风电、太阳能、生物质能利用转化发电的装机容量年均递增率都将在两位数以上，我国的新兴能源开发将进入一个持续高速增长的新时期，也将是新型能源装备市场的迅速成长期。国家先后出台了《中华人民共和国可再生能源法》《可再生能源产业发展指导目录》《中华人民共和国节约能源法》《可再生能源中长期发展规划》《能源发展“十二五”规划》等法律规定和政策。

2015 年 3 月，国家发展改革委员会、国家能源局《关于改善电力运行调节促进清洁能源多发满发的指导意见》明确指出，优先预留水电、风电、光伏发电等清洁能源机组发电空间；鼓励清洁能源发电参与市场，对于已通过直接交易等市场化方式确定的电量，可从发电计划中扣除。对于同一地区同类清洁能源的不同生产主体，在预留空间上应公平公正。风电、光伏发电、生物质发电按照本地区资源条件全额安排发电；水电兼顾资源条件和历史均值确定发电量；核电在保证安全的情况下兼顾调峰需要安排发电；气电根据供热、调峰及平衡需要确定发电量。煤电机组进一步加大差别电量计划力度，确保高效节能环保机组的利用小时数明显高于其他煤电机组，并可在一定期限内增加大气污染物排放浓度接近或达到燃气轮机组排放限值的燃煤发电机组利用小时数。

1.3.1 风能

近年来，我国可再生能源发展驶入快车道，以风电为代表的新增主力发展势头强劲。国家能源局数据显示，2018 年前三季度，全国风电新增并网容量 1261×10^4kW，同比增长 30%，风电累计并网装机容量达到 1.76×10^8kW。风电装机规模稳步扩大的同时发电量也在不断攀升，据国家统计局最新数据，2018 年 1 ~10 月份全国绝对发电量 55816×10^8kW · h，其中风电发电量 2625×10^8kW · h 时，同比增长 18.8%，占全国电源总发电量的 4.7%，风电正在不断地巩固我国第三大主力电源的地位。

但由于多因素影响，风电的消纳问题依然严重。不过，据 2018 年 12 月 4 日国家发改委网站消息，国家发改委、国家能源局联合印发了《清洁能源消纳行动计划(2018 ~2020 年)》(以下简称《计划》)，其中提到：近年来，我国清洁能源产业不断发展壮大，产业规模和技术装备水平连续跃上新台阶，为缓解能源资源约束和生态环境压力作出了突出贡献。但是，清洁能源发展不平衡不充分的矛盾也日益凸显，特别是清洁能源消纳问题突出，已严重制约电力行业健康可持续发展。

《计划》特别指出，2018 年，确保全国平均风电利用率高于 88%(力争达到 90%以上)，弃风率低于 12%(力争控制在 10%以内)。2019 年，确保全国平均风电利用率高于 90%(力争达到 92%左右)，弃风率低于 10%(力争控制在 8%左右)。2020 年，确保全国平均风电利用率达到国际先进水平(力争达到 95%左右)，弃风率控制在合理水平(力争控制在 5%左右)。

同时，为解决风电等清洁能源消纳问题，建立清洁能源消纳的长效机制，《计划》中制定了以下措施：优化电源布局，合理控制电源开发节奏；加快电力市场化改革，发挥市场调节功能；加强宏观政策引导，形成有利于清洁能源消纳的体制机制；深挖电源侧调峰潜力，全面提升电力系统调节能力；完善电网基础设施，充分发挥电网资源配置平台作用；促进源网荷储互动，积极推进电力消费方式变革；落实责任主体，提高消纳考核及监管水平等相关措施。

随着市场的不断扩大，新技术新产品加速迭代，风电行业面临的主要矛盾已经开始转化，体制机制的限制已经超越技术成本成为发展的重要制约因素，突出体现为电网接入和市场消纳困难。2018 年前三季度，全国弃风率为 7.7%，弃风电量 222×10^8kW·h。按照 2018 年调整后的陆上风电标杆上网电价计算，风电平均市场交易电价为 0.5 元/kW·h，限电损失为 111 亿元人民币。

对于风电消纳的问题，早有专家提出，风电消纳难题的逐步破解得益于政府多管齐下的促消纳举措。“一直以来国家出台了多项与并网消纳相关的政策，包括电网建设、最低保障性小时数设置、绿证等；另一方面，电力消纳方式趋于多元化，尤其是在弃风限电较为严重的‘三北’地区，不仅积极推进就地消纳、加快外输能力建设，扩大风电消纳空间；而且当地政府鼓励通过深化电力体制改革，积极推进新能源企业参与市场化交易；支持新能源企业就地就近发展电力制氢等战略性新兴产业，进一步拓宽新能源消纳路径。”

随着一系列扶持可再生能源政策的颁布，风电行业发展不断好转，风电建设进一步向用电需求大、消纳情况相对较好的中东部和南方地区倾斜，早在《风电发展“十三五”规划》中就有布局，要求“到 2020 年，中东部和南方地区陆上风电新增并网装机容量 4200×10^4kW 以上，累计并网装机容量达到 7000×10^4kW 以上”。截至 2018 年 6 月份，中东部和南方省份风电累计并网容量达到 4565×10^4kW，实现了时间过半，任务过半。

此外，国家能源局也通过连续发布风电投资监测预警结果，划定并滚动调整风电开发建设红色预警区域和橙色预警区域，有效引导和控制了风电投资建设。

风电布局的南移为风电开拓了一个更有潜力的市场。风电开发接近用电负荷，对于电力的消纳来说是一个先天的优势。“在‘三北’地区开发风电，风电资源无疑是好的，但当地的消纳能力有限，如果要更好消纳这些电量就涉及远距离输送等其他问题，这不是一个简单的工程上的问题。”有专家如是称，反观东中部和南方地区，随着技术的成熟，分散式风电和海上风电的建设难度降低，经济效益显著提高，年平均风速 5m/s 的风电场，年等效满负荷利用小时数也可以达到 2000h 左右。中东部和南方地区的风电发展迎来了新的契机。

除陆上风电的各种措施以外，海上风电的开发和利用，也是解决消纳的一个重要方式。

不过，海上风能资源开发受技术、成本、人力、经验等掣肘很多，挑战很大，开发企业较少。

但要清楚地看到，与陆上风电相比，海上风能的能量效益要高20%~40%。此外，海上风电还有很多陆上风电无法比拟的优势，如风力资源丰富、不占用土地、发电利用小时数高、适宜大规模开发等。因此，海上风电成为我国“十三五”新能源发展重点。近几年，许多大型风电开发企业、设备制造企业开始积极探索海上风电发展之路。

2014年，我国海上风电迎来启动元年。与陆上风电新增装机容量下滑形成对比的是，海上风电取得突破进展。2016年年底，我国海上风电装机容量居全球第三，2017年，海上风电开发渐入佳境。根据国家能源局的统计数据，截至2018年6月底，海上风电累计并网装机容量已达27GW。

未来，海上风电是否会继续得到国家支持？国家能源局新能源与可再生能源司有关人员给出了肯定的答复：“未来，国家会进一步完善支持海上风电发展的各项政策措施，确保对其支持力度不减，同时积极为企业开展项目建设提供便利条件。”

1.3.2 光伏发电

因太阳能发电成本高于传统能源，目前光伏市场仍主要由政策推动。

“从2025年开始，我国光伏发电将逐步成为主力能源。”中国电源学会副理事长、阳光电源股份有限公司的董事长曹仁贤在会上如是表示。“SNEC2019国际太阳能光伏与智慧能源(上海)展览会暨论坛”于2019年6月3日在上海开幕，与会专家聚焦全球光伏发展展开讨论。

“2019年将成为光伏发展史上里程碑的一年，全球光伏都将快速走入全面平价的新时代。”全球太阳能理事会联合主席、中国光伏行业协会理事长高纪凡表示，随着国内政策发布，国内市场将会出现恢复性增长。据悉，2019年5月30日，国家能源局发布了《关于2019年风电、光伏发电项目建设有关事项的通知》，明确优先推进无补贴的平价上网项目建设，再开展需要国家补贴项目的竞争配置工作，这对风电光伏行业来说，将是一个重大转变。

由于光伏成本快速下降，2019年海外市场全面增长，欧盟市场快速复苏，美国市场的需求在去年的基础上大幅度反弹，东南亚、拉美、中东等国家和地区的发展势头非常迅猛。光伏市场多样化的趋势愈加明显，预计2019年，海外市场将从2018年的60GW大幅增长到85GW左右。

与此同时，我国光伏产业在经历了去年“531”补贴政策退坡的背景下仍然取得了不错的成果。高纪凡介绍，在制造端，我国多晶硅产量超过250kt，同比增长超过3.3%；硅片产量达到109GW，同比增长19.1%；电池片产量87.2GW，同比增长21.1%，组件产量约85.7GW，同比增长14.3%，连续12年位居世界第一。

在应用端，国内装机量超过44GW，连续六年保持光伏第一大装机市场的地位。中国累计装机量超过147GW，到去年年底，连续四年保持世界第一。与此同时，全国光伏发电弃光电量同比减少18×10^8kW·h，弃光率同比下降2.8个百分点，实现了弃光电量和弃光率双降的局面。

值得注意的是，我国光伏能源发展道路并不平坦，仍然存在很多问题。“目前，中国的装机容量光伏是全球第一，2018 年统计达到 140GW。但是，发电量与装机容量的匹配性还不够。”中国能源研究会特约副理事长钟俊表示，储能是新能源发展需要解决的一个很大的问题，是我们发展光能以及清洁能源的可靠保证。同时，远距离的输送，补贴不到位等造成发电的造价高、成本高。要解决这些问题的关键是储能技术。

1.3.3 生物质能源

2017 年 7 月 28 日，国家能源局印发《关于可再生能源发展“十三五”规划实施指导意见》(以下简称《意见》)，同时发布《生物质发电“十三五”规划布局方案》(以下简称《方案》)，明确“十三五”期间生物质发电政府支出方向等问题。《方案》显示，到 2020 年，我国 31 个省(区、市)符合国家可再生能源基金支持政策的生物质发电规模总计将达 2334×10^4kW，是原“十三五”规划目标的 155.6%。

兼具经济、生态与社会等综合效益的生物质发电，是可再生能源中的重要组成部分。据国家能源局发布的《2016 年度全国生物质发电监测评价报告》显示，截至 2016 年年底，全国生物质发电并网装机容量 1214×10^4kW(不含自备电厂)，占全国电力装机容量的 0.7%，占可再生能源发电装机容量的 2.1%，占非水可再生能源发电装机容量的 5.1%。全国生物质发电量达 647×10^8kW · h，占全国总发电量的 1.1%，占可再生能源发电量的 4.2%，占非水可再生能源发电量的 17.4%。

据《生物质能发展“十三五”规划》显示，到 2020 年我国计划生物质发电装机量 1500×10^4kW，而此次《方案》明确到 2020 年，我国 31 个省(区、市)符合国家可再生能源基金支持政策的生物质发电规模总计将达 2334×10^4kW，比“十三五”规划目标增长 55.6%。

“从现有装机规模来看，‘十三五’生物质发电装机 1500×10^4kW 是一个很切实的目标。”国家可再生能源中心产业发展部研究员窦克军认为，2016 年年底生物质发电装机容量已经超过 1200×10^4kW，由此看来 1500×10^4kW 的目标并不高，这也是规划调整的主要原因。

此次《意见》将生物质发电(主要包括农林生物质发电和垃圾焚烧发电)“十三五”规划布局规模一次性下达，并要求各省(区、市)能源主管部门根据规划布局，组织开展项目核准工作，每年 2 月底之前上报上一年度项目核准及建设运行情况。

下放审批权使生物质发电规模得到快速发展，同时相关部门也将严格控制项目类型，推进生物质热电联产项目。《方案》明确，规划 2334×10^4kW 的生物质发电项目，分别是 1312×10^4kW 的农林生物质热电联产以及 1022×10^4kW 的垃圾焚烧热电联产项目。《意见》也提出，大力推进农林生物质热电联产，从严控制只发电不供热项目。“热电联供综合效率高于直燃发电，可更好地充分利用资源。”窦克军表示，生物质发电热电联产有利于改善供暖地区的环境，有效替代燃煤。

《生物质能发展“十三五”规划》把积极推动生物质成型燃料在商业设施与居民采暖中的应用作为建设重点。要求加快大型先进低排放生物质成型燃料锅炉供热项目建设。

因地制宜推进城镇生活垃圾焚烧热电联产项目建设。将农林生物质热电联产作为县域重要的清洁供热方式，为县城及农村提供清洁供暖，为工业园区和企业提供清洁工业蒸汽，直接替代县城内燃煤锅炉及散煤利用。

近年来，生物质发电带来的环保效益显著。《2016年度全国生物质发电监测评价报告》显示，2016年，我国生物质发电共替代化石能源20.3Mt标准煤，减排二氧化碳约53.4Mt。农林生物质发电共计处理农林剩余物约45.7Mt；垃圾焚烧发电共计处理城镇生活垃圾约104.5Mt，约占全国垃圾清运量的37.3%。

事实上，生物质燃料的原料主要是农林业废弃物，不仅可直接代替燃煤发电供暖以减少污染物排放，从原料端也可以减少农林业废弃物焚烧带来的直接污染。

据了解，我国生物质资源丰富，能源化利用潜力大。全国可作为能源利用的农作物秸秆及农产品加工剩余物、林业剩余物和能源作物、生活垃圾与有机废弃物等生物质资源总量每年约460Mt标准煤。

虽然可利用量很高，但由于农林业废弃物等燃料密度低、体积大，存在着季节性强，收集运输困难的问题，原材料收购成为制约生物质发电大规模发展的一个重要因素。加上原材料分散在广大农村，收集储运费用贵，人力成本上涨，导致成本居高不下。

《国家创新驱动发展战略纲要》中提到，国家要发展生态绿色高效安全的现代农业技术，推动农业机械化、规模化发展，有利于生物质能发电行业规模收购原材料，降低运输成本，同时也有助于缓解生物质资源的季节性、分散性与生物质能利用的连续性、集中性的矛盾。

由于原料运输等问题，加之目前生物质发电平均每千瓦1万元以上的单位造价，使得在现有技术水平和政策环境下，生物质能源开发利用成本高，扣除财税补贴、土地优惠、电价政策外，大部分生物质能发电企业仍处于亏损之中。

“我国东部经济较发达地区，当地政府支付垃圾处置价格较高，因此受到垃圾焚烧发电投资企业青睐，但一些地区由于缺乏统一规划出现了资源竞争，导致运营企业‘吃不饱’问题出现。”窦克军说，这些问题加上资源分散、规模小、生产不连续等特点，从产业整体状况分析，我国生物质发电及生物质燃料行业目前仍处在政策引导扶持期。

此前，《生物质能发展“十三五”规划》中就明确将生物质能利用纳入国家能源、环保、农业战略，协同推进，充分发挥生物质能综合效益。并建立生物质能优先利用机制，加大扶持力度，引导地方出台措施支持现有政策之外的其他生物质发电方式。

此次《意见》在资金补贴方面明确，各级能源主管部门组织当地可再生能源电力建设，除了考虑电网接入和市场消纳保障外，还应考虑当地可再生能源电价附加征收情况，以及其他补贴资金来源等因素。《意见》还鼓励各级地方政府多渠道筹措资金支持可再生能源发展。同时，要求各级能源主管部门和各能源监管机构会同有关部门监测评价生物质发电项目电费结算、补贴资金到位以及企业经营状况，向社会及时发布信息，提醒企业投资经营风险，合理把握可再生能源电力建设节奏。

“十三五”生物质能源产业科技创新发展战略研究及规划，确定的目标是到2020年，生物质商品性能源品产能约100Mt标准煤，到2025年实现约200Mt标准煤，显著提升生物质能源科技水平，进入到先进国家行列，大幅提升我国生物质能源在清洁能源中的比例，显著提升生物质能源在总能源消费中的比例，有效消除废弃生物质污染，促进物质循环利用，改善农村和城镇环境，增加农民收入，促进节能减排，改善能源结构等。重点任务是夯实生物质转化技术创新平台，加强领军人才和创新团队建设；提升生物质生物转化(炼制)、合成先进液体燃料的基础理论和原始创新能力；协同创新一系列生物质高效转化提质增效的前沿核心技术及成套化装置装备；建设一批体现技术特色、区域特色和产品特色的集群式科技示范工程；加强生物质能源科技与金融结合，着力沿着“一带一路”布局国际合作等。

1.3.4 新能源汽车

2018年10月，中国汽车产销分别下降了0.9%和0.6%。不仅没有上演“金九银十”的旺销局面，还拉低全年累计增速进入负值至-0.6%。

车市遇冷，新能源汽车却表现亮眼，在补贴政策加速退坡的情况下，2018年1~9月份销量仍然达到62.5万台，同比增长60%，占全球份额达到50%。中信证券认为，新能源汽车正处于从1%到10%的高速渗透过程，景气度持续上行。

无疑，新能源汽车不仅有望成为车市“寒冬”中的一抹阳光，也承载着带领中国走向汽车强国的使命。“新能源汽车产业是在改革中发展，在开放中成长，在创新中一步一步地壮大的。”全国政协副主席万钢在此前召开的中国汽车论坛上曾表示。

正如万钢所言，我国新能源汽车产业正是一个在改革开放的浪潮中，在“有效的市场”和“有为的政府”协同作用中发展起来的典范。

初期，“有为的政府”在顶层设计和共性技术攻关方面发挥了强有力的作用。我国新能源汽车产业发展最早可追溯至1990年代，此后20余年时间里，发展新能源汽车成为我国汽车产业主旋律，战略规划持续加码，扶持信号愈加清晰明确。

与此同时，核心技术的研发紧锣密鼓地展开。中汽中心副总经理、国家节能与新能源汽车重大项目总体专家组专家吴志新回忆，科技部863计划先后开展了《九五电动汽车国家重大科技产业工程》《十五电动汽车重大科技专项》《十一五节能与新能源汽车重大项目》等，投入科技经费近20亿元。

经过三个五年计划的积累，我国新能源汽车从无到有，在关键零部件、整车集成技术以及技术标准、测试技术、示范运行等方面都取得重大进展，初步建立了以混合动力、纯电动、燃料电池汽车为“三纵”，以动力总成控制、驱动电机、动力电池等关键零部件为“三横”的“三纵三横”战略研发布局。

2008年，在奥运会期间，国内主要整车企业共计500余辆新能源汽车为赛事提供服务，运行里程超过200万公里，初步实现新能源汽车百辆级应用。

2009年，我国在25个试点城市启动“十城千辆”示范工程。2009~2012年，全国25个试点城市示范推广节能与新能源汽车2.7万辆，年均增长率约为79%。我国新能源汽车产业发展完成万辆市场导入。

2013年以来，我国启动了新一轮新能源汽车推广应用，进一步加大政策措施扶持力度，支持措施逐年丰富，从财税补贴到路权开放，从“双积分”制度到支持充电基础设施建设和运营，进入新能源汽车政策密集制定发布期。尤其是，国家主管部门还积极推动新能源汽车扩大开放，取消纯电动汽车合资家数限制，在自贸试验区开展放开新能源汽车合资股比限制试点工作。自主品牌积极引进国外先进技术和高端人才，提高合资合作水平，实现相关纯电动车型的本土化生产，同谋互利共赢发展。

“2018年是改革开放40周年，也是中国新能源汽车开启新时代发展的重要里程碑。”中国科学院院士、中国电动汽车百人会执行副理事长欧阳明高说，在重大战略机遇下，中国新能源汽车产业同时也面临两大挑战：一是，从“补贴时代”进入到“后补贴时代”，如何加强核心和前瞻技术储备、私人消费市场培育、政策体系优化调整、产业竞争力提升；二是，在全球电动化、智能化、网联化和共享化革命风起云涌之际，如何推动新能源汽车与关联产业协同发展。

1.3.5 核电

国际能源署于2019年5月28日发布题目为《清洁能源系统中的核能》报告，介绍了核能作为清洁能源对经济发展的作用，特别是在发达经济体中，以及未来核能面临衰退的风险等，该机构建议各方在核能发展领域采取积极有效的措施。

截至2019年5月，全世界总计有452座核反应堆投入运行，分布在31个国家，另外有54座正在建设中。核电发展越来越集中在发展中国家，正在建设的核反应堆中共有40座位于中国、印度、俄罗斯等国。

当前，核能对发电做出了重要贡献。2018年，核电占全球总发电量的10%；而核能在发达经济体中更是发挥着重大作用，其发电量占总量的18%。过去一年，核电更是为法国、斯洛伐克和匈牙利提供了本国超过一半的电力供应。

此外，在众多发达经济体中，核能作为主要低碳电力来源之一，其发电量占所有低碳发电量的40%。2018年核电发电总量超过2000TW·h，超过水电发电量三分之一，几乎是太阳能和风能项目发电量总和的两倍。值得注意的是，核电成为比利时、保加利亚和捷克等13个国家排名第一位的低碳电力来源。

从长期来看，在1971年至2018年间，在全球范围内，核能提供了约76000TW·h的零排放电力，是风能和太阳能发电量总和的十倍以上，且避免了63Gt二氧化碳的排放。

但近年来，核电占全球电力供应量的比重处于下降水平，从20世纪90年代中期的18%左右的峰值下降到2018年的10%。尽管近年来太阳能和风能发电量大幅增长，但2018年低碳能源在总电力供应中的总份额为36%，与20年前持平。换言之，过去20年核电贡献下降8个百分点，完全抵消了可再生能源份额的增长。

加之，全球核反应堆的平均年龄一直在上升。目前，在发达经济体运行的大多数核电站建于20世纪70~80年代，此后，新核电站的建设开工数量大幅放缓。对于除日本和韩国外的发达经济体而言，近90%的核反应堆使用年限已经超过了30年。

大多数核电站的标称设计寿命为40年，但工程评估已确定许多核电厂可以安全运行更长时间。在大多数情况下，延长核电站寿命需要在关键部件的更换和翻新方面进行大量投资，才可以使设备能够继续安全运行。

与此形成鲜明对比的是发展中国家，除俄罗斯外，发展中国家的大多数核反应堆运行年数还不到20年。而在过去20年建设的核电站中，大多数位于中国。

报告指出，发达国家如不采取行动，到2025年，核电产量可能会下降25%；到2040年时，这一数字预计高达2/3。

国际能源署建议各方在核能发展领域确保现有核电站安全运行、支持和投资建设新的核电站、鼓励发展新的核技术。而建设新的核电站也需要更多的资金投入，对此，报告提出建设小型模块化反应堆的做法，可以降低成本并促进电力转型，为实现可持续发展做出贡献。

第2章 太阳能

2.1 太阳能概述

2.1.1 太阳和太阳辐射能

太阳就是一个巨大的核能火炉，想要了解太阳能，就要先了解太阳的能量来源、结构、历史及寿命。太阳是离地球最近的恒星，是在大约45.7亿年前在一个坍缩的氢分子云内形成。太阳在其主序的演化阶段已经到了中年期，在这个阶段的核聚变是在核心将氢聚变成氦。每秒有超过4Mt的物质在太阳的核心转化成能量，产生中微子和太阳辐射。以这个速率，到目前为止，太阳大约转化了100个地球质量的物质成为能量，太阳在主序带上耗费的时间总共大约为100亿年。

事实上太阳的能量来源于太阳内部连续不断的核聚变反应过程产生的能量，也可以叫作太阳辐射能，能量十分巨大。太阳的能量以电磁波的形式向外辐射，它的辐射波长范围从0.1nm以下的宇宙射线直至无线电波的绝大部分，人眼所能感觉到的可见光(波长从400～780nm)，只占整个电磁辐射很小部分。太阳辐射穿过地球大气层时，不仅受到大气层中的空气分子、水汽及灰尘所散射，而且受到大气中的氧、臭氧、水和二氧化碳的吸收。因此，到达地球表面的太阳能，估计约为3.75×10^{26}W的辐射能量。

尽管太阳辐射到地球大气层的能量仅为其总辐射能量(约为)的22亿分之一，但已高达1.73×10^{17}W，也就是说太阳每秒钟照射到地球上的能量就相当于5Mt煤。地球上的风能、水能、海洋温差能、波浪能和生物质能以及部分潮汐能都是来源于太阳；即使是地球上的化石燃料(如煤、石油、天然气等)从根本上说也是远古以来贮存下来的太阳能，所以广义的太阳能所包括的范围非常大，狭义的太阳能则限于太阳辐射能的光热、光电和光化学的直接转换。

太阳辐射能是一种理想的清洁自然可再生能源，取之不尽，用之不竭，既是一次能源，又是可再生能源。它的资源丰富，可免费使用，还无须运输。在开发和利用太阳能的过程中，既不会出现大气的污染，也不会影响自然界的生态平衡，而且只要阳光所及的地方，都有太阳能可以利用，太阳能以其长久性、再生性、无污染等优点备受新能源研究者的关注。但太阳能也有两个主要缺点：一是能流密度低；二是其强度受各种因素(季节、地点、气候等)的影响不能维持常量。

2.1.2 太阳能资源及其分布

太阳能资源是太阳辐射能通过宇宙空间及大气层到达地球表面的总量及其分布。

1. 太阳常数

太阳常数是在日地平均距离时在单位时间内投射到地球大气层上界与辐射方向垂直的单位面积上的太阳辐射能。1957 年国际辐射会议建议其值为 $1382W/m^2$，按当时的单位为 $8.29J/(cm^2 \cdot min)$。1981 年世界气象组织的仪器和观测方法委员会建议其值为 $(1367 \pm 7) W/m^2$。

由于地球围绕太阳公转的轨道为一椭圆，因此，在远日点和近日点处的日地距离与平均距离相比有较大变化；根据计算，由此而引起的日射值的变化为相对平均距离的±3.4%。此外，太阳活动峰值年比宁静年的辐射量约增大 2.5%左右。

2. 世界太阳能资源

根据太阳辐射总功率、日地平均距离以及地球平均直径的值，可知到达地球大气层上界的太阳辐射功率为 1.73×10^{11} MW，约为 1970 年全世界消耗功率的 3×10^4 倍左右。其中约 30%被大气层反射回宇宙空间，23%被大气层吸收，仅有 47%即 8.2×10^{10} MW 到达地球表面，即通常所谓的地面上的太阳能资源。在到达地球表面的太阳辐射能中，约有 79%照射在海洋上，21%照射在陆地上，其中大约有一半照射在无人居住或人烟极少的地区，而只有一半左右即 8.1×10^9 MW 照射到人类聚居的地区，这是目前和近期内真正可以利用的太阳能资源。

由于受到昼夜、季节、地理纬度和海拔高度等自然条件的限制，以及晴阴云雨等随机因素的影响，到达地球表面的太阳辐射能既是间断的又是不稳定的。为了便于利用太阳能，世界各国都通过遍布各地的气象台站的多年实测结果，给出当地水平表面上太阳辐射的日总量、月总量和年总量的平均值，以供工程设计时参考。为了统一世界各地的太阳辐射测量标准，世界气象组织自 1959 年起先后举行了六次国际直接日射表比对活动。目前各种日射仪器均按其性能分为标准、一级和二级三个类别(仅标准直接日射表又细分为一级标准和二级标准两类)。

3. 中国的太阳能资源及其分布

中国地处北半球欧亚大陆的东部，主要处于温带和亚热带，具有比较丰富的太阳能资源。根据全国 700 多个气象台站长期观测积累的资料表明，中国各地的太阳辐射年总量大致在 $3.35 \times 10^3 \sim 8.40 \times 10^3 MJ/m^2$ 之间，其平均值约为 $5.86 \times 10^3 MJ/m^2$。该等值线从大兴安岭西麓的内蒙古东北部开始，向南经过北京西北侧，朝西偏南至兰州，然后径直朝南至昆明，最后沿横断山脉转向西藏南部。在该等值线以西和以北的广大地区，除天山北面的新疆小部分地区的年总量约为 $4.46 \times 10^3 MJ/m^2$ 外，其余绝大部分地区的年总量都超过 $5.86 \times 10^3 MJ/m^2$。

中国太阳能资源分布的特点如下：

① 太阳能的高值中心和低值中心都处在北纬 22°~35°这一地带之内。青藏高原的高值中心的形成，高原本身的海拔高度固然起着不小的作用，但海拔 7~8km 的喜马拉雅山脉所起的作用也是很大的：它在高原的南缘起着屏障的作用，阻挡住由南面印度洋来的水汽，使其中大部分成云致雨，降落在山脉的南麓。而四川盆地地处青藏高原的东侧背风坡，是绕过高原的南支暖湿气流和北支冷干气流相遇的地域，所以阴雨天频繁，从而形成太阳能的低值中心。

② 北纬 30°~40°之间地区的太阳能分布情况，与一般太阳能随纬度的升高而减少的规律相反，而是随着纬度的升高而增长。这种现象说明，太阳能的分布状况主要取决于各地云

量的多少，至于因为纬度不同而引起太阳高度的差异在这里并不起主要作用。

③ 北纬40°以北地区的太阳辐射年总量的等值线几乎是南北向排列，并且其值自东向西逐渐增大。这种现象也是由于云量的影响居主导地位的结果。

④新疆地区的太阳辐射年总量的等值线大致呈东西向分布的规律，这主要是由于天山山脉东西走向影响的结果。

⑤台湾地区的太阳辐射年总量的分布是自东北向西南逐渐增大的，这主要是由于台湾地区除夏季外，气流多来自东北方向的缘故。因此，台湾东北部的雨量较多，晴天较少；而西南部则因处于背风坡，所以雨量较少，晴朗天气较多。

中国太阳能资源分布见表2-1

表2-1 中国太阳能资源分布

类别	全年日照时间/h	年总量/(MJ/m^2)	地区	地区比较
一类	3200~3300	6700~8370	宁夏和甘肃北部，新疆南部，山西北部，青海和西藏西部，河北西北部，内蒙古	印度，巴基斯坦北部
二类	3000~3200	5860~7960	宁夏南部，甘肃中部，青海东部，西藏东南部	雅加达
三类	2200~3000	5020~6700	山东，河南，河北中南部，山西南部，新疆和陕西北部，吉林，辽宁，云南，甘肃东南部，广东南部，福建南部，江苏北部，安徽北部，台湾西南部	华盛顿
四类	1400~2200	4190~5020	湖南，湖北，广西，江西，浙江，福建北部，广东北部，陕西南部，江苏南部，安徽南部，黑龙江	米兰
五类	1000~1400	3350~4100	四川，贵阳	巴黎，莫斯科

在我国太阳能资源分布最丰富的地区有甘肃、宁夏的北部，青海、西藏的西部以及新疆的东部，在这些地区年太阳能的辐射总量可以达到6700~8370MJ/m^2。其中，西藏的西部太阳能资源最为丰富，仅仅少于撒哈拉大沙漠，在世界可以排第二位，日辐射量最高可以达到6.4$kW·h/m^2$。在我国太阳能资源分布比较丰富的地区主要有宁夏、新疆、内蒙古的南部，山西、河北的北部，青海的东部以及甘肃的中部，平均每年太阳辐射总量能够达到5860~7960MJ/m^2。在我国太阳能资源分布量中等的地区，主要有新疆、山西、江苏、安徽北部，山西、广东、福建南部，河北、甘肃的东南部，这些地区的太阳能资源年辐射总量能够达到5020~6700MJ/m^2。

从表2-1中可以看出，前三类地区是中国太阳能资源比较丰富的地区，占全国总面积的2/3以上，具有利用太阳能的良好条件。除四川盆地及其毗邻地区外，中国绝大部分地区的太阳能资源都相当于或超过外国同纬度的地区。

2.1.3 太阳能的利用历史

回顾人类能源消费的历史，大约经过了木/水/风—煤—石油三大阶段，现在正向利用太阳能阶段迈进。

太阳能是已知的最原始的能源，地球上几乎所有其他能源都直接或间接地来自太阳能(核能和地热能除外)。它是大气圈、水圈和陆圈上层中所发生的各种物理过程和各种生命活动的基本动力。其优点是取之不尽、用之不竭、无所不在、不需运输、对环境没有任何污染，被公认为人类社会可持续发展的重要清洁能源。太阳能是自然界最丰富的可再生能源，据全球权威能源机构的预测，到21世纪中后期，太阳能将成为人类能源构成中的“主能量”。

太阳表面温度高达5726.85℃(6000K)，内部不断进行核聚变反应，并且以辐射方式向宇宙空间发射出巨大的能量。太阳能发电就是把太阳照射的能量转化为电能的方法。直接将太阳能变成电能的半导体器件称太阳电池。据估算，地球上每年接收到的太阳能，相当于地球上每年燃烧其他燃料所获能量的3000倍，因此，大力开发利用太阳能是21世纪的高新技术。

利用太阳能不仅可缓解石油等化石能源短缺的瓶颈，而且因太阳能属于清洁能源，可实现温室气体减排的良好效应，在气候变化和能源安全成为当前综合性全球问题的今天，发展利用太阳能可谓是一箭双雕。

据记载，人类利用太阳能已有3000多年的历史。我国早在两千多年前的战国时期就知道利用钢制四面镜聚焦太阳光来点火；利用太阳能来干燥农副产品。发展到现代，太阳能的利用已日益广泛，它包括太阳能的光热利用、太阳能的光电利用和太阳能的光化学利用等。将太阳能作为一种能源和动力加以利用却只有300多年的历史。真正将太阳能作为“近期急需的补充能源”“未来能源结构的基础”也是近些年的事情。20世纪70年代以来，太阳能科技突飞猛进，太阳能利用日新月异。近代太阳能利用历史可以从1615年法国工程师所罗门·德·考克斯在世界上发明第一台太阳能驱动的发动机算起。这是一台利用太阳能加热空气使其膨胀做功而抽水的机器。在1615~1900年之间，世界上又研制成多台太阳能动力装置和一些其他太阳能装置。

在我国，太阳能利用的前景十分广阔，这是缘由我国部分地区蕴藏着十分丰富的太阳能资源。

2.1.4 太阳能转换技术

太阳辐射能被物体吸收后，主要发生光-热、光-电、光-化学和光-生物质等几种转换方式。

太阳光热转换技术的产品最多。如热水器、开水器、干燥器、采暖和制冷、温室与太阳房、太阳灶和高温炉、海水淡化装置、水泵、热力发电装置及太阳能医疗器具。

太阳光电转换，主要是各种规格类型的太阳电池板和供电系统。太阳电池是把太阳光直接转换成电能的一种器件。例如，人造卫星、无人气象站、通信站、电视中继站、太阳钟、电围杆、黑光灯、航标灯、铁路信号灯。

太阳光化学转换包括光合作用、光电化学作用、光敏化学作用及光分解反应，目前该技术领域尚处在实验研究阶段。

太阳能目前最主要的利用是太阳能热水器和太阳能光伏发电。太阳能光伏电池被称为“梦之材料”，因为只需将一片薄薄的硅片对着天空，就可以产生电能。这是目前最昂贵的可再生能源技术，但从长期看来，它可能具有最大的潜力。太阳能光伏发电是一种零排放的清洁能源，是一种能够规模应用的新能源。随着科技的发展，太阳能发电的成本将进一步降低，太阳能电力将成为人类电力的重要来源。

2.1.5　太阳能的收集技术

太阳能除数量巨大外，还能长期供给，根据天体物理学的理论计算，估计尚可维持数十亿年之久。此外，太阳能遍地都有，不需开采和运输，并且还是清洁而毫无污染的能源。这些，都是它的独特优点。不过，它的能流密度较低，只有 $1kW/m^2$ 左右；并且由于受到昼夜、季节、地理纬度和海拔高度的限制以及晴阴云雨等随机因素的影响，使它具有间断性和不稳定性。这些，又都给太阳能的利用带来一定的困难。所以，在太阳能的利用过程中，太阳能的收集技术显得尤为重要。

太阳能的收集方式大体上可以根据太阳能的转换方式进行分类。

1. 光-热转换

太阳能的光-热转换能量收集主要采用太阳集热器来实现。按照使用条件和需求的不同，主要可以分为平板型集热器、真空管集热器和聚焦型集热器等三类。

2. 光-电转换

太阳能的光-电转换能量收集主要依靠太阳能电池来实现。它实际上是一种光生伏打电池，即一种可以把光能直接转换为电能的半导体器件。目前常用的半导体材料多为单晶硅、多晶硅和非晶硅薄膜；此外，还有硫化镉、砷化镓等。它的主要优点是：可将光能直接转换为电能，而电能的应用面最广也最方便；工作寿命长，结构简单而紧凑；比功率(功率与装置质量数值之比)高；运行方便可靠，不需运行和维修费用。它的主要缺点是：效率较低，单位面积太阳能电池所发出的功率约为 $100W/m^2$，因而往往需要大面积的太阳能电池阵列；初始投资高，当无阳光而仍要求用电时，需配备蓄电池。

3. 光-化学转换

太阳能的光-化学转换能量收集要通过可逆的化学反应来实现太阳能转换成化学能的过程。大体可以分为下列两种方式：

$$\mathrm{A+B\longrightarrow AB+}Q$$

$$\mathrm{C+D+}Q'\longrightarrow \mathrm{CD}$$

这些可逆的化学反应，可以在一个方向上由于吸热作用而储存热量，而在相反的方向上则由于放热作用而供应热量，这一点和物质相变的过程很相似。不过，由于进行上述吸热或放热可逆化学反应所需要的温度较高，一般都在 196.85℃(470K)以上，所以也可以用于太阳能热发电。从长远来看，利用太阳能制氢作为无污染的稳定能源，也是十分可取的。

4. 光-生物质转换

太阳能的光-生物质转换的能量收集主要通过植物的光合作用来实现。迄今为止，光合作用一直是地球上最重要的太阳能的转换和利用过程。事实上，一切植物的生长都有赖于这个过程。光合作用不仅效率较高，并且毫无污染，是自然界的能量转换循环过程中不可缺少的一环。充分地利用光合作用，大面积种植快速生长林，可以解决部分地区的燃料和建筑用材的短缺问题，而大量培植蛋白质含量极高的藻类，还可以在不远的将来为改善人类的食品供应和营养结构提供广阔的发展前途。

2.1.6 太阳能的储存技术

由于太阳能的间断性和不稳定性，并且经常与能源需求不能很好地匹配，因此，太阳能的储存便成为推广利用太阳能所必须解决的重要课题，而目前还正是比较薄弱的一个环节。

原则上讲，可将太阳能以机械能、热能、电能、化学能和生物质能等各种形式储存起来。但是，目前真正有实用价值的只有热能储存和电能储存两种方式。其中热能储存可以分为显热储存和潜热储存两类，其共同要求是单位容积储存的热能多、单位热能的储存费用低以及能够长期可靠运行等。

1. 显热储存

目前应用最多的储热介质是水和卵石，二者都具有来源丰富、价格便宜和性能稳定的优点。水的容积储热密度比卵石大，但有漏损和腐蚀等问题，并且不能用作中、高温热储存。此外，还可以利用土壤进行大容量($1.0\times10^7\sim1.0\times10^8$kW·h)、中温(246.85~526.85℃)和长期(跨季度)储热；也可以利用地下含水层进行“夏灌冬用”和“冬灌夏用”来储热和储冷。显热储存的主要缺点是所需储热介质的数量(包括体积和质量)很大，并且储热温度的变化幅度较大，因此往往需要配置一套温度和热流量的调节和控制系统。

2. 潜热储存

目前具有实用价值的只有固-液相变潜热。在低温条件下采用的储热介质主要是部分无机盐水合物(例如，$Na_2SO_4\cdot10\ H_2O$、$CaCl_2\cdot6\ H_2O$ 和 $Na_2S_2O_3\cdot5\ H_2O$ 等)以及部分有机盐[例如，石蜡(分子式为 C_nH_{2n+2})]。在中、高温条件下则采用金属熔盐(例如，$NaNO_3\cdot NaOH$ 及 $NaCl\cdot NaNO_3\cdot Na_2SO_4$ 等)。潜热储存的主要优点：容积储热密度比显热储存高出数倍，并且相变时温度基本上保持恒定，故不需要控温系统。它的主要缺点：易于产生过冷现象、反复循环过程中的晶液分离以及热导率低，因而对所用热交换器的要求较高。

3. 电能储存

将太阳能电池接受太阳辐射后所产生的电能储存在蓄电池中。目前主要使用的多为铅酸蓄电池和碱性铁镍或镉镍蓄电池。前者的储存效率可以超过70%，价格也比较便宜，但是寿命不够长；后二者无论是机械的或化学的耐用性能都较好，寿命也较长，并且体积相同时其重量远比前者为小，但是储存效率较低，只有60%左右，同时价格昂贵。目前国内外正在研制和试用的还有有机电解液蓄电池、固体电解质蓄电池、熔盐蓄电池、钠硫蓄电池以及燃料电池等。

2.1.7 太阳能的利用技术

太阳能有直接太阳能和广义太阳能之分。所谓直接太阳能就是指太阳直接辐射能量，而广义太阳能，即由太阳辐射能产生的其他自然能，如水能、风能、海洋能和生物质能等。它们的利用方式有很大区别，这里的太阳能利用仅指直接太阳能。太阳能由于可以转换成多种其他形式的能量，因此应用的范围非常广泛。在本节，只介绍太阳能的热利用和电利用两个方面。

1. 太阳能的热利用

太阳能的热利用根据温区不同又分为低温热利用[76.85℃(350K)以下]、中温热利用

[76.85~346.85℃(350~620K)]和高温热利用[346.85℃(620K)以上]三类。

(1)低温热利用

主要利用平板型集热器的"温室效应"。最简单的装置就是塑料大棚和玻璃温室，除能四季供应蔬菜和花卉外，还可用来建造太阳能游泳池，进行混凝土养护，以及用于粮食、果品、药材、木材、皮革和各种土特产品的干燥。应用最为广泛的是热水器，在温带地区，每年可以供应半年以上的家庭和工业用热水。此外，还可制作蒸馏器，用以淡化海水和苦咸水，对于海岛和盐碱地区具有重要作用。而建造被动式采暖太阳房，则无论对于发达国家或发展中国家，都是节省大量常规能源和改善人们生活条件的重要措施之一。

(2)中温热利用

可以制成制冷器，用于空调、冷藏和制冰，但是由于系统结构比较复杂和初始投资较高，目前只有少数发达国家进行研究并少量试用。而开水器、消毒器和太阳灶则在发展中国家采用得较多。其中太阳灶分为箱式和聚焦式两种，前者结构十分简单，不需跟踪，即使在晴间多云天气仍可使用，只是温度仅在146.85~396.85℃(420~670K)范围内，不能对食物进行炒、炸、煎等烹调操作；后者采用抛物面反射镜，一般采光面积只需2~3m^2，焦面温度即达326.85~526.85℃(600~800K)，可以进行各种烹调操作。主要缺点是必须跟踪太阳，遇到多云天气很难使用。

(3)高温热利用

可以制成焊接机，旋转抛物面反射镜的有效采光面积只需5m^2左右，焦斑中心处的最高温度即可达1526.85~1926.85℃(1800~2200K)，用以烧穿钢板，进行切割和焊接，质量优良。还可以制成高温炉，由于最高温度可达2726.85℃(3000K)以上，一般物质都已完全汽化，故可用以熔炼和提纯各种熔点极高的金属和非金属，这是用其他常规方法所难以实现的。

2. 太阳能的电利用

太阳能的电利用根据使用方式的不同分为直接电利用和间接电利用两种。

(1)直接电利用

太阳能直接电利用就是利用太阳能电池将太阳能直接转换为电能。太阳能电池的应用范围非常广泛，小到电子手表和电子仪器，大到人造地球卫星和太阳能动力卫星站。美国于1983年2月于加利福尼亚州南部建成的1000kW地面太阳能光伏发电站，是当时世界上功率最大的一座。该发电站共用90万片直径为0.1m的单晶硅太阳能电池，每36片串联组成一块太阳能电池组件，256块太阳能电池组件安装在一台跟踪器上，整个阵列由108台跟踪器组成，每台跟踪器都采用双轴跟踪，并用计算机控制全部跟踪器对准太阳。实际运行时发出的最大功率达1500kW。

(2)间接电利用

间接电利用实际上是指利用光-热-电转换建成的太阳能热发电站。美国于1982年4月在加利福尼亚州南部沙漠地区建成一座功率为10MW的大型塔式太阳能热发电站。该电站占地78×$10^4$$m^2$，在中央矗立一座高达91.5m的铁塔，塔顶安装高为10.5m的接收器，在塔的周围布置了1818块定日镜，由计算机控制自动对准太阳，并把阳光反射到接收器上，温度可达876.85℃(1150K)，将接收器内的水加热成过热蒸汽以驱动汽轮发电机组。实际运行时所发出的最大功率达13.1MW。此外，苏联、法国、埃及、瑞士和沙特阿拉伯等国也都建

造了大小不等的太阳能热发电站。虽然这种发电站的造价大约为烧煤电厂的2倍，但其发电成本已低于烧煤电厂，仅为烧油电厂的1/3~1/2，因此发展前景良好。另外，还可以利用太阳池的底部和顶部间的低温差进行发电。

在地球上常规能源日益紧缺、环境污染日趋严重的情况下，特别是在常规能源短缺的地区，依靠核能和太阳能是解决能源问题的主要途径。但对大多数发展中国家而言，由于核电技术复杂、造价昂贵，因此充分利用太阳能发电便成为重要的研究和发展方向。

2.2 太阳能光-热转换技术

通过转换装置将太阳能转换为热能加以利用，称为太阳能光-热转换技术，也称为太阳能光热利用技术。太阳能光热利用主要包括：太阳能热发电技术、太阳能供暖技术、太阳能制冷与空调技术、太阳能热水系统、太阳能干燥系统、太阳灶和太阳房等。

2.2.1 太阳能热水器

太阳能热水器是一种利用太阳辐射能，通过温室效应把水加热的装置，它由集热器、储热水箱、循环水泵、管道、支架、控制系统及相关附件组成。

其中太阳能集热器虽然不是直接面向消费者的终端产品，但是太阳能集热器是组成各种太阳能热利用系统的关键部件。无论是太阳能热水器、太阳灶、主动式太阳房、太阳能温室还是太阳能干燥、太阳能工业加热、太阳能热发电等都离不开太阳能集热器，都是以太阳能集热器作为系统的动力或者核心部件的。

集热器是吸收太阳辐射能并将产生的热能向工质(水、空气等)传递热量的装置，是热水器的核心部件。由此可见，集热器是太阳能光-热转换的关键，因为太阳能辐射能量要依靠集热器来进行吸收采集，然后通过加热集热管中的介质将采集到的太能辐射能量转换成可以直接利用的热能，然后再将产生的热能传递到传热介质(介质大多是水或者空气)。

由此可见，集热器担负着两项主要功能，一是吸收太阳辐射能，二是将热量传递给工质。集热器上的太阳能吸热材料可分为两类：非选择性吸收涂层和选择性吸收涂层。非选择性吸收涂层是指其光学特性与辐射波长无关的吸收涂层；选择性吸收涂层则是指其光学特性随辐射波长不同有显著变化的吸收涂层。

根据收集太阳辐射能的形式，常见的集热器可分为平板型集热器和聚光型集热器两种。早期的集热器为闷晒式，后来发展成为平板式和真空管式。对于最早实现商业化利用的平板集热器，它可以采集太阳辐射能中的直射辐射和散射辐射，但它的缺点是集热温度相对比较低。而对于改进后的聚光集热器能将阳光会聚在面积较小的吸热面上，可获得较高温度，但其只能利用直射辐射，且需要跟踪太阳，是依靠集热器对太阳能进行采集，通过加热水或空气将太阳能转换成热能。

太阳能光热应用中，平板集热器也是最早得到应用的产品，而且一度发展得很快。但由于初期产品技术和结构的缺陷，使得平板集热器从20世纪80年代的市场统治地位逐步下滑到12%左右的市场份额。首先，作为集热器核心部件的太阳能吸热材料的光热转换效率低，直接导致了太阳能集热器效率的低下；其次，由于结构上的特点，这种集热器组成的热水器平均热损系数较大，从而导致热水器的整体热效率不高；另外，我国的太阳能热水器(系统）基本上都采用直接加热太阳能集热器中水的方法。集热器中的水一旦冻结将直接影响集热器的正常运转，严重时还会导致集热管的胀裂。而随后发展起来的真空管太阳能热水器因冬天管内的水在不排空的情况下基本不结冰或不冻坏而受到了市场的欢迎。同时，由于全玻璃真空管技术的不断创新，使其成本大幅度降低，生产企业迅速增加，促进了全玻璃真空管型太阳能热水器市场的迅速扩大。另外，在商业运作方面，全玻璃真空管热水器被生产厂及商家宣传为热性能远高于平板太阳能热水器的产品。其主要理由是真空绝热，这一宣传极易为我国大众接受。因此，目前家用热水器国内市场格局是由于产品的特点和价格等因素形成的，可以预见在家用热水器中低端市场中全玻璃真空管热水器仍将占据主流。目前，随着太阳能光热利用技术的不断成熟，以及人们对于太阳能光热产品的要求不断提高，特别是太阳能与建筑一体化技术的提出，平板集热器的优势日渐突出，其市场份额在近两年中也在逐步上升。

1. 集热器分类

按集热器的传热工程类型，太阳能集热器可分为两大类型：

① 液体集热器。液体集热器是用液体作为传热工质的太阳能集热器。

② 空气集热器。空气集热器是用空气作为传热工质的太阳能集热器。

按进入采光口的太阳辐射是否改变方向，太阳能集热器可分为两大类型：

① 聚光集热器。聚光型集热器是利用反射器，透镜或其他光学器件将进入采光口的太阳辐射改变方向并会聚到吸热体上的太阳能集热器。

② 非聚光型集热器。非聚光型集热器是进入采光口的太阳辐射不改变方向也不集中射到吸热体上的太阳能集热器。

按集热器是否跟踪太阳，太阳能集热器可分为两大类型：

① 跟踪集热器。跟踪集热器是以绕单轴或双轴旋转方式全天跟踪太阳视运动的太阳能集热器。

② 非跟踪集热器。非跟踪集热器是全天都不跟踪太阳视运动的太阳能集热器。

按集热器内是否有真空空间分类，太阳能集热器可分为两大类型：

① 平板型集热器。平板型集热器是吸热体表面基本上为平板形状的非聚光型集热器。

② 真空管集热器。真空管集热器是采用透明管（通常为玻璃管）并在管壁和吸热体之间有真空空间的太阳集热器。其中吸热体可以由一个内玻璃管组成，也可以由另一种用于转移热能的元件组成。

按集热器的工作温度范围分类，太阳能集热器可分为以下三个类型：

① 低温集热器。低温集热器是工作温度在100℃以下的太阳集热器。

② 中温集热器。中温集热器是工作温度在100~200℃的太阳集热器。

③ 高温集热器。高温集热器是工作温度在200℃以上的太阳集热器。

2. 集热器工作原理

太阳能集热器的基本工作原理十分简单。概括地说，阳光透过透明盖板照射到表面涂有吸收层的吸热体上，其中大部分太阳辐射能为吸收体所吸收，转变为热能，并传向流体通道中的工质。这样，从集热器底部入口的冷工质，在流体通道中被太阳能所加热，温度逐渐升高，加热后的热工质，带着有用的热能从集热器的上端出口，蓄入贮水箱中待用，即为有用能量收益。与此同时，由于吸热体温度升高，通过透明盖板和外壳向环境散失热量，构成平板太阳集热器的各种热损失。这就是平板太阳集热器工作原理。

全玻璃真空管集热器工作原理是太阳光透过外玻璃管照射到内管外表面吸热体上转换为热能，然后加热内玻璃管内的传热介质，由于夹层之间被抽成真空，有效降低了向周围环境散失的热损失，使集热效率得以提高。

3. 太阳能集热器的组成和工作原理

(1) 平板型集热器

平板型集热器是太阳能低温热利用系统中的关键部件。它实质上是一种特殊的热交换器，可将太阳能转换为工质(液体或气体)的热能。它的特点是结构简单，可以固定安装而不需跟踪太阳，并且直射辐射和漫射辐射都能收集，成本也比较低。不过，它的工作温度一般多在370K以下。

一般来说，平板型集热器由五个基本部件组成，具体结构如图2-1所示。

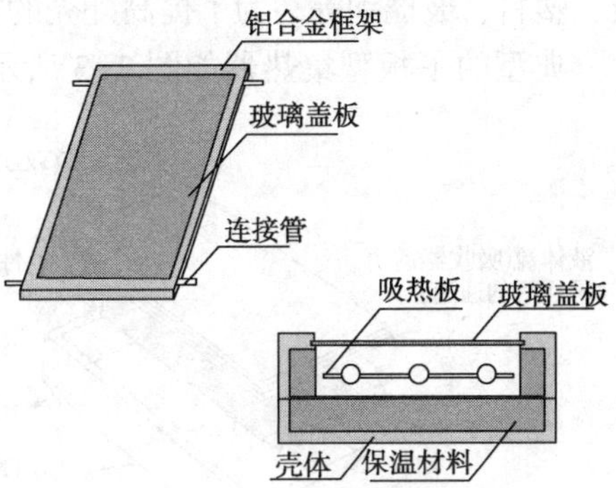

图2-1 平板太阳能集热器的基本结构

① 吸热体，吸收入射的太阳辐射能并转换成热能传递给工质。常见的是吸热板或吸热板芯，还包括吸热涂层。

吸热板是吸收太阳辐射能量并向集热器工作介质传递热量的重要部件，具体形状如图2-2所示。

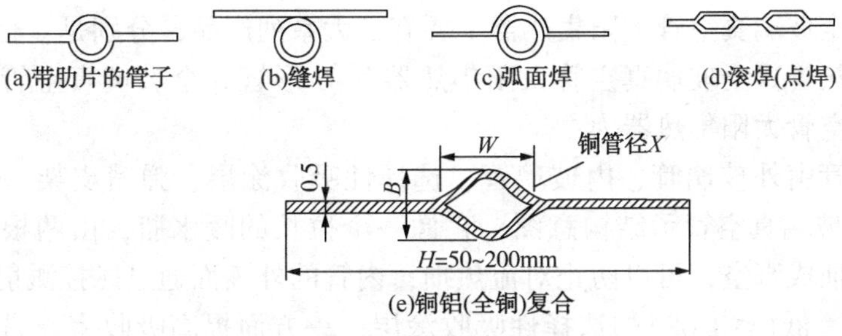

图2-2 吸热板的断面形状

目前国内已大量采用铜材作为吸热板的材料，也有采用铝合金、钢材、镀锌板和不锈钢材料作为吸热板的材料。吸热板的结构主要有管板式、扁合式、翼管式，目前国内市场上使用的较多是铜铝复合式。

太阳能吸收涂层可分为两大类：非选择性吸收涂层和选择性吸收涂层。非选择性涂料：非选择性涂料有黑镍、黑铬和黑漆等，一般多用于常年环境温度较高的华南地区。选择性涂料：选择性吸收涂层可以用多种方法来制备，如喷涂方法、化学方法、电化学方法、真空蒸镀方法、磁控溅射方法等。

② 盖层，允许太阳辐射透过，但阻碍吸热体的长波热辐射透过，以减少吸热体的热损。常见是玻璃盖板，用于透明盖板的材料主要有两大类，平板玻璃和玻璃钢板，目前国内外使用更广泛的还是平板玻璃。

③ 保温层，减少吸热体不直接接收太阳辐射部分的热损。保温层的作用是减少集热器

向四周散热，以提高集热器的热效率。这就要求保温层的材料保温性能好，即导热率小，不吸水。一般保温层的厚度在3~5cm厚，四周的厚度为保温层的一半。常用保温材料有岩棉、矿棉、聚苯乙烯、聚氨酯等。目前使用较多的是岩棉。

④ 工质及流动通道，使工质能与吸热体直接发生热接触。

⑤ 外壳，包括支架及框架，将集热器的各个部分连接成一个整体并支撑其重量，是集热器中保护及固定吸热板、透明盖板和隔热层的部件。一般材料有铝合金板、不锈钢板、碳钢板、塑料、玻璃钢等。为了提高外壳的密封性，有的产品已采用铝合金板一次模压成型工艺。

典型的平板型集热器如图2-3所示。

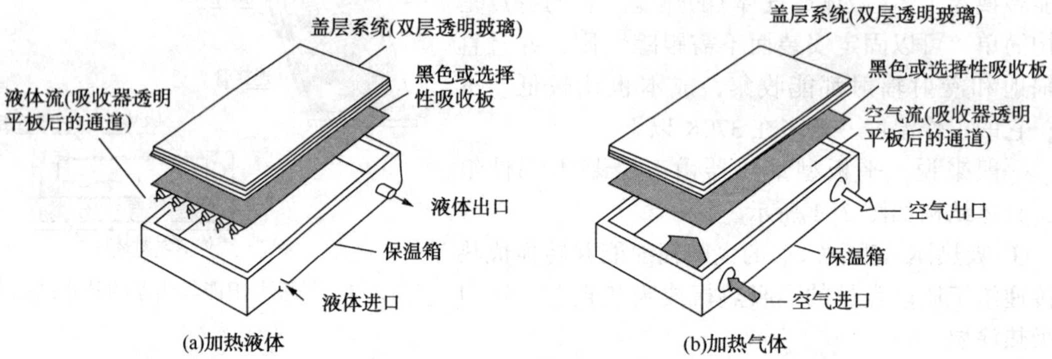

图2-3 典型的平板型集热器

（2）真空管集热器

目前常见的全玻璃真空管太阳集热器主要有三大系列产品，分别是：普通型全玻璃真空管太阳集热器、热管式全玻璃真空管太阳集热器和U形管式全玻璃真空管太阳集热器，以普通型全玻璃真空管太阳集热器为主。

全玻璃真空管由外玻璃管、内玻璃管、选择性吸收涂层、弹簧支架、消气剂等部分组成。图2-4是全玻璃真空管示结构意图，它像一个拉长的暖水瓶，由两根同心圆玻璃管组成，内、外管间抽成真空，可以防止对流热损；内管的外表面通过磁控溅射沉积有吸收率高(≥0.92)、发射率低(≤0.08)的选择性吸收涂层，一方面提高吸收率，另一方面又降低辐射热损失。

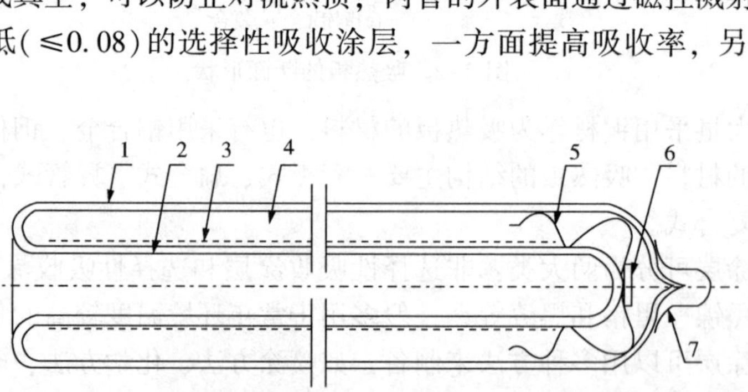

图2-4 全玻璃真空管结构示意图

1—外玻璃管；2—内玻璃管；3—选择性吸收涂层；4—真空；5—弹簧支架；6—消气剂；7—保护帽

真空管集热器是太阳能中、低温热利用系统中的主要部件。图2-5中A是一块白色漫反射平板，B是若干支真空集热管，C是由聚氨酯保温的连集管，D是连集管上的流体输入与输出端。

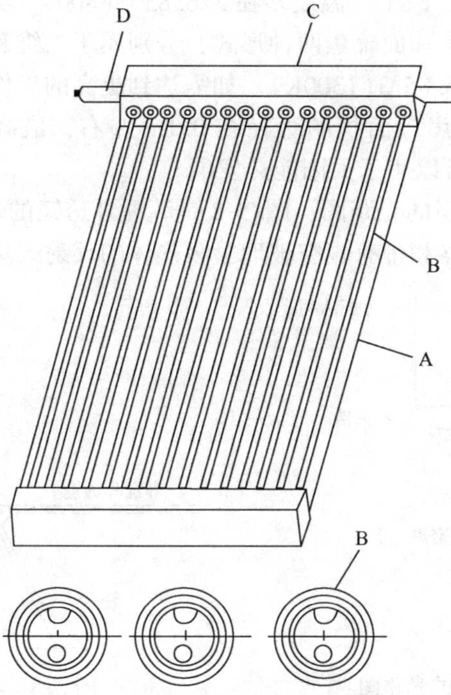

图 2-5 真空管集热器单元

图 2-6 是玻璃-金属真空集热管示意图，其中，图 2-6(a)玻璃外管的直径较大，吸热体是具有选择性吸收表面的平板翅片及与它紧贴的 U 形铜管，两铜管与玻璃进行真空熔封，引出集热管外，作为传热流体的进、出口；图 2-6(b)中金属平板的吸热体与嵌在其中间的热管进行热接触，通过金属间钎焊以及玻璃-金属熔封，使热管的冷凝端引出集热管外；图 2-6(c)中的吸热体为一中心金属圆管，其两端与外玻璃管分别熔封，熔封的金属与中心圆管之间焊接有弹性的波纹管。这种集热管可以耐受 226.85～526.85℃(500～800K)的高温，用于太阳能热发电。

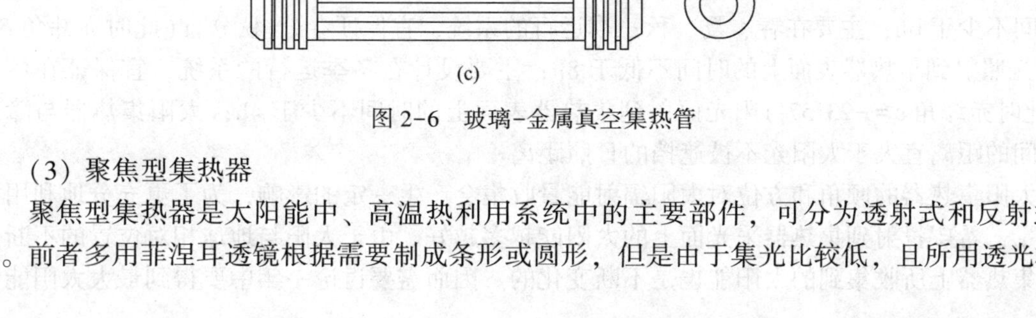

图 2-6 玻璃-金属真空集热管

(3) 聚焦型集热器

聚焦型集热器是太阳能中、高温热利用系统中的主要部件，可分为透射式和反射式两种。前者多用菲涅耳透镜根据需要制成条形或圆形，但是由于集光比较低，且所用透光材料

(如透明塑料)不能耐受高温，故工作温度多在526.85℃(800K)以下。而后者采用玻璃或金属反射镜面，可以制成线聚焦和面聚焦两种形式，分别属于二维和三维聚焦，工作温度分别可达526.85℃(800K)和1026.85℃(1300K)。如需达到更高的工作温度，可用多个反射镜面组成阵列，同步跟踪太阳，焦斑面积的直径在0.1m左右，最高工作温度可达2726.85℃(3000K)以上。这种集热器可以用于太阳能热发电。

图2-7表示通过汇聚透镜的光路图；图2-8是菲涅耳透镜的示意图；图2-9和图2-10分别表示抛物面反射式集光器和带有真空玻璃管吸热体的反射式集光器。

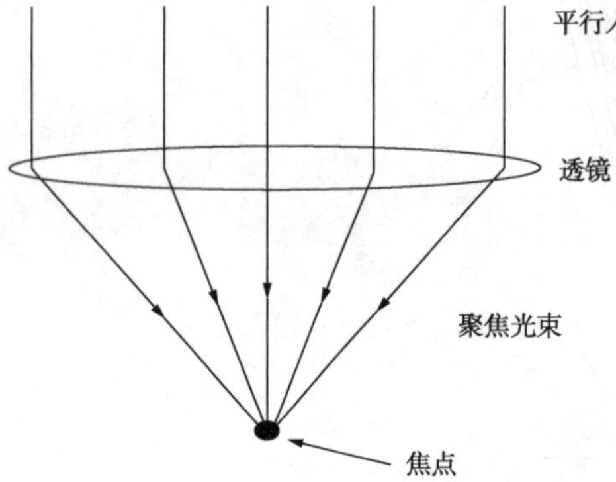

图2-7 通过汇聚透镜的光路图

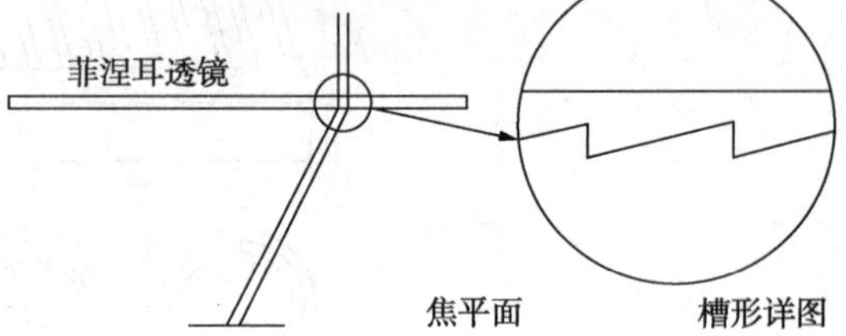

图2-8 菲涅耳透镜的示意图

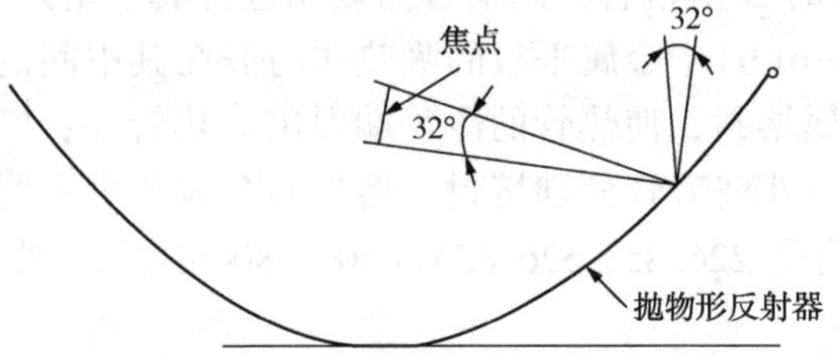

图2-9 抛物面反射式集光器

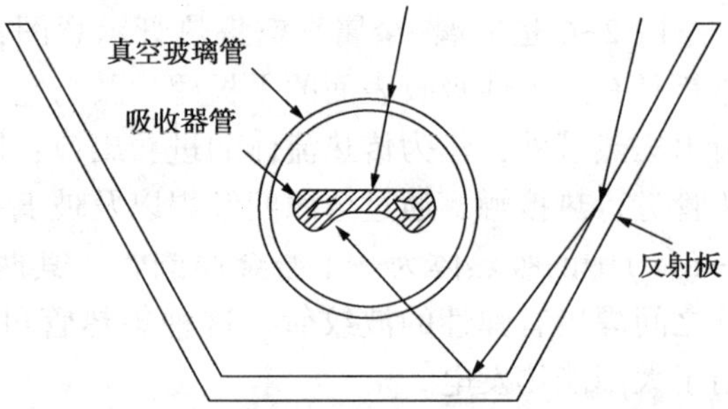

图2-10 带有真空玻璃管吸热体的反射式集光器

4. 太阳能集热器设计方法

(1) 集热器的安装方位和倾角

确定太阳集热器的定位时，需要考虑集热器倾角和方位对太阳辐射能收集的影响。

太阳集热器的安装位置不应有任何障碍物遮挡阳光，并宜选择在背风处，以减少热损失；设计全年运行的系统，宜保证春分/秋分日(此时赤纬角$\delta=0$)阳光照射到集热器表面上的时间不少于6h；主要在春、夏、秋三季运行的系统，宜保证春分/秋分日(此时赤纬角$\delta=0$)阳光照射到集热器表面上的时间不低于8h；主要设计在冬季运行的系统，宜保证在冬至日(此时赤纬角$\delta=-23°57'$)阳光照射到集热器表面上的时间不少于4h；太阳集热器与障碍物之间的距离宜大于太阳光不被遮挡的日照距离。

太阳集热器的倾角和方位对太阳辐射能量收集会产生一定的影响，为了更充分地利用太阳能量，希望投射到集热器采光面上的太阳能越多越好。由于太阳与地球相对位置的不断变化，集热器上所收集到的太阳能也是不断变化的。因而需要讨论一年中要得到最大太阳能量时，它们的倾角及方位是多少。

根据软件的模拟结果对于在长时间内，大气条件不随季节性变化的地区太阳集热器方位及倾角的影响可根据太阳直接辐射估算。研究表明，当集热器的方位是正南方向，倾角为 $S=0.9\Phi$ 时，得到的年直射辐射量最大；但如果增加考虑散射辐射的影响因素，则结果会有很大不同。由于散射辐射受大气条件、云量变化情况影响较大，而过去受条件限制缺乏相关资料，所以，长期以来沿用的太阳集热器定位原则是基于对太阳直接辐射的估计结果，即集热器方位朝向正南放置，倾角近似于当地纬度(即 $S=\Phi$)时，可得到最大年太阳辐射能量；如果希望在冬季获得最佳的太阳辐射能量，倾角应加大至约比当地纬度大10°(即 $S=\Phi+10°$)；而在夏天，则应比当地纬度小10°(即 $S=\Phi-10°$)。

根据软件的模拟结果，太阳集热器宜朝向正南，或南偏东、偏西30°的朝向范围内设置；受条件限制集热器不能按上述朝向范围设置时，也可加大偏东、偏西的角度或者完全偏东、偏西设置，但应根据相应的规定和标准设置。

太阳集热器的倾角可选择在当地纬度±10°的范围内；受当地条件限制，需要超出此范围的倾角时，也应按照相应的标准和规定设置，合理地增加集热面积，以达到对太阳能的充分利用。低纬度地区设置在墙面、阳台栏板上或作为阳台栏板使用的太阳集热器应以适当倾角安装，以增大太阳辐射热量。安装误差一般不超过±3%。多块太阳集热器在坡屋面等建筑外围护结构上串、并联安装时，集热器上加上连接管等附件组成的集热器阵列总尺寸应与构成围护结构的建筑材料的模数相配，不影响建筑物的外观。

(2) 贮水箱的设计

太阳能热水系统的贮水箱必须保温。太阳能热水系统贮水箱的容积既与太阳集热器总面积有关，也与热水系统所服务的建筑物的要求有关，贮水箱的设计对太阳集热系统的效率和整个热水系统的性能都有重要影响。

① 贮水箱容积计算：一般来说，对于每平方米太阳集热器总面积，需要的贮热水箱容积为40~100L，推荐采用的比例关系通常为每平方米太阳集热器总面积对应75L贮热水箱容积。需要精确计算时，可以通过计算机相关模拟软件进行长期热性能分析得到。

② 贮水箱管路布置：贮热水箱同时连接太阳能集热器和热水供应系统时，为很好地利用由于水箱内的分层效应，热水供应出水管一般安排在水箱顶部，自来水补水管一般插在水箱下部，出水口距离水箱底部10~15cm。集热系统的水箱出水口应距离水箱底部10cm左右以防将水箱底部的部分沉淀物吸入集热器，集热系统的回水接到水箱上部辅助热源以下。

5. 集热器前景与革新

(1) 平板集热器的发展前景

在我国，平板集热器的使用已经有近30年的历史，时至今日，仍占据着华南大部分地区市场的主体地位，即使在北方地区也有不少用户。

平板太阳能集热器的优势是易与建筑有机结合，且十分可靠，同时，平板集热器还能够代替传统物的屋顶和屋面，显著降低成本。这一优势也已逐渐为建筑师、建筑商所认同。我国平板太阳能集热器、热水器发展已显现新的商机，如能借鉴国外成功经验，发挥自己的优势，扬长避短，进行实事求是的宣传推广，平板集热器一定能发展起来。这对于完成我国的可再生能源规划，实现我国节能减排的阶段性目标，有着非常重要的意义。

(2) 平板集热器的技术革新方向

① 应针对平板型集热器研发新型保温材料，改进生产工艺，在各个环节控制散热，采用多重保温处理技术使太阳能系统更加稳定，免去客户在使用其他太阳能热水产品会产生的系统不稳定等后顾之忧。

② 平板太阳能生产企业应学习借鉴国内外先进的生产加工工艺，结合自身特点，勇于不断创新，采用高吸收率低发射率的太阳能集热板芯镀膜技术，从而提高平板集热器的集热效率。

③ 采用高透过率低反射率的新型玻璃盖板，使采光效率更高。采用高效低铁玻璃，可见光直透率高达94%，太阳光直透率高达91.5%。

④ 采用先进防水处理，将集热器玻璃盖板与集热器边框实现无缝隙紧密结合，有效地防止雨水的渗透对集热器的影响。

⑤ 采用先进的加工设备并不断创新生产工艺，在保证集热产品质量的前提下减少生产运行成本。

6. 集热器与建筑一体化

(1) 我国太阳能建筑一体化的现状与存在的问题

从目前国内使用太阳能的情况来看，在建筑中有效地利用太阳能还处于探索阶段。设计人员对太阳能的理解局限在被动式太阳能技术的应用上。一方面太阳能的产品与建筑物缺少有机的结合，另一方面由于建筑师缺乏对太阳能技术及太阳能产品(构建)的了解，也影响了太阳能产品的利用与建筑设计一体化的进程。过去一段时间内，由于安装太阳能热水器没有同建筑设计有机地结合，或从建筑的整体造型考虑还不够，特别在住宅建筑的屋顶上，太阳能热水器的安装形成了规格各异、形式多变的屋顶，造成杂乱无章的无序状态，破坏了建筑的外观形象。如果不改变这种设计思想，观念不更新，不强调技术，最终将会影响到一个建筑群体的形象，甚至使整个城市的建筑风貌都会不同程度地受到破坏。

如何在建筑上加以合理的布置和充分地利用太阳能资源，使太阳能产品能够规范地与建筑物相结合，使之成为建筑物有机的组成部分，是生产厂商与建筑师需要共同探讨研究的大课题。一体化的发展方向是解决这个问题的关键，建筑师应做到在建筑设计方案开始就把太阳能设备作为建筑的一个不可缺少的构件来考虑。

(2) 集热器在建筑中的一体化应用

太阳能集热技术通常是通过集热器把阳光中的热能储存到水或者其他介质中，在需要的时候释放出来，一定程度上满足建筑物的能耗要求。太阳能集热器可以有多种与建筑相结合的方式，例如用太阳能热水管代替屋面材料，可进行嵌入式的铺设，使之成为建筑的有机构件。而且太阳能集热器不但可设计在屋顶上，也可放置在东西山墙面上、阳台上或用作窗户上的遮阳板，屋顶可能是局部设置，也可能是成块的或成条状的设置，整个屋顶的造型可能是圆形的、抛物线形的，也可能是单坡倾斜的，等等。设计的可能性、美观性、适用性和经济性都应综合考虑。

(3) 集热器与住宅屋顶的一体化设计

① 太阳能集热装置与坡屋顶的结合：

天窗式：将集热器镶嵌在建筑坡屋面上紧贴固定，覆盖部分屋面，形态类似坡屋面的天窗，与建筑浑然一体。此种方式与建筑的整合具有极高的灵活性。对于在旧房改造中使用提供了可能。由于平板式集热器的罩面玻璃比较特别，是透光率95%以上的透明漫反射玻璃，太阳高度较低时也不易产生镜面反射，仍能透过大部分的太阳光。

阶梯嵌入式：将集热器呈阶梯状阵列镶嵌在建筑坡屋顶上，覆盖整个屋面，形成具有层次感的屋面形态。

整体式：将集热板覆盖整个坡屋面，其材质和色彩构成了屋面形态。

② 太阳能装置与平屋顶的结合：

飘板式：将集热器用钢结构支撑在平屋顶上，形成造型独特的飘板，加强了标识性，避免了里面的单调。适用于平屋顶多层住宅及大跨度建筑。

③ 太阳能凉棚：

单独设置，与飘板式类似，集热器面积较小，造型更精致，可以与屋顶构架相结合，形成人们纳凉的场所。

(4) 太阳能集热器与建筑墙面的一体化设计

SAH 系统由集热和气流输送两部分系统组成。冬季，白天室外空气通过小孔进入空气腔，在流动过程中获得板材吸收的太阳辐射，受热压作用上升，进入建筑物的通风系统，然后由管道分配输送到各层空间。夜晚，墙体向外散失的热量被空气腔内的空气吸收，在风扇运转的情况下被重新带回室内。这样既保持了新风量，又补充了热量。夏季，风扇停止运转，室外热空气可以从太阳墙底部及孔洞进入，从上面和周围的孔洞流出，热量不会进入室内。

因为太阳墙设计方便，作为外墙，美观耐用，所以应用范围广泛，可用于任何需要辅助采暖、通风或补充新鲜空气的建筑，建筑类型包括工业、商业、居住、办公、学校、军用建筑及仓库等。另外，该系统安装简便，能安装在任何不燃墙体的外侧及墙体现有开口的周围，便于旧建筑的改造。

(5) 太阳能集热器与建筑阳台及遮阳系统相结合

将集合住宅中大量重复的建筑构件如遮阳板、阳台等与太阳能装置有机整合，在供给能源的同时可以为建筑增加美感。集热器可以与楼房阳台封装结合为一体，还可以将集热器安装在窗口上方的遮阳托架上，在起到遮阳作用的同时为用户提供热水，有效地利用了空间。

2.2.2 太阳灶

太阳灶是利用太阳辐射能，通过聚光、传热、储热等方式获取热量，进行炊事烹饪食物的一种装置。太阳灶常用的集热方法有两种，一种是采用热箱装置，另一种是采用聚光装置。故太阳灶也有两种形式：箱式灶和聚光灶。

2.2.3 太阳房

太阳房是利用太阳辐射能量来代替部分常规能源，使室内达到一定环境温度的一种建筑物。太阳房分为主动式和被动式两类。1938 年世界上第一幢主动式太阳房由美国麻省理工学院建成。它是一种能够控制的采暖方式，用集热器、储热装置、管道、风机、水泵等设备“主动”收集、储存和输配太阳能。由于它具有利用太阳热能和节约能源的优点，从它诞生的那天开始就十分引人注意。被动式太阳房最早是在法国发展起来的。它主要依靠建筑方位、建筑空间的合理布置和建筑结构及建筑材料的热工性能，使房屋尽可能多地吸收和储存热量。如果所获得的太阳能达到了建筑物采暖、空调所需能量的一半以上，就达到了被动式太阳房的要求。

2.2.4 太阳能光热发电

太阳能光热发电主要是指利用太阳能集热器收集太阳辐射能，然后传递至接收器，产生热空气或者热蒸汽，用传统的电力循环来产生电能。有两大类型：一类是利用太阳热能直接发电，如半导体或金属材料的温差发电，真空器件中的热电子和热离子发电，还有碱金属热电转换以及磁流体发电等。这种类型的特点是发电装置本体没有活动部件。目前其功率都很小，有的尚处于原理试验阶段，故本条不做介绍。另一类是将太阳热能通过热机带动发电机发电。其基本组成与常规发电设备类似，唯热能是从太阳能转换而来的。有的国家正在研制较大功率的这种装置，已达到并网发电实际应用的水平。

1. 太阳能热发电分类

太阳能热发电通常叫作聚光式太阳能发电。与传统发电站不一样的是它们是通过聚集太阳辐射获得热能，将热能转化成高温蒸汽驱动蒸汽轮机来发电的。

当前太阳能热发电按照太阳能采集方式可划分为槽式太阳能热发电、塔式太阳能热发电和碟式太阳能热发电。

槽式系统是利用抛物柱面槽式反射镜将阳光聚焦到管状的接收器上，并将管内的传热工质加热产生蒸汽，推动常规汽轮机发电；塔式系统是利用众多的定日镜，将太阳热辐射反射到置于高塔顶部的高温集热器(太阳锅炉)上，加热工质产生过热蒸汽，或直接加热集热器中的水产生过热蒸汽，驱动汽轮机发电机组发电；碟式系统利用曲面聚光反射镜，将入射阳光聚集在焦点处，在焦点处直接放置斯特林发动机发电。

在这三种系统中，目前只有槽式发电系统实现了商业化。从 1981~1991 年的 10 年间，在美国加州的 Mojave 沙漠相继建成了 9 座槽式太阳能热发电站，总装机容量 353.8MW(最小的一座装机 14MW，最大的一座装机 80MW)，总投资额 10×10^8 美元，年发电总量为 8×10^8kW·h。太阳能热发电技术同其他太阳能技术一样在不断完善和发展，但其商业化程度还未达到热水器和光伏发电的水平。太阳能热发电正处在商业化前夕，专家预计 2020 年前，太阳能热发电将在发达国家实现商业化，并逐步向发展中国家扩展。

(1) 槽式太阳能热发电

槽式太阳能热发电全称槽式抛物面反射镜太阳能热发电系统，通过槽式聚光镜面将太阳光聚焦在一条线上，在这条焦线上安装有管状集热器，以吸收聚焦后的太阳辐射能，管内的流体被加热后，流经换热器的加热工质，借助于蒸汽动力循环来发电。抛物面可对太阳进行一维跟踪，聚光比在 10~100 之间，温度可达 400%。槽式太阳能热发电最大的优点是多聚光器集热器可以同步跟踪，故跟踪控制代价大为降低。缺点是：能量在集中过程中依赖管道和泵，管道系统比塔式电站要复杂得多，热量及阻力损失均较大，降低了系统的净输出功率和效率。

槽式发电是最早实现商业化的太阳能热发电系统。图 2-11 为一个槽式太阳能热发电系统。槽式发电一般采用大面积的槽式抛物面反射镜将太阳光聚焦反射到线形接收器(集热管)上，通过管内热载体将水加热成蒸汽，同时在热转换设备中产生高压、过热蒸汽，然后送入常规的蒸汽涡轮发电机内进行发电。槽式抛物面太阳能发电站的功率为 10~1000MW，是目前所有太阳能热发电站中功率最大的。通常接收太阳光的采光板采用模块化布局，许多采光板通过串并联的方式，均匀地分布在南北轴线方向上。为了保证发电的稳定性，通常在发电系统中加入化石燃料发电机。当太阳光不稳定的时候，化石燃料发电机补充发电，来保证发电的稳定性和实用性。一些国家已经建立起示范装置，对槽式发电技术进行深入的研究。

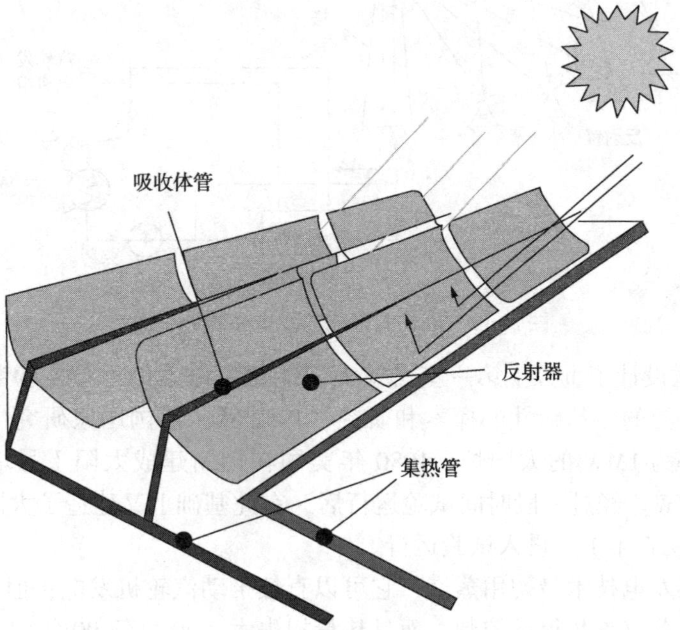

图 2-11　槽式太阳能热发电系统示意图

石油危机的爆发触发了可再生能源的近代发展。最早的试验是 19 世纪 60 年代，Auguste Mouchout 的以太阳能为动力的第一辆汽车，在一玻璃封闭的铁釜内生产蒸汽来驱动汽车。19 世纪 80 年代，美国人 John Ericsson 采用槽式抛物面太阳能集热装置驱动了一台热风机。接着在 20 世纪初，AubreyEneas 的第一辆商业化的太阳能汽车出现了。1907 年，德国阿伦的 Wilhelm Meier 博士和斯图加特的 Adolf Remshardt，申报了一项用槽式抛物面太阳能集热装置生产蒸汽的专利，他们采用抛物槽式接收器吸收太阳辐射，直接产生蒸汽来发电。1912 年 Shumann 和 Boys 在这个专利的基础上设计了一台用槽式抛物面太阳能集热装置生产蒸汽驱动 45kW 的蒸汽马达泵，集热装置长 62m，光线总通径宽度 4m，总通径面积 1200m^2。1916 年德国议会还批准拨款 20 万马克，在西南非洲领地进行槽式抛物面太阳能集热装置示范试验，遗憾的是由于第一次世界大战的爆发和近东地区石油的发现，阻碍了这项计划的实现。

1973 年发生石油危机以后，对槽式抛物面太阳能集热装置的兴趣被重新激起。在这期间，美国能源部(DOE)和联邦德国研究和技术部都在资助装有槽式抛物面太阳能集热器的加热装置和水泵系统的发展。国际能源机构(IEM)的 9 个成员国共同参与了一项总功率为 500kW 示范试验，该示范试验项目于 1981 年投入运营；Acurex 公司的 10000m 系统也于 1977~1982 年在美国的一台示范装置上装机使用。

(2) 塔式太阳能热发电

塔式太阳能热发电是采用大量的定向反射镜(定日镜)将太阳光聚集到一个装在塔顶的中央热交换器(接收器)上，接收器一般可以收集 100MW 的辐射功率，产生 1026.85℃(1300K)的高温。塔式太阳能热发电如图 2-12 所示。

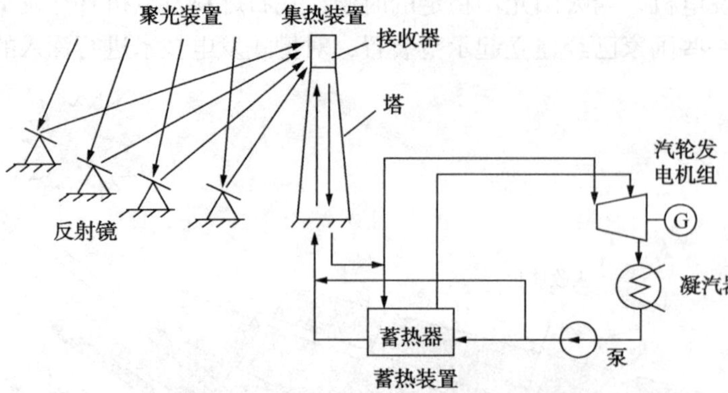

图 2-12　塔式太阳能热发电系统原理图

1950 年，苏联设计了世界上第一座塔式太阳能热发电站的小型实验装置，对太阳能热发电技术进行了广泛的、基础性的探索和研究。1952 年，法国国家研究中心在比利牛斯山东部建成一座功率为 1MW 的太阳炉。1980 年美国在加州建成太阳Ⅰ号塔式太阳能热发电站，装机容量 10MW。经过一段时间试验运行后，在此基础上又建造了太阳Ⅱ号塔式太阳能热发电站，并于 1996 年 1 月投入试验运行。

塔式太阳能热发电技术最初用蒸汽，它可以直接推动汽轮机发电；但是由于太阳能随气候变化不定，因此蒸汽参数很难控制，而且热量损失大。20 世纪 90 年代初，美国发明了一种盐塔式太阳能热发电装置，它改用盐熔液作为热载体并建立了一个 10MW 实验电站，所用的盐熔体由硝酸钾、硝酸钠和氯化钠的混合物构成，价格低廉、热传导性良好，可以在常压下储存在大型容器里；但是由于熔盐有相对高的凝点［119.85～136.85℃（393～410K）］，所流经的管路在系统启动时要进行预热。20 世纪 80 年代后期，还有人提出采用空气作为热载体；空气的热传导性虽然不好，但它的工作温度范围大、操作简单、无毒性，不仅能和蒸汽驱动的汽轮机相连，还可以直接利用高温空气驱动燃气轮机，效率更高。在这种方案中，聚焦的光线被投射到一种透气材料（例如一种金属丝编织物），空气从这种被加热的材料中通过，由于空气和这种集热材料的接触面很大，故传热很快，效率很高，而且可以把空气加热到 726.85℃（1000K）的高温。

（3）碟式太阳能热发电

碟式（又称盘式）太阳能热发电系统是世界上最早出现的太阳能动力系统（图 2-13），是目前太阳能发电效率最高的太阳能发电系统，最高可达到 29.4%。碟式太阳能热发电借助于双轴跟踪，抛物型碟式镜面将接收的太阳能集中在其焦点的接收器上，接收器吸收这部分辐射能并将其转换成热能，在接收器上安装热电转换装置，比如斯特林发动机或朗肯循环热机等，从而将热能转换成电能。单个碟式斯特林发电装置的容量范围在 5～50 kW 之间。用氦气或氢气作工质，工作温度达 800℃，斯特林发动机能量转换效率较高。碟式系统可以是单独的装置，也可以是由碟群构成以输出大容量电力。

碟式系统的主要特征是采用碟（盘）状抛物面镜聚光集热器，该集热器是一种点聚焦集热器，可使传热工质加热到 726.85℃（1000K）左右，驱动发动机进行发电。这种系统可以独立运行，作为无电边远地区的小型电源，一般功率为 10～25kW，聚光镜直径约 10～15m；也可用于较大的用户，把数台至十台装置并联起来，组成小型太阳能热发电站。

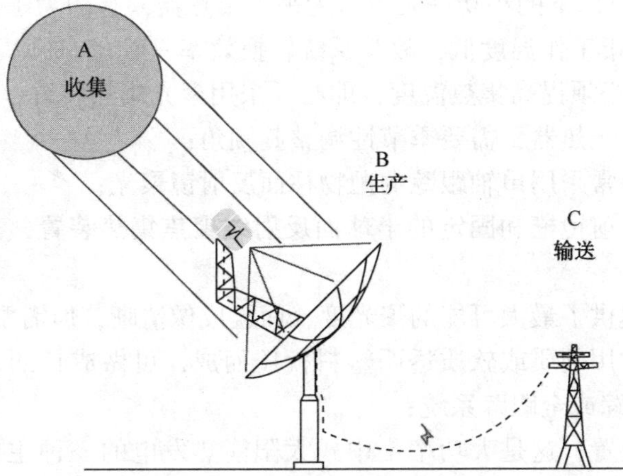

图 2-13 碟式太热能热汽机发电系统

就几种形式的太阳热发电系统相比较而言(见表 2-2)，塔式热发电系统的成熟度目前不如抛物面槽式热发电系统，而配以斯特林发电机的抛物面盘式热发电系统虽然有比较优良的性能指标，但目前主要还是用于边远地区的小型独立供电，大规模应用成熟度则稍逊一筹。应该指出，槽式、塔式和碟式太阳能热发电技术同样受到世界各国的重视，并正在积极开展研究工作。美国政府的太阳能热电发展计划并列塔式、槽式和碟式三种热发电技术，目的在于满足不同高层应用的需求。

表 2-2 三种方式性能的比较

聚光方式	工质温度/℃	聚光比	峰值效率/ %	规模/MW
槽式发电	390/ 794	10~ 100	20~28	30~320
塔式发电	565/1049	300~1500	25~28	10~20
碟式发电	750/1382	>500	29.4	0.005~0.025

与国外对槽式太阳能热发电技术在材料、设计、工艺及理论方面进行了长达 20 多年的研究相比，我国太阳能热发电起步较晚。在太阳能热发电领域中，涉及槽式太阳能热发电中的关键技术是聚光集热装置，其中聚光镜片、跟踪驱动装置、线聚焦集热管是实现槽式太阳能顺利发电的三项核心技术。在我国，大力发展槽式太阳能热发电是当前阶段比较符合国内产业发展的方向。我国是世界上最大的低温热水器生产大国，在真空管的技术上已经掌握了国际领先技术，玻璃热弯与镀银技术处于世界先进水平。槽式热发电的产业基础已经存在，上下游产品供应也可以得到保障。其中由德州华园新能源应用技术研究所掌握核心技术参与的，包括国内外数个热发电站依照规格合计可达 900MW，这些国内外项目的成功实施，也必将为我国其他地区实施太阳能热发电站提供经验，为我国更多更快建设太阳能热发电站作出贡献。

2. 太阳能热发电系统组成

太阳能热发电的系统结构一般包括集热装置、储能系统、热动力机和发电机等部分。

(1) 集热装置

集热装置为吸收太阳辐射能转换成热能的装置，不同的功率和不同的工作温度有其合适的结构。96.85℃(370K)以下的小功率装置多为平板集热器，有的为了增加单位面积上的受光量而外加反射镜。由于工作温度低，故其系统转换效率一般在5%以下。

要提高系统效率，必须提高集热温度，即必须采用聚光集热装置，主要类型有：

① 复合抛物面聚光集热器，需要季节性调整其倾角；

② 线聚焦集热器，常采用单轴跟踪的抛物柱面反射镜聚光；

③ 固定的多条型反射镜槽和固定的半球面反射线聚焦集热装置，其吸热管都需要跟踪活动；

④ 点聚焦方式，提供了最大可能的聚光度，而且成像清晰，但需配用全跟踪系统；

⑤ 菲涅尔透镜，常用硬质或软质透明塑料模压而成，可做成长的线聚焦或圆的点聚焦装置，相应配用单轴跟踪或全跟踪系统；

⑥ 塔式聚光集热装置，这是大功率集中式太阳能热发电的一种主要结构方式。以上各种集热器的聚光倍率和工作温度见表2-3。

表2-3 各种集热器的聚光倍率和工作温度

集热器类型	聚光倍率	工作温度/℃
平板集热器及附加平面反射镜	1~1.5	<100
复合抛物面反射镜	1.5~10	100~250
菲涅尔线聚焦透镜	1.5~5	100~150
菲涅尔点聚焦透镜	100~1000	300~1000
柱状抛物面反射镜线聚焦	15~50	200~300
盘形抛物面反射镜点聚焦	500~3000	500~2000
塔式聚光集热装置	1000~3000	500~2000

(2) 储能系统

由于大地上的太阳能受到季节、昼夜和云雾、雨雪等气象条件的影响，具有间歇性和随机不稳定性的特点，若保证太阳能热发电系统稳定地发电，必须考虑储能问题，储能本身也是一种能量转换过程。

太阳能热发电系统要经过太阳辐射能→热能→机械能→电能等几种能量的转换，在每个过程中都可进行储能。在热储能方式上有显热、潜热和化学反应热等。显热储能是利用水和石块等具有较大的比热容和密度的特性。潜热储能是利用有些物质在物态相变时的吸热和放热作用。还有正在研究发展中的化学储能，例如，CO_2与CH_4在850℃高温时吸热，经过催化剂反应生成CO与H_2等。这些气体在室温下可长期储存和远距离管道输送。需要时再将这些气体经过催化剂进行逆反应生成CO_2与CH_4，同时放出650℃的高温热能，然后反复使用，这是值得重视的途径。

太阳能制氢，再燃氢发电，实际上也是化学储能。在有利的地势条件下，可采用抽水蓄能，利用机械泵抽水到高位水库，需要时再用水力来发电。还有用正在研制的碳纤维制成高速旋转的飞轮，与电动发电机同轴相接，充电时，电机带动飞轮，转速每分钟可达上万转，用电时，再通过电机发电。目前常用的是电化学的蓄电池，将来有可能采用超导线圈的电磁储能。当然，直接并网输电是最方便的方式。

(3) 热动力机与发电机

在大功率的太阳能热发电装置上所用的汽轮机和发电机与常规火电厂所配用的完全一样。在小功率装置上，热动力机是一个突出的问题，因为容量小的热机若采用通常的汽轮机结构设计，只有在每分钟几万转的情况下才有高的效率。斯特林热气机是古老而又新的方案，从原理上讲，其性能近似卡诺循环，但目前还存在一些材料和工艺上的困难。另外，双螺杆膨胀机也可利用在小功率太阳能热发电上，总的系统效率也是受到工作温度低的限制。以上各种热动力机所需配用的发电机，在技术上都是可以设计制造的。

3. 太阳能热发电的经济性

太阳能热发电技术采用大规模低成本的蓄热技术，因此可输出稳定连续的电能，具有技术成熟、发电成本低、容易与化石燃料形成混合发电系统的优点，是极具经济竞争力的可再生能源发电技术，将来有可能成为人类的主力能源。

目前一些工业先进国家都在积极研究发展太阳能热发电，但对其经济性也有不同的看法。太阳辐射能可以说是取之不尽的，又是无偿的和无污染的，但在地面上所接收的能量密度低，集热装置的占地面积要比同容量的火电厂煤场占地约大 10 倍。要获得高的系统效率，必须采用高倍率的聚光集热装置，因而需要复杂的跟踪系统和昂贵的器材，致使单位容量的造价提高，目前尚不能与常规火电厂相竞争。

新技术、新材料和新工艺的发展有可能使太阳能热发电的造价降低，同时由于常规能源的涨价和逐渐匮乏，就会显出太阳能热发电的合理性。目前在一些常规燃料贫乏、交通不便而日照又好的边远地区，需要热电联合开发时，采用太阳能热发电是有利的。在日光充足又无大风的天然盐水湖和内海，利用太阳池作为集热器和储能装置来发电，也是有前途的。

截至 2018 年年底，由山东电建三公司建设的摩洛哥努奥二期 200MW 槽式与三期 150MW 塔式光热电站已实现稳定的满负荷运行，累计向摩洛哥电网输送了数亿度电；由上海电气总承包的迪拜 950MW 光热光伏混合电站中，包括 3 个 200MW 槽式电站和 1 个 100MW 塔式电站。项目方将槽式和塔式两种太阳能热发电技术路线充分结合，发挥各自优势。内蒙古电力勘测设计院有限责任公司(简称内蒙院)是迪拜太阳能热发电项目的技术咨询服务方，首次在国际太阳能光热发电项目中展示了其扎实的技术能力与优质的服务水平。

2.3 太阳能光-电转换技术

利用太阳能发电有两大类型，一类是太阳光发电(亦称太阳能光发电)，另一类是太阳热发电(亦称太阳能热发电)。太阳能光发电是将太阳能直接转变成电能的一种发电方式。它包括光伏发电、光化学发电、光感应发电和光生物发电四种形式，在光化学发电中有电化学光伏电池、光电解电池和光催化电池。太阳能热发电是先将太阳能转化为热能，再将热能转化成电能，它有两种转化方式。一种是将太阳热能直接转化成电能，如半导体或金属材料的温差发电，真空器件中的热电子和热电离子发电，碱金属热电转换，以及磁流体发电等。另一种方式是将太阳热能通过热机(如汽轮机)带动发电机发电，与常规热力发电类似，只不过是其热能不是来自燃料，而是来自太阳能。

2.3.1 太阳能光伏发电

太阳能光-电转换技术是不通过热过程直接将太阳的光能变换成电能的太阳能利用方式。

太阳能发电系统由太阳能电池组、太阳能控制器、蓄电池(组)组成。如输出电源为交流220V或110V，还需要配置逆变器。其中太阳能电池组是太阳能发电系统中的核心部分，太阳能电池组的作用是将太阳的光能转化为电能后，输出直流电存入蓄电池中。太阳能电池组是太阳能发电系统中最重要的部件之一，其转换率和使用寿命是决定太阳电池是否具有使用价值的重要因素。组件设计：按国际电工委员会IEC：1215：1993标准要求进行设计，采用36片或72片多晶硅太阳能电池进行串联以形成12V和24V各种类型的组件。该组件可用于各种户用光伏系统、独立光伏电站和并网光伏电站等。

1. 太阳能光-电转换技术分类

太阳能光-电转换技术主要分为光伏发电、光感应发电、光化学发电和光生物发电。

(1) 光伏发电

利用太阳能电池(也称光伏电池)把照射到太阳能电池上的光直接变换成电能输出。理论上讲，光伏发电技术可以用于任何需要电源的场合，上至航天器，下至家用电器，大到兆瓦级电站，小到玩具，光伏电源可以无处不在。目前，光伏发电是太阳能光发电的主流。

白天，在光照条件下，太阳电池组件产生一定的电动势，通过组件的串并联形成太阳能电池方阵，使得方阵电压达到系统输入电压的要求。再通过充放电控制器对蓄电池进行充电，将由光能转换而来的电能贮存起来。晚上，蓄电池组为逆变器提供输入电，通过逆变器的作用，将直流电转换成交流电，输送到配电柜，由配电柜的切换作用进行供电。蓄电池组的放电情况由控制器进行控制，保证蓄电池的正常使用。光伏电站系统还应有限荷保护和防雷装置，以保护系统设备的过负载运行及免遭雷击，维护系统设备的安全使用。

(2) 光感应发电

利用某些有机高分子团吸收太阳的光能后变成光极化偶极子的现象。分别把积聚在感应偶极子两端的正负电荷引出，即得到光电流。因为要寻找合适的光感应高分子材料，使它们有序地排列，并要在高分子团上安装上极为精细的电极，而使光感应发电具有较高的难度。目前，这项技术正在进行原理性实验。

(3) 光化学发电

浸泡溶液中的电极受到光照后，电极上有电流输出的现象叫光化学发电，主要通过可逆的化学反应来实现太阳能转换成化学能的过程。一般可分为液结光化学电池，光电解电池等。

(4) 光生物发电

用像叶绿素这样的生物细胞，在光的作用下产生生物电的现象，又称为叶绿素电池。因为细胞的生命现象和发电过程非常复杂，叶绿素细胞的衰亡又直接影响电能输出，所以目前光生物电池仅有原理性实验。

2. 太阳能光伏发电组成及应用

利用太阳能电池的光伏发电系统，一般由太阳能电池方阵及支架、蓄电池、控制器、逆变器等部分组成。

按所需要的电压和电流的大小，把许多单体太阳能电池串、并联后再加以封装，即构成太阳能电池组件。太阳能电池组件是最小的、可直接供电的单元。它可以独立地为用电器具供电。组件功率一般为几十瓦至几百瓦不等，目前最大的组件功率已达300W(最大输出功率)，可作为太阳能钟表、太阳能灯、太阳能通信机等的电源。

把许多组件进行串、并联并配以支架，可以构成较大功率的太阳能电池方阵(有时把太阳能电池组件和方阵都称为太阳能电池板)。功率为数十瓦至数千瓦的太阳能电池方阵，可作为太阳能彩色电视机、太阳能水泵、太阳能汽车、太阳能充电站的电源。目前最大的太阳能电池方阵功率已超过10kW，面积大于10m×10m。

数个或数百个太阳能电池方阵串、并联，可构成功率更大的太阳能光伏电站。功率从数十千瓦至数千千瓦不等的光伏电站，可作为边远农村、海岛的独立供电站，也可联接电网作为电力系统的调峰电站。中国已建成的功率最大的太阳能光伏电站为100kW，位于“世界屋脊”西藏那曲市的安多县，海拔高度达4800m。目前世界上最大的光伏电站坐落在美国加利福尼亚州，总功率为6.5MW，与常规电网联接，为385户家庭供电。功率为50MW的光伏电站正在希腊的克里特岛建设。

光伏发电还可与风力发电、柴油机发电等构成互补复合发电系统，也可与太阳能热发电、氢能发电、水力发电、生物质能利用等组合成综合利用系统，以降低造价，提高利用率，发挥综合经济效益。

比较成功的太阳能光伏系统，最早于1957年10月用于美国先锋1号人造卫星上。其后几十年，各国都把太阳能电池作为空间飞行器的主要能源。中国制造的几十颗人造卫星，基本上都装备了自行研制的太阳能光伏系统。迄今为止，在太空翱翔的数万个飞行器，90%以上都采用太阳能光伏发电器作为电源。功率达23kW的太阳能电池方阵曾被安装在美国第一个天空实验室上。美国和苏联的登月舱、火星登陆车和著名的哈勃望远镜，也都配备了太阳能电池方阵。可以说，太阳能光伏发电为人类探索太空立下了汗马功劳。

卫星上的太阳能电池方阵在结构上可以分为两大类：一类是壳体式，另一类是展开式。壳体式方阵是把太阳能电池贴装在卫星外壳上，结构比较紧凑。但因为卫星在旋转时往往只有一部分电池面对太阳，电池的利用率比较低。展开式方阵比较复杂，按基板结构的不同，可分为刚性、半刚性、柔性和混合式等多种形式。由于这类方阵在空间展开后能自动对日定向，因而利用率较高，功率容量也大。

空间用太阳能电池方阵，必须经过极苛刻的环境考验。首先是地面储存和运输的考验，其次是发射时力学环境的考验，如冲击、振动、噪声等。进入轨道后，还要承受真空条件下的高温-低温冲击和各种高能粒子、X射线和太阳紫外线辐照等的考验。因而空间用太阳能光伏系统的每一个部件，都必须在地面做完空间环境的模拟试验，以达到万无一失。

太阳能空间电站是人类想无限地利用太阳能的一种设想。如果在离地球36000km的同步卫星轨道上建造太阳能电站，将所得到的电能变成微波束或激光束后，向设在地球上的接收站输送能量，这样散布在太空的阳光即可变成高密度的微波能或激光能供人们使用。这种设想，于1967年首先由美国人格拉塞(P. Glaser)提出。1978年美国宇航局和能源部拨款试验。

这种空间电站的优点：

① 同步卫星轨道上的太阳能电池方阵可自动跟踪太阳，所获得的太阳能是地面上日照强烈地区的5~10倍；

② 同步卫星轨道上，只在临近春分、秋分时才有白天黑夜之分，黑夜最长也只有72min，平时基本上可以稳定而连续地发电，全年因地球屏蔽而减少的太阳能不到1%；

③ 几乎没有环境污染，大部分废热可排入太空，微波束的密度可设计在安全标准之下；

④ 利用太空失重条件或月球重力小等优点，可采用轻结构支撑电站；

⑤ 地面站的天线群是镂空的，为土地的多重利用提供了可能；

⑥ 地面站可紧靠用户，以减少输电损失。

尽管太阳能空间电站优点很多，但是向太空运输上万吨庞然大物并非易事，利用太空能源和月球上的材料来建造电站也尚遥远。而且，一旦发生微波束偏离微波接收站的危险，其后果和处理方式尚需研究。鉴于造价过于昂贵，美国空间电站的计划在进行了数年可行性研究之后，联邦政府决定中止对该项研究的财政支持，以后又重新起动。但是，空间太阳能电站的设想，犹如人类理想的一颗明珠，依然吸引着许多科学家的注意。也许，闪烁于太空的几十个太阳能空间电站是最终解决人类能源需要的有效途径之一。

2008 年，我国将空间太阳能电站研发工作纳入国家先期研究规划。“十二五”以来，国内参与空间太阳能电站的研究团队在逐渐扩大。国防科工局支持了与空间太阳能电站相关的总体和关键技术研究工作，目前在总体规划、总体概念方案、微波无线能量传输技术等方面取得了一定的成果，同时也带动了大型空间结构、空间薄膜太阳能发电技术的发展。

中国空间技术研究院钱学森空间技术实验室研究团队通过比较国内外多种空间电站方案，重点研究了非聚光型和二次对称聚光型空间太阳能电站，提出了创新的多旋转关节空间太阳能电站方案。此方案得到国际该领域顶级专家的认同，并获 2015 年世界太阳能卫星设计竞赛第一名。

我国在无线能量传输等关键技术方面也取得重大进步。无线能量传输包括微波和激光两种方式，目前研究以微波方式为主。

2018 年年底在重庆启动的空间太阳能电站实验基地项目，将在 2021~2025 年建设中小规模平流层太阳能电站并实现并网发电；2025 年后可开始大规模空间太阳能电站系统相关工作。空间太阳能电站是一个宏伟的工程，涉及空间运输、姿态控制、微波技术、能量传输等许多重要的技术领域，每一步关键技术都需要有效、安全、可靠的模拟验证方案，实验基地将起到模拟验证和演示的作用。

当前，我国在空间太阳能电站研究方面初步实现了从“跟跑”到“并跑”的转变，成为国际上推动空间太阳能电站发展的重要力量。我国专家已提出实现我国空间太阳能电站目标的技术路线图：2030 年后建设兆瓦级试验空间太阳能电站，2050 年后建设吉瓦级商业空间太阳能电站。目前，中国在空间太阳能电站方面的研究已进入世界前列，如能保持并进一步加大研发力度，中国将有望成为世界首个建成有实用价值空间太阳能电站的国家。

3. 太阳能光伏发电的优缺点

（1）太阳能光伏发电的优点

① 结构简单，体积小且轻。能独立供电的太阳能电池组件和方阵的结构都比较简单，输出 45~50W 的晶体硅太阳能电池组件，体积为 450mm×985mm×4.5mm，质量为 7kg。空间用太阳能电池尤其重视功率质量比，目前一般为 60~100W/kg。美国 ECD 公司以有机薄膜为衬底制造的非晶硅太阳能电池，功率质量比可达 5kW/kg。容量为 40kW 的薄膜太阳能电池可卷绕成高 40cm、直径 60cm 的一个带盘，质量约 8kg，而一台 40kW 的柴油发电机组质量约 2000kg。

② 易安装、易运输、建设周期短。只要用简单的支架把太阳能电池支撑起来，使之面向太阳，即可发电，特别适宜于作为小功率移动电源。配备单轴或双轴自动跟踪的太阳能电

池系统，结构相对要复杂一点，但安装、运输仍然比较容易。一个6.5MW的太阳能光伏发电站，占地$4.05\times10^5m^2$，从平整地基开始，不出10个月即可运行发电。

③ 容易起动、维护简单、随时使用、保证供应。配备有蓄电池的太阳能光伏发电系统，其输出电压和功率都比较稳定。一套设计精良的太阳能光伏系统中，蓄电池往往处于半浮充状态，无论白天、晚上都可供电，其所消耗的电能，由太阳能电池在晴天时自动补充，启动和维护都十分简单，一年中往往只需要在遇到连续阴雨天最长的季节前后去检查太阳能电池表面是否被玷污、接线是否可靠、蓄电池电压是否正常等。大型太阳能光伏电站可用计算机控制运行，所以太阳能光伏发电的运行费用很低。

④ 清洁、安全、无噪声。光伏发电本身并不消耗工质，不向外界排放废物，无转动部件，无噪声，是一种理想的清洁安全的能源。即使是蓄电池，在充放电时释放的H_2、O_2和酸雾的量也极微。如果配用全密封免维护蓄电池，则更加理想。

⑤ 可靠性高、寿命长。航天和地面用的太阳能电池组件，都要通过严格的高低温试验、振动冲击试验以及其他各种环境试验。晶体硅太阳能电池寿命可长达20~30年。在光伏系统中，只要设计合理、选型适当，蓄电池的寿命也可长达10多年。

⑥ 应用范围广。太阳能几乎无处不有。中国广大地区年平均每天在每平方米水平面上接收到的太阳辐射能约在4~6kW·h之间，太阳能电池在-45~+80℃范围内都能工作，尤其适宜于在边远地区作为独立电源。

⑦ 降价速度快，能量偿还时间有可能缩短。世界人口的增加和人均能耗的增加，是日益减少的化石能源所不能长久支持的，而日益提高效率和降低成本的太阳能电池却越来越有希望满足人类的要求。通常定义能量回收时间T_B以下式表示：$T_B=P_C/P_W$。式中，P_C为制造太阳能电池所消耗的能量；P_W为太阳能电池在其工作寿命内的平均发电量。以目前晶体硅太阳能电池的水平计算，硅材料价格33美元/kg，基片厚度0.45mm，效率$\eta=15\%$，年产量10MW，则能量回收时间为4.7年。若将电池效率提高到$\eta=18\%$，基片减薄到0.25mm，在年产量为100MW时，则能量回收时间仅为1.7年。薄膜太阳能电池的能量回收时间也可以降到1~2年。据统计，太阳能光伏发电成本，每千瓦时电价，1950年为1.50美元，1987年为35美分，1992~1993年为24美分，1998年为14美分，与美国调峰电价相当，而到2010年降为6~7美分，可以与市电竞争。中国太阳能电池的价格与国际相近。这预示着太阳能光伏发电有着光辉的前景。

(2) 太阳能光伏发电的缺点

① 能量分散、占地面积大。地表上能够直接获得的太阳辐照度最大的地方是西藏高原，约$1.2kW/m^2$，而绝大多数地区能够获得的太阳辐照度均不足$1kW/m^2$，难怪世界第一座1MW光伏电站占地$8.09\times10^4m^2$。有人计算过，需把美国道路面积全部覆盖上太阳能电池，才能满足美国的电力需要。

② 间歇性大。除了昼夜这种周期变化外，太阳能光发电还常常受云层变化的影响。小功率光伏发电系统可用蓄电池补充，大功率光伏电站的控制运行比常规火电厂、水电站、核电厂复杂得多。

③ 区域性强。地理位置不同，气候不同，使各地区日照资源各异，因而功率相同的太阳能电池组件，在各地的实际发电量是不同的。故理想的光伏发电系统均要因地制宜地进行设计。

2.3.2 太阳能电池

太阳能电池(图 2-14)是一种具有光伏效应的半导体器件。1839 年，法国物理学家贝克勒尔(A. E. Bequral)意外地发现：用两片金属浸入溶液构成的伏打电池，受到阳光照射时会产生额外的伏打电动势。他把这种现象称为光生伏打效应。1883 年，有人在半导体硒和金属接触处发现了固体光伏效应。以后，即把能够产生光生伏打效应的器件称为光伏器件。因为半导体 P-N 结器件在太阳光下的光电转换效率最高，所以通常把这类光伏器件称为太阳能电池。1954 年恰宾(Charbin)等在美国贝尔实验室第一次做出了效率为 6%的实用硅太阳能电池，开创了太阳能电池的新纪元。

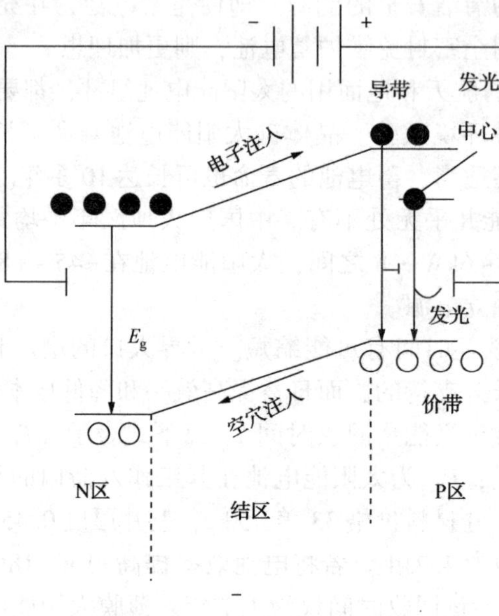

图 2-14　太阳能电池示意图

太阳能电池是一对光有响应并能将光能转换成电力的器件。能产生光伏效应的材料有许多种，如：单晶硅、多晶硅、非晶硅、砷化镓、硒铟铜等。它们的发电原理基本相同，现以晶体硅为例描述光发电过程。P 型晶体硅经过掺杂磷可得 N 型硅，形成 P-N 结。

当光线照射太阳能电池表面时，一部分光子被硅材料吸收；光子的能量传递给了硅原子，使电子发生跃迁，成为自由电子在 P-N 结两侧集聚形成电位差，当外部接通电路时，在该电压的作用下，将会有电流流过外部电路产生一定的输出功率。这个过程的实质是：光子能量转换成电能的过程。

1. 太阳能电池的物理基础

依能带理论，半导体中电子的运动状态按能量可分为导带和价带，其间的能量间隙称为禁带。处在导带中的电子，能够在整块半导体中自由运动，传导电流。而处在价带中的电子，则只能局限于绕原子核运动，不能传导电流。半导体受到光能、热能或其他外来能量激发时，价带中的电子会跃迁入导带，在价带留下一个空穴。空穴带正电荷，也可在整块半导体中自由运动，传导电流。能够传导电能的电子和空穴称为载流子。电子和空穴都是成对存在，成对出现。受光激发产生电子、空穴对(也称光生载流子)的过程，称为光激发。根据量子力学原理，只有那些能量 $h\gamma$ 大于或等于材料禁带宽度 E_g 的光子，才能激发出光生载流子。即必须满足：

$$h\gamma \geqslant E_g$$

式中，h 为普朗克常数；γ 为光子的频率。

确定的半导体，禁带宽度 E_g 是定值。故能够产生光生载流子的极限波长 λ_0 由下式确定：

$$\lambda_0 = 1/\nu_0 = 1.24/E_g$$

式中，ν_0为极限频率。极限波长 λ_0也称为红限，即波长小于 λ_0的光都不能在这种半导体中产生光激发。

（1）太阳能电池结构

典型的太阳能电池结构是一片厚为 0.2~0.3 mm、面积为 25~225cm^{2}或更大的硅薄片。上部是掺有五价元素磷原子，并依靠大量电子导电的 N 型硅，即 N^+-Si。下部是掺有三价元素硼原子，且依靠空穴导电的 P 型硅，即 P-Si。界面处即为 P-N 结，结深约 0.1~0.3μm，N^+-Si 上面布有很细的金属栅线，背电极紧贴 P-Si。为了减少反射，整个电池表面覆盖着一层透明的减反射膜。N^+-P 型硅太阳能电池的基本结构如图 2-15 所示。

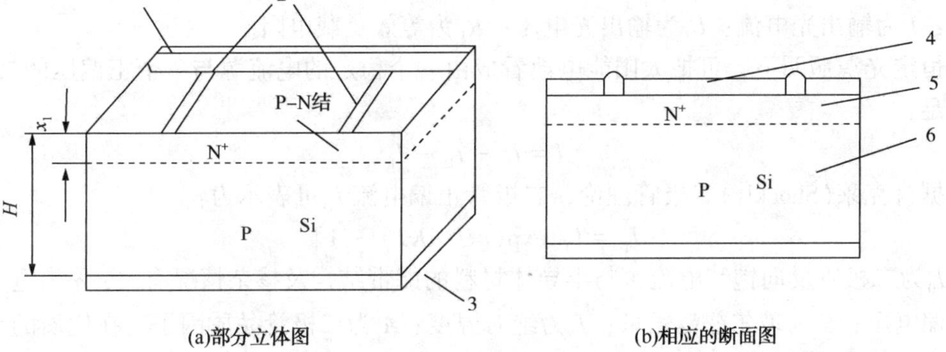

图 2-15　N^+-P 太阳能电池的基本结构

1—金属电极主栅；2—金属上电极细栅；3—金属底电极；4—减反射膜；5—顶区层（也称扩散层）；6—体区层（也称基区层）

（2）太阳能电池的工作原理

太阳能电池的 P-N 结处存在着一个由 N^+区指向 P 区的内建电场。当阳光照射到太阳能电池表面时，小部分被反射，大部分穿过减反射膜进入硅电池，其中能量大于禁带宽度的光子被硅吸收后激发出光生载流子。其吸收规律可用朗伯定律来描述：

$$I_x(\lambda) = I_0(\lambda)\exp[-\alpha(\lambda)x]$$

式中，$I_x(\lambda)$为离硅表面 x 处波长为 λ 的光谱辐照度；$I_0(\lambda)$为入射到硅表面 $x=0$ 处波长为 λ 的光谱辐照度；x 为离硅表面的距离；$\alpha(\lambda)$为该硅对波长的吸收系数。

每一个被硅原子吸收的、能量大于 E_g的光子都可以产生一对光生载流子。在 N^+区产生光生空穴向 P-N 结扩散，进入 P-N^+结区后，即被内建电场推向 P 区。在 P 区产生的光生电子先向 P-N^+区扩散，后被内建电场推向 N^+区。而在 P-N^+区产生的电子空穴，则立即被内建电场分别推向 N^+区和 P 区。于是，在被照明的太阳能电池中 N^+区积累了大量的光生电子，而P区积累了大量的空穴，在P-N⁺结的两侧间出现了光生电动势。若在上、下电极间接上负载，则会有光生电流I_L流过负载R_L并在R_L上建立起光生电压U_L，太阳的光能就这样直接变成了可供使用的电能。

2. 太阳能电池等效电路

太阳能电池的电气特性可以用图2-16的等效电路图来描述。

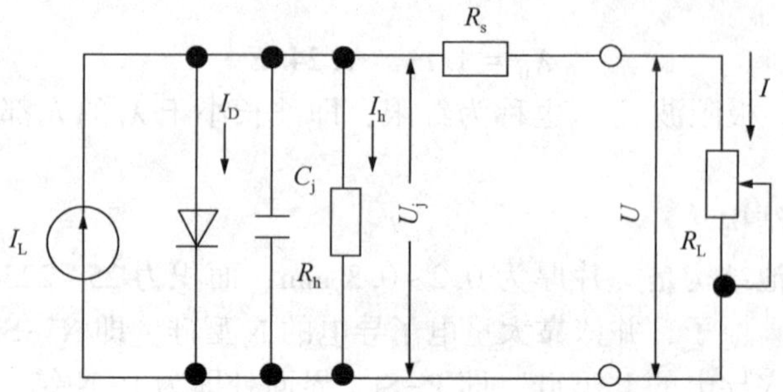

图2-16　P-N⁺结太阳能电池等效电路图

在图2-16中，I_L为光生电流；U_j为光生结电压；I_D为暗电流即P-N⁺结二极管正偏压电流；I_h为漏电流或称旁路电流；R_h为等效漏电阻或旁路电阻；R_s为等效串联电阻；C_j为P-N结电容；I为输出光电流；U为输出光电压；R_L为等效负载电阻。

在恒定光源照明下，可把太阳能电池看成由一个稳定的电流源与一个正偏压的二极管并联，满足：

$$I = I_L - I_D - I_h$$

根据肖克莱(Shockly)二极管理论，二极管正偏电流I_D可表示为：

$$I_D = I_0[\exp(qU/AKT) - 1]$$

式中，I_0为二极管反向饱和电流，与半导体材料的能带结构及掺杂情况有关；q为电子电量；U为正偏电压；K为玻尔兹曼恒量；T为绝对温度；A为二极管品质因子，在优质的P-N⁺结太阳能电池中，A接近1，而在一般的P-N⁺结太阳能电池中，A在1~10之间。

当太阳能电池短路时，$R_L=0$，$U=0$，$I_D=0$，此时的光电流称为短路电流I_{SC}，满足：

$$I = I_{SC} = I_L - I_h$$

当太阳能电池开路时，$R_L=\infty$，$I=0$，此时的光生电压称为光生电压U_{PC}，满足：

$$I_D = I_L - I_h$$

$$U_\infty = (AKT/q)\ln[(L_L - I_h)/I_0 + 1]$$

显然，开路电压U_∞随光电流增加而增加，随反向饱和电流减少而减少。

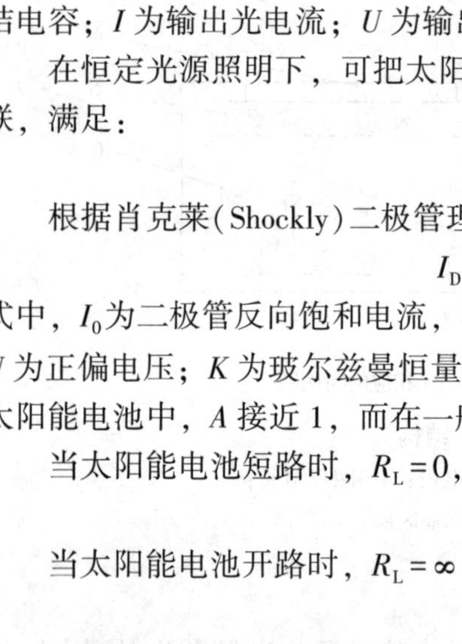

图2-17　太阳能电池的负载特性曲线

当负载电阻R_C从0→∞变化时，可以得到图2-17所示的太阳能电池光照负载特性曲线。图中，M为最佳工作点；I_m为最佳工作电流；U_m为最佳工作电压；P_m为最佳功率输出。

填充因子$F \cdot F$可用下式表示：

$$R_m = I_m \cdot U_m$$

$$F \cdot F = I_m \cdot U_m / I_{SC} \cdot U_\infty$$

3. 太阳能电池性能及特性

太阳能电池的性能可以用光电转化效率来表示。太阳能电池受光照时，输出电功率与入射光功率之比，称为太阳能电池的光电转换效率，满足：

$$\eta = P_m / A_t P_{in} = I_m U_m / A_t P_{in} = (F \cdot F) I_{SC} U_{\infty} / A_t P_{in}$$

式中，A_t为太阳能电池受光面表面积；P_m为输出电功率；P_{in}为单位面积入射光功率。

太阳能电池的效率是表征太阳能电池内在特性的重要标志，它与光谱辐照度、温度以及电池的厚度、微电子参数等有着复杂的函数关系，其理论极限效率又与材料的禁带宽度、吸收系数、结构等有关。理论分析表明，同一种半导体材料制成的 P-N$^+$结太阳能电池，理论效率不超过 30%，而采用多种不同禁带宽度的材料制成多个 P-N$^+$结的太阳能电池，其理论效率可高达 60% 以上。通常考虑太阳光在太阳能电池上的能量亏损的类别可用图 2-18 表示。

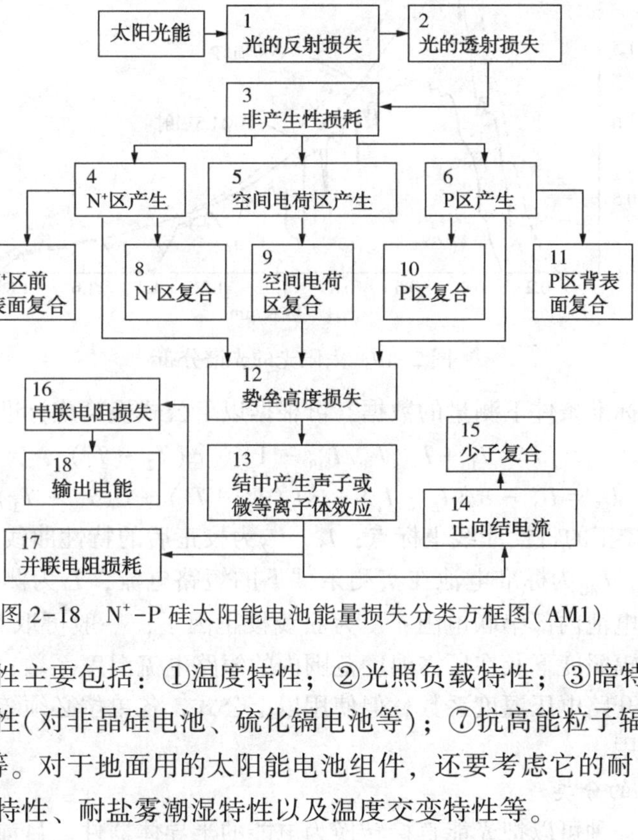

图 2-18 N$^+$-P 硅太阳能电池能量损失分类方框图(AM1)

太阳能电池的特性主要包括：①温度特性；②光照负载特性；③暗特性；④光谱响应；⑤光特性；⑥衰降特性(对非晶硅电池、硫化镉电池等)；⑦抗高能粒子辐射特性(对空间电池)；⑧热辐射特性等。对于地面用的太阳能电池组件，还要考虑它的耐自然环境性能，如组件的强度、耐振动特性、耐盐雾潮湿特性以及温度交变特性等。

4. 太阳能电池的测试

从应用和研究角度来考虑，太阳能电池的特性参数测试必须在规定的标准阳光下进行。无论是在地面或是空间，阳光条件都在不停地变化，因此，必须规定一种标准阳光条件，才能使测量结果既能彼此比较，又能根据标准阳光条件下测试的数据估算出实际应用时太阳能电池的性能参数。然后，用人造模拟阳光即太阳模拟器来创造一个近似标准的阳光条件。国内外都详细规定了地面和空间用的太阳能电池标准测试条件，其要点是：

① 模拟光源的光谱符合大气质量为 AM0(空间电池)或 AM1.5(地面电池)的太阳光谱；

② 光谱辐照度等于 140MW/cm^2(空间电池)或 100MW/cm^2(地面电池);

③ 模拟光源的光谱辐照度需用标准太阳能电池校正;

④ 标准太阳能电池必须和被测电池有相同的材料、工艺和结构，有相同的光谱响应曲线，并且被用科学方法严格地经过标准化方法标定过;

⑤ 测试温度 T=24.85℃(298K)。

图 2-19 为根据大量测量数据用计算机拟合出来的国际公认的 AM1.5 标准太阳光谱。图中示出 AM0 和 AM1.5 辐射的光谱分布，同时还示出假定太阳是 5726.85℃(6000K)的黑体时所预期的太阳辐射的光谱分布。

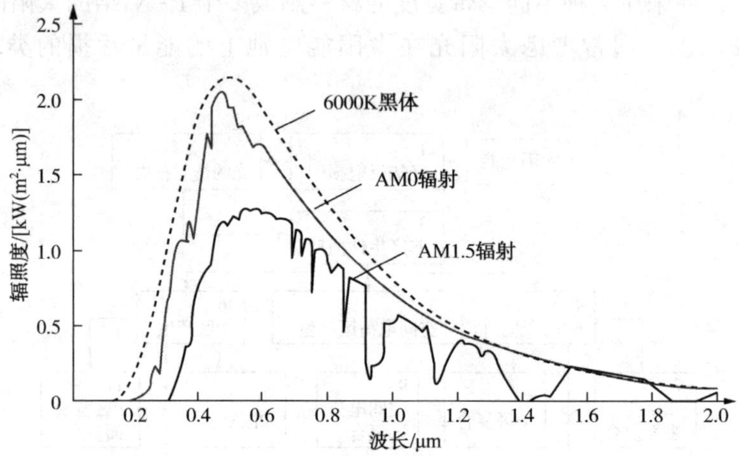

图 2-19 太阳光的光谱分布

在自然光或非标准条件下测量的数据，可根据以下公式换算成标准条件:

$$I_2 = I_1 + I_{SC}(I_{SR}/I_{MR} - 1) + \alpha(T_2 - T_1)$$

$$U_2 = U_1 - R_S(I_2 - I_1) - KI_2(T_2 - T_1) + \beta(T_2 - T_1)$$

式中，I_1、U_1为待校正的特性曲线坐标点；I_2、U_2为校正后的特性曲线对应坐标点；I_{SC}为所测电池的短路电流；I_{MR}为标准电池在实测条件下的短路电流；T_1为测试温度；T_2为标准测试温度；R_S为所测电池内部串联电阻；K 为曲线校正因子，一般可取 $K \approx 1.2\times10^{-3}\Omega/K$；$\alpha$ 为所测电池在标准辐照度下及在所需温度范围内的短路电流温度系数；β 为和上述短路电流温度系数相对应的开路电压温度系数。但使用以上公式，各单位必须统一，对于太阳能电池组件，也可参照使用。

5. 太阳能电池的分类

太阳能电池是一种可以把光能直接转换为电能的半导体器件。目前常用的半导体材料多为单晶硅、多晶硅和非晶硅薄膜，此外还有硫化镉、砷化镓等。

迄今为止，人们已经研究了 100 多种不同材料、不同结构、不同用途和不同型式的太阳能电池，而且目前还在蓬勃发展中，所以分类尚未规范化。最常见的分类如图 2-20 所示。同一种太阳能电池，按不同的分类法有不同的称呼。如以非晶硅薄膜为基体的 α-Si-CuInSe 太阳能电池，既可称为非晶硅薄膜太阳能电池，也可称为 α-Si-CuInSe 异质结太阳能电池。另外，按太阳能电池的光谱响应范围来分，还有紫光电池、蓝光电池、红光电池等，视具体情况而定。

太阳能电池分类
- 按基本材料分类
  - 晶体硅太阳能电池
    - 单晶硅太阳能电池
    - 多晶硅太阳能电池
  - 非晶硅太阳能电池
  - 硒光太阳能电池
  - 化合物太阳能电池
    - 砷化镓太阳能电池
    - 硫化镉太阳能电池
    - 碲化镉太阳能电池
  - 有机半导体太阳能电池
- 按电池结构分类
  - 同质结太阳能电池
  - 异质结太阳能电池
  - 肖特基结太阳能电池
  - 复合结太阳能电池
  - 液结太阳能电池
- 按用途分类
  - 空间太阳能电池
  - 地面太阳能电池
  - 光伏传感器
- 按工作方式分类
  - 平板太阳能电池
  - 聚光太阳能电池
  - 分光太阳能电池
- 其他分类
  - 薄膜太阳能电池
  - 片状太阳能电池

图 2-20 太阳能电池分类

20 世纪 50 年代第一块实用的硅太阳电池的问世，揭开了光电技术的序幕，也揭开了人类利用太阳能的新篇章。近十年，世界太阳能电池产量平均增长率为 40%，最近三年的平均增长率超过 50%。可以看出，世界光伏产业呈快速发展势态，成为世界发展最快的新兴产业之一。在光伏产业方面，各国一直通过扩大规模、提高自动化程度、改进技术水平、开拓市场等措施降低成本，并取得了巨大进展。在研究开发方面，单晶硅电池效率达到 24.7%，多晶硅电池效率达到 19.8%，非晶硅电池实验室稳定效率已突破 15%，碲化镉电池效率达到 16.4%，铜铟硒电池效率达到 18.8%。晶硅薄膜电池的研究自 1987 年以来发展迅速，成为世界关注的新热点。太阳能光伏发电系统是利用太阳电池半导体材料的光伏效应，将太阳光辐射能直接转换为电能的一种新型发电系统，有独立运行和并网运行两种方式。独立运行的光伏发电系统需要有蓄电池作为储能装置，主要用于无电网的边远地区和人口分散地区，整个系统造价很高；在有公共电网的地区，光伏发电系统与电网连接并网运行，省去蓄电池，不仅可以大幅度降低造价，而且具有更高的发电效率和更好的环保性能。目前，太阳能光伏发电的研究重点在开发高效率、低成本新型太阳能电池方面。主要包括非晶硅太阳能电池和微晶硅迭层薄膜电池的实验型研究。

简单介绍以下几种材料的太阳能电池。

(1) 单晶硅太阳能电池

硅系列太阳能电池中，单晶硅太阳能电池转换效率最高，技术也最为成熟。高性能单晶硅电池是建立在高质量单晶硅材料和相关的成熟的加工处理工艺基础上的。现在单晶硅的电池工艺已近成熟，在电池制作中，一般都采用表面织构化、发射区钝化、分区掺杂等技术，开发的电池主要有平面单晶硅电池和刻槽埋栅电极单晶硅电池。提高转化效率主要是靠单晶硅表面微结构处理和分区掺杂工艺。在此方面，德国夫朗霍费莱堡太阳能系统研究所保持着世界领先水平。

非晶硅是一种很好的太阳能电池材料，成熟的非晶硅太阳能电池具有较高的稳定性，效率已达到 8%。随着非晶硅太阳能电池转化效率的提高及生产成本的降低，柔性衬底非晶硅太阳能电池，已经应用于一些实际领域。由于柔性衬底的非晶硅电池具有高比功率、轻便、柔韧性强等优点，所以在光伏建筑一体化，特别是在城市遥感用平流层气球平台、军用微小卫星、空间航天器等应用中极具优势。在目前的卫星系统中电源系统的重量占整星重量的近三分之一，而柔性衬底的非晶硅电池可达到2000W/ke的功率/重量比，远远高于晶硅的比功率，因此，使用柔性衬底的非晶硅电池可大大降低电源系统的重量。在民用方面，由于柔性衬底的非晶硅电池具有极好的柔韧性、可卷曲性，这使它不但易于贮存和运输，而且为电池的安装，特别是与建筑物及供电系统的一体化设计方面提供了方便的条件，具有广阔的应用前景。但目前非晶硅电池仍然存在一些问题，主要集中在以下两个方面：①转化效率低；②电池稳定性不高。要提高转化效率，就需要改进并探索窗口材料及其他各层材料，如：纳米硅复合薄膜。

晶体硅薄膜电池之所以得到普遍的重视是由于它将晶体硅电池工艺优点和薄膜电池的优势有机地结合起来，从单结叠层电池到多结叠层电池，电池的稳定转化效率会明显增加。但晶体硅薄膜电池存在着一个问题：与其他薄膜电池材料不同，硅是非直接半导体，为了最大限度地吸收和转换太阳光谱，通常需要较厚的活性层。这样就需要薄膜电池工艺采取有效的限光措施以弥补硅片厚度减薄后所造成的光谱损失和快速的沉积技术。因此，只有薄膜电池衬底成本和薄膜沉积技术成本低于晶体硅成本时，它才能在经济上是可行的，衬底和沉积技术的经济性研究也因而成为目前薄膜电池研究的重点。

（2）有机半导体太阳能电池

利用具有半导体性质的萘、蒽等有机材料进行掺杂后制成的P-N结太阳能电池。用离子掺杂也能使一些塑料薄膜变成半导体。由于这些塑料抗光老化的能力还不理想，目前只有一些原理性实验。

（3）同质结太阳能电池

由同一种半导体材料构成一个或多个P-N结的太阳能电池，如P-N结硅太阳能电池、P-N结砷化镓太阳能电池等。

（4）异质结太阳能电池

由两种不同半导体材料在相接界面上构成异质结太阳能电池，如氧化锡-硅、硫化镉-硫化亚铜、砷化镓-硅异质结太阳能电池等。若构成异质结的两种材料的晶格匹配比较好，则称为异质面太阳能电池，如砷化镓-砷化铝镓异质面太阳能电池等。

（5）肖特基结太阳能电池

肖特基结太阳能电池是由金属和半导体接触形成肖特基势垒的电池，简称MS电池。现在已发展成金属-氧化物-半导体(MOS)、金属-绝缘体-半导体(MIS)太阳能电池等。

（6）复合结太阳能电池

复合结太阳能电池是由两个或多个结构成的太阳能电池，如由一个MIS电池和一个N-P结硅电池叠合而形成高效MISNP复合结硅太阳能电池，其效率已达22%。复合结太阳能电池往往做成级联型，把宽禁带材料放在顶区，吸收阳光中的高能光子；紧接着用窄禁带材料吸收低能光子，使整个电池的光谱响应拓宽。已研究过砷化镓、砷化铝镓-磷化镓-磷化铟太阳能电池及砷化铝镓-砷化镓、硅太阳能电池等，后者的效率已达31%。

(7)空间太阳能电池

空间太阳能电池是主要用于人造卫星和空间飞行器上的太阳能电池。空间电池要求有较高的功率质量比，耐高低温冲击、抗高能粒子辐射的能力强，制造工艺比较精细，因而价格也比较高。

（8）地面太阳能电池

地面太阳能电池用于地面太阳能光发电系统的太阳能电池。要求耐风霜雨雪的侵袭，有较高的功率价格比，要求具有大规模生产的工艺可行性和材料来源。

（9）平板太阳能电池

平板太阳能电池是即非聚光电池，是在1倍阳光下工作的太阳能电池。

（10）聚光太阳能电池

聚光太阳能电池是在大于1倍阳光下工作的太阳能电池。1~10倍为低倍聚光，10~100倍为中倍聚光，大于100倍为高倍聚光。聚光电池需要考虑高温散热和大电流输出等特殊设计，容易组合成光电、光热综合利用的复合系统。与聚光电池相配的聚光器和跟踪器，往往会增加系统的复杂性。但是，用廉价的聚光材料来代替昂贵的半导体材料搜集太阳能，可以降低太阳能光发电系统的成本。

6. 太阳能电池的组合和封装

单体太阳能电池需要组合封装后才能成为付诸实际应用的太阳能电池组件。根据标准设计或用户需要，可以把单体太阳能电池像干电池一样串、并联，既可先串后并，也可先并后串，如图2-21所示，封装形式因电池种类而异。空间太阳能电池常用抗辐射盖玻璃/硅橡胶/密封胶支撑底板的封装结构，而平板型单晶硅和多晶硅太阳能电池通常采用钢化玻璃/EVA胶/太阳能电池/EVA胶/抗老化密封塑料热压封装，外加边框和引出接线即可。非晶硅太阳能电池往往也采用类似的封装，有时也采用玻璃作背封材料，以增加组件的刚度。

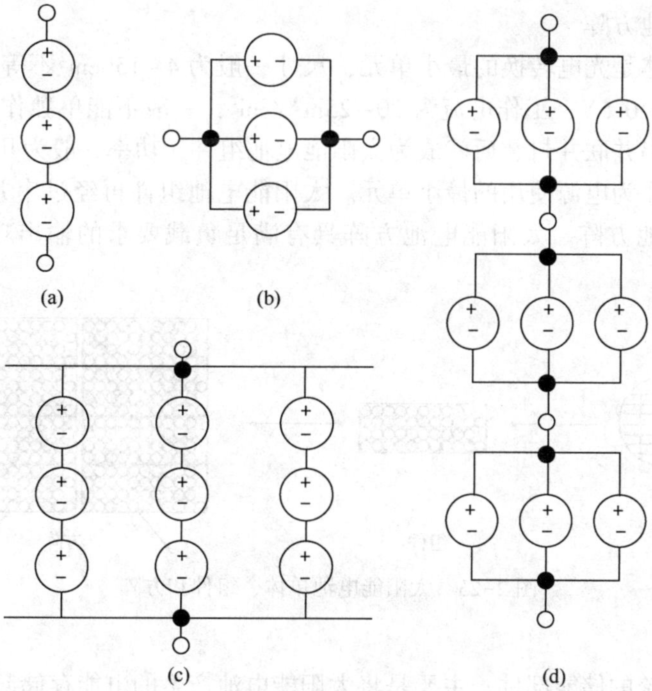

图2-21 单体太阳能电池组合原理

2.3.3 太阳能电池发电系统

太阳能电池发电系统就是用太阳能电池将光能直接转换成电能的完整的发电系统。利用太阳能电池将太阳的光能转化为电能后，通过充电控制器的控制，一方面直接提供给相应的电路或负载用电，另一方面将多余的电能存储在蓄电池中作为夜晚或是太阳能电池产生的电力不足时备用。

1. 系统组成

太阳能电池组件是由多个多晶硅或单晶硅电池片串并联，并经严格封装而成的。而其中的电池单体在太阳的照射下可发生光电效应而产生一定的电压和电流，通过将电池板串并联组合后得到一定大小等级的电压和电流后经电缆送至充电控制器。

如图 2-22 太阳能电池发电系统示意图所示，太阳能电池发电系统一般由太阳能电池方阵、储能蓄电池、充电控制器、逆变器及测量设备组成。

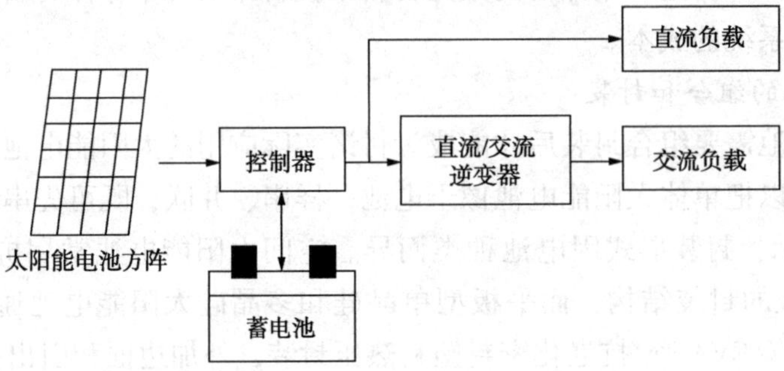

图 2-22 太阳能电池发电系统示意图

(1) 太阳能电池方阵

太阳能电池单体是光电转换的最小单元，尺寸一般为 4~150cm^{2}不等。太阳能电池单体的工作电压为 0.45~0.5V，工作电流为 20~25mA/cm^2，一般不能单独作为电源使用。将太阳能电池单体进行串并联并封装后就成为太阳能电池组件，功率一般为几瓦到几十瓦甚至几百瓦，是可以单独作为电源使用的最小单元。太阳能电池组件再经过串并联并装在支架上，就构成了太阳能电池方阵。太阳能电池方阵具有满足负载要求的输出功率(如图 2-23 所示)。

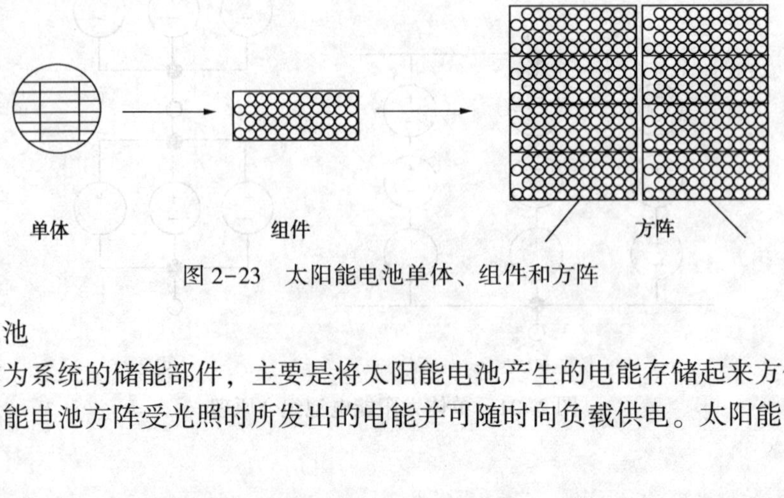

图 2-23 太阳能电池单体、组件和方阵

(2) 蓄电池

蓄电池作为系统的储能部件，主要是将太阳能电池产生的电能存储起来方便供电。其作用是存储太阳能电池方阵受光照时所发出的电能并可随时向负载供电。太阳能电池发电系统

对所用蓄电池的基本要求是：①自放电率低；②使用寿命长；③深放电能力强；④充电效率高；⑤少维护或免维护；⑥工作温度范围宽；⑦成本低。

目前中国太阳能电池发电系统配套使用的蓄电池主要是铅酸蓄电池和镉镍蓄电池。配套200h以上的铅酸蓄电池，一般选用固定式或工业密封免维护蓄电池；配套200h以下的铅酸蓄电池，一般选用小型密封免维护蓄电池或小型开口电池，在条件要求不高的情况下也可以选用汽车启动电瓶。

（3）充电控制器

充电控制器是对蓄电池进行自动充电、放电的监控装置，当蓄电池充满电时，它将自动切断充电回路或将充电转换为浮充电方式，使蓄电池不致过充电；当蓄电池发生过度放电时，它会及时发出报警提示以及相关的保护动作，从而保证蓄电池能够长期可靠运行。当蓄电池电量恢复后，系统自动恢复正常状态。控制器还具有反向放电保护、极性反接电路保护等功能。

可以说充电控制器是能自动防止蓄电池的过充电和过放电的设备，一般还都具有简单的测量功能。由于蓄电池被过充电或过放电后将严重影响其性能和寿命，充电控制器一般是不可缺少的。充电控制器按照开关器件在电路中的位置可以分为串联控制型和分流控制型；按照控制方式可以分为开关控制(含单路和多种开关控制)型和脉宽调制(PWM)控制(含最大功率跟踪控制)型；开关器件可以是继电器也可以是MOS晶体管，脉宽调制(PWM)控制器只能用MOS晶体管作为开关器件(图2-24)。

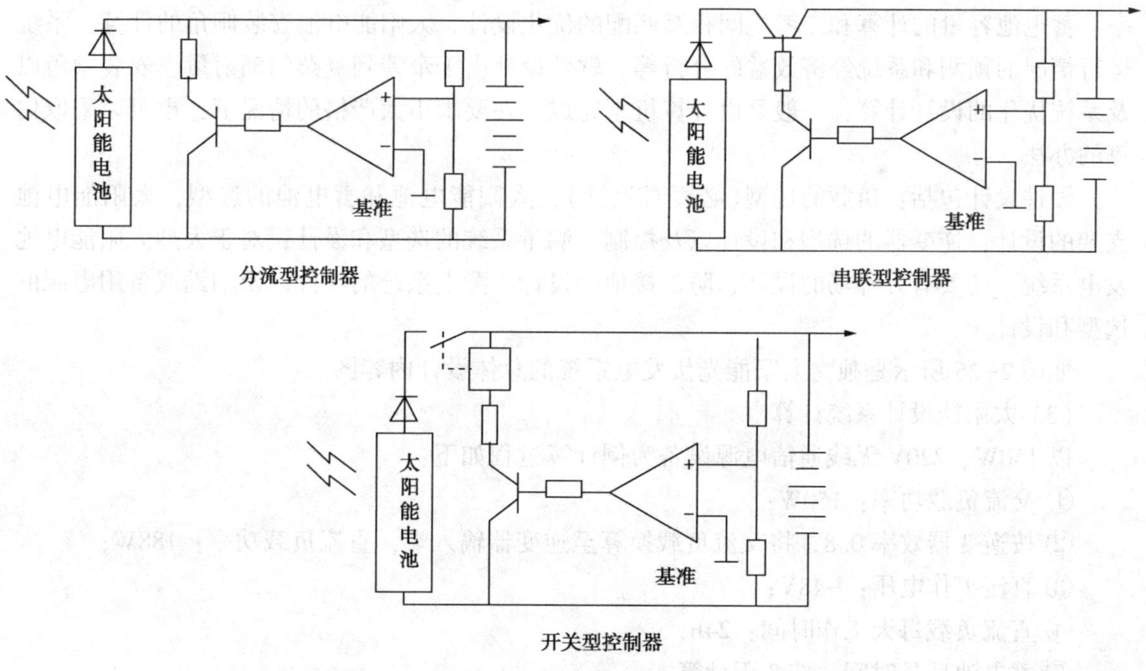

图2-24　充电控制器示意图

（4）逆变器

逆变器是将直流电变换成交流电的设备。由于太阳能电池和蓄电池发出的是直流电，当负载是交流负载时，逆变器是不可缺少的。逆变器按运行方式可以分为独立运行逆变器和并网逆变器。独立运行逆变器用于独立运行的太阳能电池发电系统，为独立负载供电；并网逆变器用于并网运行的太阳能电池发电系统，将发出的电馈入电网。逆变器按输出波形又可分为方波逆变器和正弦波逆变器。方波逆变器电路简单、造价低，但谐波分量大，一般用于几百瓦以下和对谐波要求不高的系统；正弦波逆变器成本高，但可以适用于各种负载。从长远看，晶体管正弦波(或准正弦波)逆变器将成为发展的主流。

(5) 测量设备

对于小型太阳能电池发电系统，只要求简单的测量，如蓄电池电压和充、放电电流，测量所用的电压和电流表一般就装在控制器上。对于太阳能通信电源系统、管道阴极保护等工业太阳能电源系统和大型太阳能发电站，往往要求对更多的参数进行测量，如太阳辐射、环境温度、充放电电量等，有时甚至要求具有远程数据传输、数据打印和遥控功能，这就要求为太阳能电池发电系统配备数据采集系统和微机监控系统。

2. 太阳能电池发电系统的设计

(1) 设计原则

在保证满足负载供电需要的前提下，确定使用最少的太阳能电池组件功率和蓄电池容量，以尽量减少初始的投资。

(2) 设计

太阳能电池发电系统的设计可分为软件设计和硬件设计，且软件设计先于硬件设计。

软件设计包括：负载用电量的计算，太阳能电池方阵面辐射量的计算，太阳能电池功率、蓄电池容量的计算和二者之间相互匹配的优化设计，太阳能电池安装倾角的计算，系统运行情况的预测和系统经济效益的分析等。软件设计由于牵涉到复杂的辐射量、安装倾角以及系统优化的设计计算，一般是由计算机来完成；在要求不太严格的情况下，也可以采取估算的办法。

硬件设计包括：负载的选型(必要时设计)，太阳能电池和蓄电池的选型，太阳能电池支架的设计，逆变器的选型和设计以及控制、测量系统的选型和设计；对于大型太阳能电池发电系统，还要有方阵场的设计、防雷接地的设计、配电系统的设计以及辅助或备用电源的选型和设计。

如图 2-25 所示是独立太阳能光伏发电系统的总体设计内容图。

(3) 太阳能设计系统计算

以 150W、220V 无线通信电源设备为例计算过程如下：

① 交流负载功率：150W；

② 按逆变器效率 0.8，将交流负载换算至逆变器输入端，直流负载功率：188W；

③ 直流工作电压：-48V；

④ 直流负载每天工作时间：24h；

⑤ 蓄电池后备时间：按 3 天计算。

1) 蓄电池计算

根据以下蓄电池容量计算公式：

$$\text{蓄电池的容量：} Q \geqslant \frac{K \cdot I \cdot T}{\eta[1 + \alpha(t - t_0)]}$$

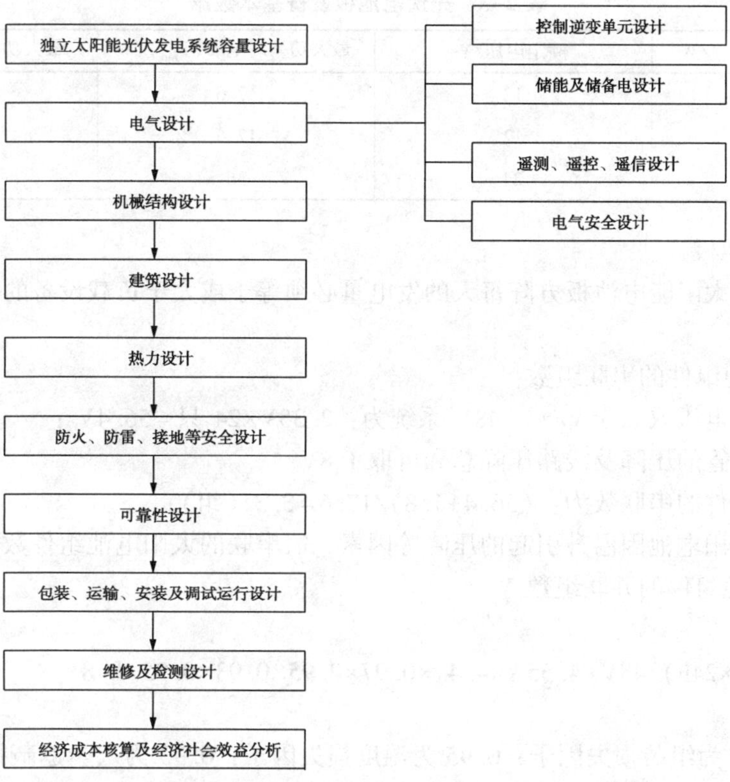

图 2-25　独立太阳能光伏发电系统的总体设计内容图

式中，Q 为蓄电池的额定容量；K 为安全系数，取 1.25；I 为 VSAT 设备负荷电流，A；T 为 VSAT 设备放电小时数，h；α 为电池温度系数，本设计取 0.006；t 为放电时实际电解液的最低温度，通常取蓄电池安装地的最低环境温度；t_0 为蓄电池额定容量的电解液温度；通常取 25℃；η 为放电容量系数，详见表 2-4。

表 2-4　铅酸蓄电池放电容量系数(η)表

电池放电时间/h	1	2	3	4	6	8	10	≥20
放电终止电压/V	1.8	1.8	1.8	1.8	1.8	1.8	1.8	1.85
阀控电池放电容量系数	0.45	0.61	0.75	0.79	0.88	0.94	1	1

2）光伏电池板计算

设计依据为太阳能电池板方阵每天的发电量必须等于或大于负载设备的消耗量，基本计算如下：

太阳电池组件的并联组数 N_c：

N_c =(设备负载功率×每天工作时间)/(系统电压×太阳能电池板最大功率电流×日照时数×组装损失因子×温度损失因子×灰尘遮蔽损失×输配电损失×充电损失)

经过取整后，太阳能系统配置的蓄电池的总容量为 500A · h/48V。

3）光伏电池板设备基本情况

光伏电池板设备基本数据见表 2-5。

表 2-5　光伏电池板设备基本数据

标称峰值功率(P_{max})/W	额定电压/V	最大功率时电压(V_{mp})/V	最大功率时电流(I_{mp})/A
80	12	17.6	4.55
130	12	17.6	7.39
160	24	36	4.45

4）光伏电池板

设计依据为太阳能电池板方阵每天的发电量必须等于或大于负载设备的消耗量，基本计算如下：

① 太阳电池组件的串联组数：

蓄电池均充电压取 2.35V/只，48V 系统为：2.35V×24 只=56.4V；

防反充二极管的压降及线路压降总和可取 1.8V；

太阳电池组件的串联数为：(56.4+1.8)/17.6=3.31(组)；

综合考虑太阳电池因温升引起的压降等因素，需串联的太阳电池组件数为 4 组。

② 太阳电池组件的并联组数 N_c：

方法一：

N_c=(188W×24h)/48V×4.55A×4.41×0.97×0.95×0.93×0.95×0.8

=7.19

其中：0.97 为组装损失因子；0.95 为温度损失因子；0.93 为灰尘遮蔽损失；0.95 为输配电损失；0.8 为充电损失。

取整为 7，故需并联的太阳电池组件数为 7 组。

方法二：

河南年平均日照时间约为 2300h；

平均日照时间：2300/365=6.30(h/d)；

折合标准日照为：6.30×0.7=4.41(h/d)；

标准日照时间太阳能对设备供电量为：188/48A×4.41h=17.3(A·h)；

无日照时间由蓄电池组放电给设备供电，电量为：188/48A×(24−4.41)h=76.73(A·h)；

蓄电池充电安时效率取 0.8，太阳电池向蓄电池充电量为：76.73/0.8=96(A·h)；

在标准日照时间(4.41h/d)太阳能电池需提供的电量为：17.3+96=113.3(A·h)；

每个太阳电池组件的发电量为：4.55×4.41=20.1(A·h)；

所需太阳电池组件的并联数为：113.3/20.1=6(组)；

如果太阳电池组件并联组数取为 6 组，太阳能电池组件最大功率时电流为 4.55×6=27.3A，而 500A·h 蓄电池 20 h 充电电流与负荷电流之和约为 29A。考虑直放站太阳能供电系统无开关电源或移动油机等备用电源，蓄电池组的充电电流应至少接近 20h 充电电流值，才能保障蓄电池组正常的充放电性能不受影响，故将太阳电池组件并联组数调整为 7 组，这样太阳能电池组件最大功率时电流达到 4.55×7=31.9A。

由以上两种计算得到并联的太阳电池组件数为 7 组。

5）结论

80W、220V 直放站太阳能供电系统需要 80W 的太阳能电池组件 4 组串 4 组并组成太阳电池方阵。

80W、220V 直放站太阳能供电系统需要 130W 的太阳能电池组件 4 组串 3 组并组成太阳电池方阵。

80W、220V 直放站太阳能供电系统需要 160W 的太阳能电池组件 2 组串 4 组并组成太阳电池方阵。

3. 太阳能电池发电系统的运行方式

由于阳光资源具有分散性，而且随处可得，太阳能电池发电系统特别适合于作为独立电源使用，如边远无电地区的村庄及家用供电系统、太阳能电池照明系统、太阳能电池水泵系统以及太阳能通信电源系统等都属此类。太阳能电池发电系统还可以同其他发电系统组成联合供电系统，如光-风互补系统、光-风-油互补系统等。由于风力发电系统的成本低，又由于风能和太阳能具有互补性，从而可以大大减少蓄电池的容量，因此，光-风互补系统的投资一般可比独立太阳能电池发电系统减少 1/3 左右。太阳能电池发电系统还可以与电网相连，构成并网发电系统。并网系统是将太阳能电池发出的直流电通过并网逆变器馈入电网。并网发电系统分为被动式并网系统和主动式并网系统。被动式并网系统中不带储能系统，馈入电网的电力完全取决于日照的情况，不可以调度；主动式并网系统带有储能系统，可以根据需要随时将太阳能电池发电系统并入或退出电网。实践证明，并网太阳能发电站可以对电网调峰，提高电网末端的电压稳定性，改善电网的功率因数和有效地消除电网杂波，具有很多优越性。

4. 太阳能电池发电系统的应用及前景

太阳能发电有更加激动人心的计划。一是日本提出的创世纪计划。准备利用地面上沙漠和海洋面积进行发电，并通过超导电缆将全球太阳能发电站联成统一电网以便向全球供电。据测算，到 2050 年、2100 年，即使全用太阳能发电供给全球能源，占地也不过为 $186.79\times10^4km^2$、$829.19\times10^4km^2$。$829.19\times10^4km^2$ 才占全部海洋面积 2.3%或全部沙漠的 51.4%，甚至才是撒哈拉沙漠的 91.5%。因此这一方案是有可能实现的。

另一个是天上发电方案。早在 1980 年美国宇航局和能源部就提出在空间建设太阳能发电站设想，准备在同步轨道上放一个长 10km、宽 5km 的大平板，上面布满太阳能电池，这样便可提供 5GW 电力。但这需要解决向地面无线输电问题。现已提出用微波束、激光束等各种方案。目前虽已用模型飞机实现了短距离、短时间、小功率的微波无线输电，但离真正实用还有漫长的路程。

太阳能电池最早用于空间，至今宇宙飞船和人造卫星的电力大多仍然依靠太阳能电池供给。20 世纪 70 年代以后，太阳能电池在地面得到广泛的应用，目前已遍及生活照明、铁路交通、水利气象、通信事业、广播电视、管道阴极保护、农林牧业、军事国防、并网调峰等各个领域。功率级别大到 10~50MW 的太阳能电池发电站，小到手表、计算器电源。随着太阳能电池发电成本的进一步降低，它将进入更大规模的工业应用领域，如海水淡化、光电制氢、电动车充电系统等，对于这些系统，目前世界上已有成功的示范。太阳能电池发电最终的发展目标是进入公共电力规模的应用，包括中心并网光伏电站、光-风互补电站、电网末梢的延伸光伏电站、分散式屋顶并网光伏系统等。展望太阳能电池发电的未来，人们甚至设想出大型的宇宙发电计划，即在太空中建立人造卫星电站。大气层外的阳光辐照度比地球上要高出30%以上，而且由于宇宙没有黑夜，卫星电站可以连续发电。一组11km×4km的太阳能电池板，在空间可产生8000MW的电力，一年的发电量将高达7×10^{10}kW·h。空间电站可以将所发出的电能通过微波源源不断地传送回地球供人们使用。

太阳能电池发电与火力、水力、柴油发电比较独具许多优点，如：安全可靠，无噪声，无污染，能量随处可得，不受地域限制，无须消耗燃料，无机械转动部件，故障率低，维护简便，可以无人值守，建站周期短，规模大小随意，无须架设输电线路，可以方便地与建筑物相结合等。因此，无论从近期还是远期，无论从能源环境的角度还是从边远地区和特殊应用领域需求的角度来考虑，太阳能电池发电都极具吸引力。目前，太阳能电池发电系统大规模应用的最大障碍是其成本高，预计到21世纪中叶，太阳能电池发电的成本将下降到同常规能源发电相当。届时，太阳能电池发电将成为人类电力的重要来源之一。

太阳能发电系统的使用主要分为几个方面：家庭用小型太阳能电站、大型并网电站、建筑一体化光伏玻璃幕墙、太阳能路灯、风光互补路灯、风光互补供电系统等，现在主要的应用方式为建筑一体化和风光互补系统。

2.3.4 太阳能-化学能转化技术

太阳能-化学能转换主要通过可逆的化学反应来实现太阳能转换成化学能的过程。吸热或放热可逆的化学反应所需要的温度较高，所以也可以用于太阳能热发电，未来利用太阳能制氢作为无污染的稳定能源，也是十分可取的。

太阳能转化成化学能的过程包括光化学作用、光合作用和光电转换，其中光分解制氢、绿色植物的光合作用、热化学反应合成燃料等正是太阳能-化学能的应用实例。

1. 光合作用

人类生存所依赖的能源和材料都是光合作用的结果(例如，粮食、煤炭和石油等)。化学染料、绿色植物和藻类植物通过光合作用，将CO_2和H_2O转化为碳水化合物及O_2，这是生命活动的基础。

$$nCO_2+mH_2O\rightarrow C_n(H_2O)_m+nO_2$$

① 光合作用包括两个步骤：光反应和暗反应。

② 光反应是在叶绿体的囊状结构上进行太阳光参与的反应。

暗反应在有关酶催化下叶绿体基体内反应，不需阳光参与。表2-6给出了光合作用的光反应和暗反应步骤。

表2-6 光合作用的光反应和暗反应

反应	光反应		暗反应
	原初反应	电子传递和光合磷酸化	
能量转化	光能→电能	电能→活跃的化学能	活跃的化学能→稳定的化学能
能量储存	量子、电子→ATP和NADHP		糖
能量转化过程	光能的吸收、传递和转换	电子传递、光合磷酸化	同化
能量转换位置	类囊体片层	类体片层	叶绿体基质

由表2-6可见，在光合作用中，暗反应是将活跃的化学能转变为稳定的化学能，形成了葡萄糖将能量储存，而光反应则是先将光能转变为电能，再将电能转变为活跃的化学能。

暗反应是按续光反应进行的，如果利用光合作用发电，关键步骤是光反应的第一步，在光能转化电能时设法将电能输出。

光合作用高效吸能、传能和转能的机理和调控原理是光合作用的理论核心。人类关于光合作用的研究至今没有重大突破，但是在基因工程、蛋白质工程、生物电子器件、生物发电等领域取得了重要成就。

光合作用利用生化反应进行能量转化将是未来新能源开发的重要组成部分，甲醇、乙醇燃料应是重要的开端。

2. 光化学作用–光催化水解制氢

氢是一种理想的高能物质和清洁能源，水是地球上丰富的资源，如果用太阳能通过分解水来制取氢，是一种理想的开辟新能源的途径。但研究发现，水不吸收可见光，不可能直接将水分解，必须借助于光催化剂。目前光催化制氢的研究主要包括：①半导体催化光解水制氢；②络合物模拟光合作用光解水制氢。

3. 光电转化–电解水制氢

利用太阳能转化为电能用于制氢目前主要有两种方式：①太阳能电池转换的电能电解水制氢；②导体电极直接注入水中制氢。

第3章 风 能

3.1 风能概述

3.1.1 风能

1. 风的形成

空气流动所形成的动能称为风能。存在于地球表面大气流动形成的动能资源称为风能资源。风能是太阳能的一种转化形式。太阳的辐射造成地球表面受热不均，引起大气层中压力分布不均，空气沿水平方向运动形成风。风的形成是空气流动的结果。风能利用形式主要是将大气运动时所具有的动能转化为其他形式的能。

自然界中的风能资源是丰富的。据世界气象组织(World Meteo-rological Organization，WMO)宣称，全球风能为3×10^{17}kW，其中可利用的风能为2×10^{10}kW。另一种说法认为，太阳对地球辐射的热能是形成风能的基础，进入地球大气层的太阳辐射热能的1%~2%转变为风能，其值约为1×10^{8}~2×10^{8}kW。地球上某一地区风能资源的潜力是以该地的风能密度及可利用小时数来表示。

2. 风能的特点

风不仅能量是很大的，而且它在自然界中所起的作用也是很大的。它可使山岩发生侵蚀，造成沙漠，形成风海流，它还可在地面作输送水分的工作，水汽主要是由强大的空气流输送的，从而影响气候，造成雨季和旱季。专家们估计，风中含有的能量，比人类迄今为止所能控制的能量高得多。全世界每年燃烧煤炭得到的能量，还不到风力在同一时间内提供能量的1%。可见，风能是地球上重要的能源之一。合理利用风能，既可减少环境污染，又可减轻越来越大的能源短缺的压力。自然界中的风能资源是极其巨大的。据世界气象组织估计，整个地球上可以利用的风能为2×10^{7}MW，为地球上可以利用的水能总量的10倍。

风能与其他能源相比，既有其明显的优点，又有其突出的局限性。

(1) 风能的优点

① 蕴量巨大；

② 可以再生；

③ 分布广泛；

④ 没有污染。

(2) 风能的缺点

① 密度低：这是风能的一个重要缺陷。由于风能来源于空气的流动，而空气的密度是很小的，因此风力的能量密度也很小。在各种能源中，风能的含能量是极低的，给其利用带来一定的困难。

② 不稳定：由于气流瞬息万变，因此风的脉动、日变化、季变化以至年际的变化都十分明显，波动很大，极不稳定。

③ 地区差异大：由于地形的影响，风力的地区差异非常明显。一个邻近的区域，有利地形下的风力往往是不利地形下风力的几倍甚至几十倍。

3.1.2 风能资源的分布

1. 国外风能资源及分布

地球上的风能资源十分丰富，根据相关资料统计，每年来自外层空间的辐射能为 1.5×10^{18}kW·h，其中的 2.5%即 3.75×10^{16}kW·h 的能量被大气吸收，产生大约 4.3×10^{12}kW·h 的风能。据世界能源理事会估计，在地球陆地面积中有27%的地区年平均风速高于5m/s(距地面 10m 处)。风能资源受地形的影响较大，世界风能资源多集中在沿海和开阔大陆的收缩地带，如美国的加利福尼亚州沿岸和北欧一些国家。世界气象组织于 1981 年发表了全世界范围风能资源估计分布图，如图 3-1 所示。按平均风能密度和相应的年平均风速将全世界风能资源分为 10 个等级。8 级以上的风能高值区主要分布于南半球中高纬度洋面和北半球的北大西洋、北太平洋以及北冰洋的中高纬度部分洋面上，大陆上风能则一般不超过 7 级，其中以美国西部、西北欧沿海、乌拉尔山顶部和黑海地区等多风地带较大。

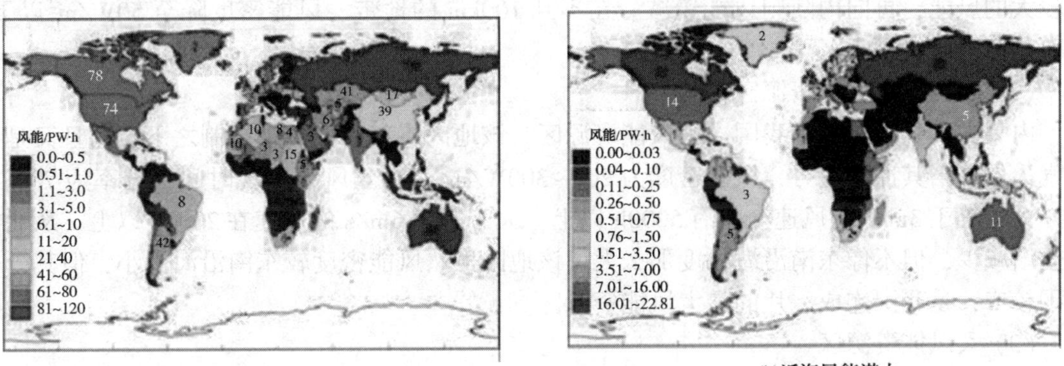

(a)陆上风能潜力　　(b)近海风能潜力

图 3-1 世界范围风能资源估计分布图

2. 中国风能资源及分布

我国位于亚洲大陆东南、濒临太平洋西岸，季风强盛。季风是我国气候的基本特征。我国风能资源丰富和比较丰富的地区：一是东南沿海及岛屿；二是“三北”(东北、华北和西北的总称)地区。新疆达坂城、内蒙古和广东南澳等风力场的装机容量都已经分别超过 5×10^4kW，占全国 50%以上。

我国的风能资源分布情况如图 3-2 所示。

(1) 我国最大风能资源区

东南沿海及其岛屿为我国最大风能资源区。在这一地区，有效风能密度大于等于 200W/m^2，沿海岛屿的风能密度在 300W/m^{2}以上，有效风力出现时间百分率达 80%~90%，大于等于 8m/s 的风速全年出现时间约 7000~8000h，大于等于 6m/s 的风速也有 4000h 左右。但从这一地区向内陆地区，则丘陵连绵，冬半年强大冷空气南下，很难长驱直下，夏半年台

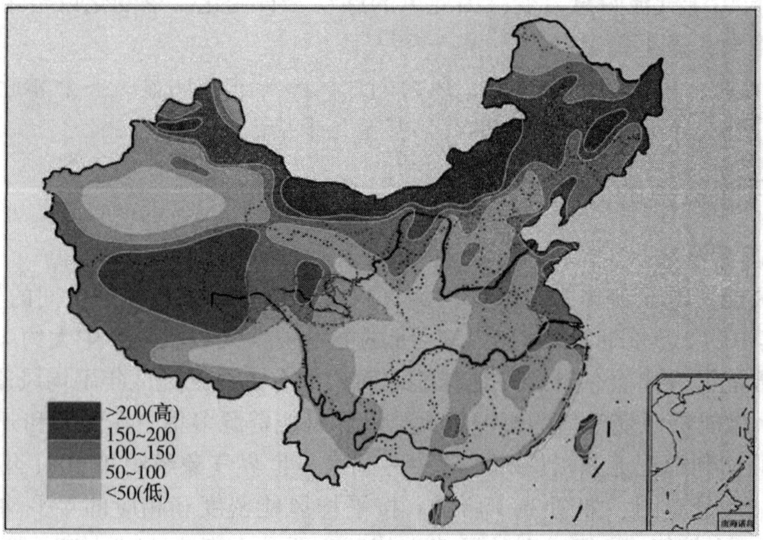

图 3-2　我国年平均风功率密度分布图(单位：W/m^2)

风在离海岸 50km 时风速便减少到 68%。所以，东南沿海仅在由海岸向内陆几十公里的地方有较大的风能，再向内陆则风能锐减。在不到 100km 的地带，风能密度降至 $50W/m^2$ 以下，反而是全国风能最小区。

(2) 我国次大风能资源区

内蒙古和甘肃北部为我国次大风能资源区。该地区终年在西风带控制之下，而且又是冷空气入侵首当其冲的地方，风能密度为 200~$300W/m^2$，有效风力出现时间百分率为 70%左右，大于等于 3m/s 的风速全年有 5000h 以上，大于等于 6m/s 的风速在 2000h 以上，从北向南逐渐减少，但不像东南沿海梯度那么大。该地区虽然风能密度较东南沿海为小，但其分布范围较广，是我国连成一片的最大风能资源区。

(3) 大风能资源区

黑龙江和吉林东部以及辽东半岛沿海，风能也较大，为我国大风能资源区。风能密度在 $200W/m^2$ 以上，大于等于 3m/s 和 6m/s 的风速全年累积时数分别为 5000~7000h 和 3000h。

(4) 较大风能资源区

青藏高原、三北地区(东北、华北、西北)北部和沿海，为较大风能资源区。该地区风能密度在 150~$200W/m^2$ 之间，大于等于 3m/s 的风速全年累积为 4000~5000h，大于等于 6m/s 风速全年累积为 3000h 以上。其中青藏高原大于等于 3m/s 的风速全年累积可达 6500h，但由于青藏高原海拔高、空气密度较小，所以风能密度相对较小，在 4000m 的高度，空气密度大致为地面的 67%。也就是说，同样是 8m/s 的风速，在平地为 $313.6W/m^2$，而在 4000m 的高度却只有 $209.3W/m^2$。所以，如果仅按大于等于 3m/s 和大于等于 6m/s 的风速出现的小时数计算，青藏高原应属于最大区，而实际上这里的风能却小于东南沿海岛屿。

(5) 最小风能资源区

云贵川、甘肃、陕西南部，河南、湖南西部，福建、广东、广西的山区，以及塔里木盆地为我国最小风能资源区。有效风能密度在 $50W/m^2$ 以下，可利用的风力仅有 20%左右，大于等于 3m/s 的风速全年累积时数在 2000h 以下，大于等于 6m/s 的风速在 150h 以下。这一地区除高山顶和峡谷等特殊地形外，风能潜力很低，无利用价值。

(6) 可季节利用的风能资源区

在(4)和(5)所述地区以外的广大地区，为风能季节利用区。有的在冬、春季可以利用，有的在夏、秋季可以利用。这一地区，风能密度在 50~100W/m^{2}之间，可利用风力为 30%~40%，大于等于 3m/s 的风速全年累积在 2000~4000h，大于等于 6m/s 的风速在 1000h 左右。

3.1.3 风能的指标

1. 风速及风向

在风能利用中，风速及风向是两个重要因素。表 3-1 中列出不同等级的风所对应的风速。

表 3-1 不同等级的风所对应的风速

风级	名称	相应风速/(m/s)	表现
0	无风	0~0.2	零级无风炊烟上
1	软风	0.3~1.5	一级软风烟稍斜
2	轻风	1.6~3.5	二级轻风树叶响
3	微风	3.4~5.4	三级微风树枝晃
4	和风	5.5~7.9	四级和风灰尘起
5	清劲风	8~10.7	五级清风水起波
6	强风	10.8~13.8	六级强风大树摇
7	疾风	13.9~17.1	七级疾风步难行
8	大风	17.2~20.7	八级大风树枝折
9	烈风	20.8~24.4	九级烈风烟囱毁
10	狂风	24.5~28.4	十级狂风树枝拔
11	暴风	28.5~32.6	十一级暴风陆罕见
12	飓风	>32.6	十二级飓风浪滔天

风速与风向每日、每年都有一定的周期性变化。估算风能资源必须测量每日、每年的风速、风向，了解其变化的规律。作为计算风能资源基本依据的每小时风速值有三种不同的测算方法：①将每小时内测量的风速值取平均值；②中国规定采用的方法是将每小时最后 10min 内测量的风速值取平均值；③在每小时内选几个瞬时测量风速值再取其平均值。

地球上某一地区的风向首先是与大气环流有关，与其所处的地理位置(离赤道或南北极远近)、地球表面不同情况(海洋、陆地、山谷等)也有关。在海边，白天陆地上空气温度高、气压低，空气上升，海面上温度低、气压高，空气从海面吹向陆地；夜晚海水降温慢，陆地降温快，形成海面空气温度高、气压低，空气上升，陆地上温度低、气压高，空气从陆地吹向海面，此为海陆风。

(1) 风速沿高度的变化

从地球表面到 10000m 的高空层内，空气的流动受到涡流、黏性和地面摩擦等因素的影响，靠近地面处风速较低，离地面越高风速越大。风速沿高度的变化，可用指数公式或对数公式计算。工程上通常使用指数法，其公式为：

$$v=v_1(h/h_1)^n \tag{3-1}$$

式中　h、h_1——离地面的高度；

v_1——已知的离地面高度为 h_1 处的风速；

v——欲知的离地面高度为 h 处的风速。

式(3-1)为经验公式，指数 n 与地面的平整程度(粗糙度)、大气的稳定度等因素有关，其值为1/2~1/8，在开阔、平坦、稳定度正常的地区为1/7。中国气象部门通过在全国各地测风塔或电视塔测量各种高度下的风速得出 n 的平均值约为0.16~0.20，一般情况下可用此值估算出各种高度下的风速。风能的大小与风速的立方成正比。显而易见，在高空捕获的风能远比地面为大。

(2) 风向方位

风向通常采用十六方位来表示，如图3-3所示。

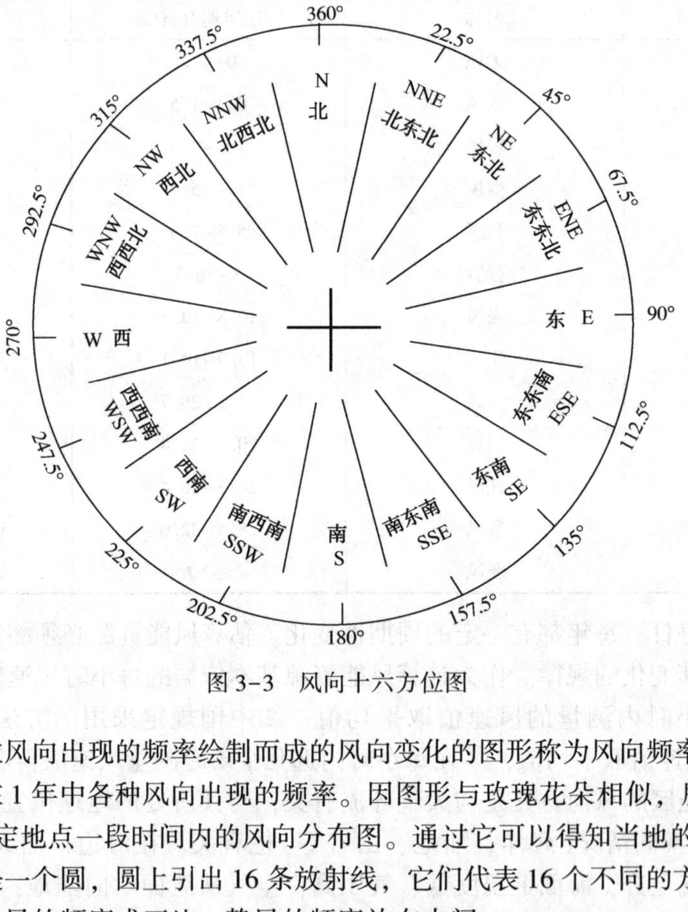

图3-3　风向十六方位图

按照不同方位风向出现的频率绘制而成的风向变化的图形称为风向频率玫瑰图。在极坐标图上绘出一地在1年中各种风向出现的频率。因图形与玫瑰花朵相似，所以得名。"风向玫瑰图"是一个给定地点一段时间内的风向分布图。通过它可以得知当地的主导风向。最常见的风向玫瑰图是一个圆，圆上引出16条放射线，它们代表16个不同的方向，每条直线的长度与这个方向的风的频度成正比。静风的频度放在中间。

2. 风能密度

垂直穿过单位截面的流动空气所具有的动能，见式(3-2)。

$$W=1/2\rho v^3 \tag{3-2}$$

式中　W——风能密度，W/m^2；

ρ——空气密度，kg/m^3；

v——风速，m/s。

由于风速是变化的，风能密度的大小也是随时间变化的，一定时间周期(例如1年)内风能密度的平均值称为平均风能密度，见式(3-3)。

$$\overline{W}=\frac{1}{T}\int_0^T\frac{1}{2}\rho v^3(t)\,dt \tag{3-3}$$

式中 W——平均风能密度；

T——一定的时间周期；

$v(t)$——随时间变化的风速；

dt——在时间周期T内相应于某一风速的持续时间。

在实际的风能利用中，风力机械只是在一定的风速范围内运转，对于一定风速范围内的风能密度视为有效风能密度。中国有效风能密度所对应的风速范围是3~25m/s，利用式(3-3)进行计算。

一般情况下，计算风能或风能密度是采用标准大气压下的空气密度。由于不同地区海拔高度不同，其气温、气压不同，因而空气密度也不同。在海拔高度500m以下，即常温标准大气压力下，空气密度值可取为$1.225kg/m^3$，如果海拔高度超过500m，必须考虑空气密度的变化。根据中国300个气象台站的计算经验得出空气密度与海拔高度的关系：

$$\rho_h=1.225h^{-0.00012} \tag{3-4}$$

式中 h——海拔高度，m；

ρ_h——相应于海拔高度为h处的空气密度值，kg/m^3。

3. 风速频率分布

按相差1m/s的间隔观测1年(1月或1天)内各种风速吹风时数与该时间间隔内吹风总时数的百分比，称为风速频率分布。风速频率分布一般以图形表示，如图3-4所示。图中表示出两种不同的风速频率曲线，曲线a变化陡峭，最大频率出现于低风速范围内；曲线b变化平缓，最大频率向风速较高的范围偏移，表明较高风速出现的频率增大。从风能利用的观点看，曲线b所代表的风况比曲线a所表明的要好。利用风速频率分布可以计算某一地区单位面积($1m^2$)上全年的风能。

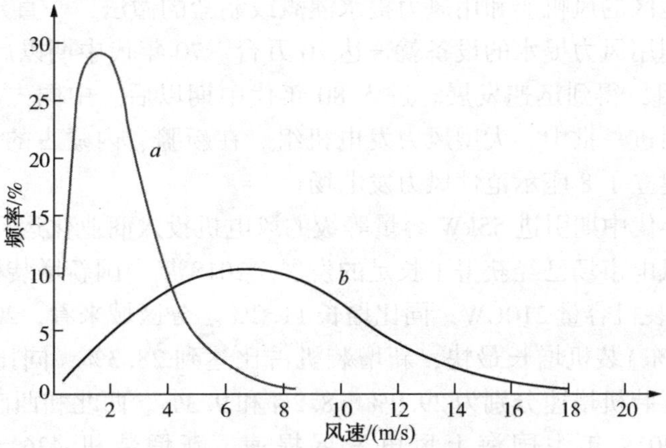

图3-4 风速频率分布曲线

3.1.4 风能利用

风能是非常重要并储量巨大的能源，它安全、清洁、充裕，能提供源源不绝、稳定的能源。目前，利用风力发电已成为风能利用的主要形式，受到世界各国的高度重视，而且发展速度也较快。

人类对于风能的利用可以追溯到公元前。而中国是世界上最早利用风能的国家之一。在尧舜时代，我国古代先民已认识到掮动生风的原理，并开始将人造风应用于生产、生活；在春秋战国时期，已经认识到风是由空气流动而产生的，开始对自然风加以利用。同时中国是最早使用帆船和风车的国家之一。唐代有“乘风破浪会有时，直挂云帆济沧海”的诗句，可见那时风帆船已广泛用于江河航运。最辉煌的风帆时代是中国的明代，14 世纪初叶中国航海家郑和七下西洋，庞大的风帆船队功不可没。而风车的广泛使用是在明代之后，方以智著的《物理小识》记载有：“用风帆六幅，车水灌田，淮阳海皆为之”，生动形象地描述了当时古代先民已经懂得利用风帆驱动水车灌田的技术。古代风能的广泛利用，对生产力水平的提高以及社会的发展起到了重要的促进作用。古代先民关于风能利用的探索和发明，取得了极为丰富的科技成就，积累了宝贵的经验。

2018 年全球风电市场保持稳定，新增装机容量为 51.3GW，与 2017 年的 53.5GW 略有下滑；累计装机容量已达到 591GW。其中，2018 年全球海上风电市场保持稳定，新增装机容量为 4.5GW，与 2017 年的市场规模相同；累计装机容量已达到 23GW，占风电累计装机总量(591GW)的 4%。

中国风能资源丰富，储量很大、分布面广，甚至比水能还要丰富。具有良好的开发前景，发展潜力巨大。据最新风能资源普查初步统计成果，中国陆上离地 10m 高度风能资源总储量约 4350GW，居世界第 1 位。其中，技术可开发量为 250GW，技术可开发面积约 $20\times10^4km^2$，此外，还有潜在技术可开发量约 79GW。另外，海上 10m 高度可开发和利用的风能储量约为 750GW，海上风能可开发量是陆地风能储量的 3 倍。全国 10m 高度可开发和利用的风能储量超过 1000GW，仅次于美国、俄罗斯居世界第 3 位。陆上风能资源丰富的地区主要分布在三北地区、东南沿海及附近岛屿。合理利用风能，既可减少环境污染，又可减轻越来越大的能源短缺的压力。

中国沿海沿江地区的风帆船和用风力提水灌溉或制盐的做法，一直延续到 20 世纪 50 年代，仅在江苏沿海利用风力提水的设备就曾达 20 万台。70 年代中期以后风能开发利用列入“六五”国家重点项目，得到迅速发展。进入 80 年代中期以后，中国先后从丹麦、比利时、瑞典、美国、德国引进一批中、大型风力发电机组。在新疆、内蒙古的风口及山东、浙江、福建、广东的岛屿建立了 8 座示范性风力发电场。

自 20 世纪 80 年代中期引进 55kW 容量等级的风电机投入商业化运行开始，经过三十几年的发展，我国的风电市场已经获得了长足的发展。2018 年中国新增装机容量 21.1GW，同比增长 7.5%，累计装机容量 210GW，同比增长 11.2%。分区域来看，2018 年中国风电中南部(河南、广西、广东)装机增长最快，新增装机占比达到 28.3%，同比增长为 33.2%，东北、华北、华东地区装机增速分别为 29.9%、8.2%和 9.3%。西北和西南地区装机分别下降 11.5%和 33.8%。2018 年中国海上风电发展提速，新增装机 436 台，新增装机容量 1.65GW，同比增长 42.7%；累计装机达 4.44GW。2018 年中国海上风电新增装机在全球海上风电中占比37%左右，累计装机量全球占比19%左右，可见中国海上风电在全球市场的重要性有所提升。分省份来看，2018年中国海上风电新增装机主要分布在江苏、浙江、福建、河北、上海、辽宁和广东7省市，江苏新增海上风电装机容量达958MW，占全国新增装机容量的57.9%；截至2018年年底，江苏省海上风电累计装机容量突破3GW，占全国海上风电累计装机容量的70.4%。

根据2018年的数据可以分析得到，中国中东部和南方地区陆上风能资源具有分布广泛、应用灵活、离用电地区近的特点，按照“就近接入、本地消纳”的原则，近期国家政策积极引导国内风电装机向中东部和南方地区转移，加快该类地区风能资源规模化开发，具体表现为：①项目核准主要集中在中东部与南部地区；②中东部与南部地区上网电价下调幅度较低，以吸引地区的风电投资；③《风电发展“十三五”规划》明确提出，到2020年，中东部和南方地区陆上风电新增并网装机容量42GW以上，累计并网装机容量达到72GW以上。

我国海上风电技术可开发量较大，5~25m水深、50m高度可开发容量约为200GW；5~50m水深、70m高度可开发量约为500GW。根据《风电发展“十三五”规划》，到2020年，我国海上风电开工建设规模目标为10GW，累计并网容量目标为5GW以上。其中，江苏、浙江、福建、广东等省的海上风电建设规模均要达到百万千瓦以上。目前，国内风电整机供应商已开始投入海上风电机组的研发与运行，力图攻克技术难题，降低成本，相关政府部门海上风电项目上网电价的政策优惠及相关管理办法也已相继出台，进一步明确了海上风电发展方向。海上风电将成为未来我国风电行业的发展新趋势和新的行业增长点。

截至2019年6月底，全国6MW及以上电厂发电设备容量1840GW，同比增长5.7%。其中，火电装机1160GW，占总装机容量的62.8%；水电、核电、风电、太阳能发电等清洁能源装机总容量已达680GW，占总装机容量的37.2%。其中，风电占了总装机容量的10.5%，并网风电发电1133h。据统计数据显示，截至2019年6月，我国十大风电装机省份分别是：内蒙古28.96GW、新疆19.26GW、河北14.65GW、甘肃12.82GW、山东11.91GW、山西11.34GW、宁夏10.11GW、江苏9.27GW、云南8.63GW、辽宁7.89GW。

从技术发展上来说，我国风电企业经过“引进技术-消化吸收-自主创新”的三步策略也日益发展壮大。随着国内5MW容量等级风电产品的相继下线，以及国内兆瓦级机组在风电市场的普及，标志我国已具备兆瓦级风机的自主研发能力。同时，我国风电装备制造业的产业集中度进一步提高，国产机组的国内市场份额逐年提高。目前我国风电机组整机制造业和关键零部件配套企业已能基本满足国内风电发展需求，但是像变流器、主轴轴承等一些技术要求较高的部件仍需大量进口。因此，我国风电装备制造业必须增强技术上的自主创新，加强风电核心技术攻关，尤其是加强风电关键设备和技术的攻关。

2019年1月4日，我国的大唐集团首台风电机组并网，标志着该集团公司自主开发海上风电项目正式开启运营阶段。按照工程进度计划，该公司2018年8月底完成了全部风机基础沉桩和九个回路风机并网，10月30日完成了全部风机吊装，在黄海之滨矗立的“大唐海上矩阵”，为集团公司、海洋能源产业公司发展再增添新力量。目前，大唐集团滨海风电的海上升压站、陆上集控中心、220kV海缆、风机吊装已经顺利完工，已完工项目全部一次性通过江苏省电力质监中心站质量监督检查。大唐集团滨海风电总投资近50亿元，设计年发电量超过8×10^8kW·h。相比传统火力发电，大唐集团滨海风电投产后预计每年可减少二氧化碳排放700kt，减少二氧化硫排放5006t，减少氮氧化物排放2003t，具有良好的社会效益和环保效益。

根据我国风电发展预测，到2050年年底，全国风电总装机规模达到500GW，风电规模化发展，使各项技术经济指标进一步增强。风电企业的竞争力和盈利能力明显增强。2020年以后化石燃料资源减少，火电成本增加，风电具备市场竞争能力，发展更快。2030年水电资源也大部分开发完，海上风电进入大规模开发时期，很可能形成东电西送的局面。风电以其良好的环境效益和逐步降低的发电成本，必将成为21世纪中国的重要电源。

3.1.5 风能的政策

1. 世界各国的风能政策

首先，各国发展新能源时都制定了明确的发展目标。其次，各国都制定了明确的财税支持政策，包括直接补贴、税收优惠、低息贷款等。再次，各国的财税支持政策涉及新能源各个领域，但都能结合各国的实际状况和中长期发展规划选择某些重点领域加大扶持力度。

(1) 美国

美国的风电产业的发展与政府长期实行的完善合理的税务和促进政策密不可分。

首先是联邦层面的生产税收抵免(PTC，Production Tax Credit)和投资税收抵免(ITC，Investment Tax Credit)优惠政策。

① 生产税收抵免：风电场所发电力收入，享受长期的所得税抵免权利，税务投资人从而在经营中获得了利益。

② 投资税收抵免：风电场在规定的时间前完成风电场的建设，联邦政府会把设备总投资金额的30%以现金的方式返还给投资者。

第二是加速折旧政策。折旧期缩短到竣工后的5~6年，使投资商在项目初期需缴纳的所得税大幅降低。

第三是可再生能源配额制政策。

(2) 德国

1990年，德国议会通过强制购电法。该法案规定：电力公司必须让风电接入电网，并以固定价格收购其全部电量；以当地电力公司销售价格的90%作为风电上网价格；风电上网价格与常规发电技术的成本差价由当地电网承担。

2014年6月，通过了《可再生能源法》的修改，要求到2030年和2050年分别达到50%和80%的可再生能源发电目标，并且提高了对各种可再生能源的补贴。

(3) 丹麦

制定了一系列财政补贴和税收优惠政策，支持风力发电发展。先后公布了五次能源计划。2012年3月其最新的能源规划目标提出2050年能源供应100%来自可再生能源的目标；2020年丹麦50%的电力将由风力提供。

通过测试和资质认证，投资风电能获得风机购买价格30%的补贴。陆上风电场上网电价包括市场价格和固定补贴两部分。设有电力节约基金，政府对提高能源效率的技术和设备进行补贴，对使用化石燃料的用户征收空气污染税，而使用风能则享受一定的税收优惠。

（4）英国

根据英国《2000年公用事业法》（UK's Utilities Act 2000），英格兰、威尔士和苏格兰从2002年开始实施"可再生能源义务证书制度"（Renewable Obligation，简称RO）。该法案明确了电力供应商是英国可再生能源义务的责任主体，并且规定了可再生能源发展的各个阶段，大型可再生能源电量在供应商总电量中的具体比例：2003年要求达到3%，其后逐年递增，到2010年要求达到10.4%，到2015年要求达到15.4%。可再生能源义务政策实施以后，英国可再生能源电力进入了快速发展的时期，发电量年均增长速度达到12%。2005年，可再生能源义务制度的范围扩大到了北爱尔兰地区。截止到目前，可再生能源义务证书制度仍然是英国政府支持大型可再生能源项目的主要政策。英国电力监管机构OFGEM中的E-Serve部门负责可再生能源义务证书（Renewables Obligation Certificates，简称ROCs，也称为"绿证"）的颁发和整个ROC交易体系的运行和监管。

英国商务部、能源和工业战略部发布了2018年能源初步统计数据，显示2018年可再生能源产量增长8.7%，生物能源产量增长7.2%。根据BEIS的数据，天然气2018年占英国电力供应的43.9%，低于2017年的44.8%。煤炭发电量也有所下降，从2017年的7.8%下降到2018年的6%。2018年，核能发电占总发电量的22.1%，低于2017年的23.4%。2018年，可再生能源占英国电力供应的27.5%，创历史新高，高于前一年的23.5%。数据显示，英国的低碳发电占总发电量的49.6%，创历史新高，高于2017年的46.9%。来自生物能源、风能和太阳能的发电量都有所增加，政府认为这是因为这三种技术的生产能力都有所提高。2017年至2018年，英国一次能源产量增长2.9%，达到130.4Mt原油当量。BEIS指出，这是连续第四年保持增长，2018年的能源产量达到了自2011年以来的最高水平。

2. 我国的风能政策

（1）风能政策

在补贴方面，我国引入竞价机制，有序合理促进补贴下降，并规定2020年后产业平价；消纳方面，产业限电改善显著，2018年弃风率7.2%，同比下降4.9个百分点。配额制+绿证的推出，进一步保障消纳；平价方面，推进风光平价政策促进非技术成本下降，挤压产业寻租利润，加速产业平价。

关于可再生能源发展"十三五"规划实施的指导意见：2017年7月国家能源局发布《关于可再生能源发展"十三五"规划实施的指导意见》，规划2017~2020年新增建设风电项目规模110GW，至2020年规划并网目标126GW。分散式风电按有关技术规定和规划执行，不受年度建设规模的限制。预警结果为绿色的省区市可自主确定风电年度建设实施。方案中不含特高压输电通道配套的风电基地和海上风电建设规模。特高压通道配套风电基地规模，根据特高压通道规划、启动时间和建设周期另行单独配置，原则上风电可按特高压通道输送风电的最大能力配置。

（2）电价政策

2009年7月，国家发改委《关于完善风力发电上网电价政策的通知》按风能资源状况和工程建设条件，将全国分为4类风能资源区，相应制定风电标杆上网电价。4类资源区风电标杆电价水平分别为每千瓦时0.51元、0.54元、0.58元和0.61元，如表3-2所示。

表 3-2 四类资源区风电标杆电价

资源区	标杆上网电价/（元/kW·h）	各资源区所包括的地区
Ⅰ类资源区	0.51	内蒙古自治区除赤峰市、通辽市、兴安盟、呼伦贝尔市以外其他地区；新疆维吾尔自治区乌鲁木齐市、伊犁哈萨克族自治州、昌吉回族自治州、克拉玛依市、石河子市
Ⅱ类资源区	0.54	河北省张家口市、承德市；内蒙古自治区赤峰市、通辽市、兴安盟、呼伦贝尔市；甘肃省张掖市、嘉峪关市、酒泉市
Ⅲ类资源区	0.58	吉林省白城市、松原市；黑龙江省鸡西市、双鸭山市、七台河市、绥化市、伊春市，大兴安岭地区；甘肃省除张掖市、嘉峪关市、酒泉市以外其他地区；新疆维吾尔自治区除乌鲁木齐市、伊犁哈萨克族自治州、昌吉回族自治州、克拉玛依市、石河子市以外其他地区；宁夏回族自治区
Ⅳ类资源区	0.61	除Ⅰ类、Ⅱ类、Ⅲ类资源区以外的其他地区

《关于2018年度风电建设管理有关要求的通知》指出：从2019年起，各省(区市)新增核准的集中式陆上风电项目和海上风电项目应全部通过竞争方式配置和确定上网电价；尚未印发2018年度风电建设方案/未确定投资主体的省(区市)新增风电项目应全部通过竞争方式配置和确定上网电价。已印发2018年度风电建设方案的省(自治区、直辖市)和已经确定投资主体的海上风电项目2018年可继续推进原方案为达到竞争配置要求，最小化全生命周期LOCE，最大化投资收益，预计风机市场份额将进一步向行业龙头制造商集中。

(3) 财政税收

国家税务总局财税〔2008〕156号文《关于资源综合利用及其他产品增值税政策的通知》，对利用风力生产的电力实现的增值税实行即征即退50%的政策。

3.1.6 风能发展的潜力

目前利用风力发电已成为风能利用的主要形式，受到世界各国的高度重视，而且发展速度非常快。与热力发电设施不同，风力发电不需要冷却水，应用风力发电可使公用系统用水减少17%，相当于不需再建设80GW的新燃煤电厂。风力发电没有燃料问题，也不会产生辐射或空气污染；而且从经济的角度讲，风力仪器比太阳能仪器要便宜九成多。

长期以来，由于风电电价高于火电电价，作为清洁能源的风电对于解决能源短缺和环境保护问题的意义长期得不到应有的重视。事实上，风电作为一项高新技术，具有巨大的产业前景。而它作为新兴能源，更对促进边远地区经济发展有着巨大的作用。在电力紧张、能源紧缺的情况接踵而至的今天，我国应该重新认识风能的利用问题。

首先，风力发电的潜力体现为风电电价的快速下降。截止到目前，风电电价正在快速下降，甚至已日趋接近燃煤发电的成本，经济效益开始凸显。数据显示，风力发电能力每增加一倍，其成本就下降15%。纵观近几年，风电增长率一直保持在30%以上，因而成本也正随之不断下降。目前，中国风电成本约在0.5元以上，随着中国风力发电装机的国产化和发电的规模化，风电成本可望再降。此外，风电外部成本几乎为零，甚至低于核电成本。据初步测算，如果将内部成本和外部成本同时计入成本，风电将是当前世界上最经济、最洁净的能源。

其次，风电的潜力体现于风能资源的丰富性。据初步统计，中国陆地 10m 和海面 15m 可供开发的风力资源在几亿千瓦以上，相当于可开发水能资源(390GW)的 2.5 倍；而 50m 风力资源还会增大一倍。根据现有技术，地面 50~100m 的风力资源都可开发利用。

此外，风电技术正日臻成熟。随着科学技术的发展，风电技术已经相当成熟。更大型、性能更好的机组已开发并投入生产试运行，可利用的风速要求还会降低。

再者，风电工程的建设工期短、见效快。火电、水电的建设工期需要用年来计算，而在有风场数据的前提下，风电项目只需要以周、月来计算。风场建设在短时间内即可完成，能够解决我国电力短缺的燃眉之急。

另外，风电的发展对于遏制温室效应具有重大的意义。据统计，风力发电每生产 100×10^4kW·h 的电量，便能减少 600t 二氧化碳的排放。因此，大力发展风能可以大幅度削减造成温室效应的二氧化碳，缓解气候变暖的状况，并能有效地遏制沙尘暴灾害，抑制荒漠化的发展。

除此之外，风电还可以满足边远农村的独立供电。目前，“大机组、大电网、高电压”的模式难以有效解决西部地区分散性的电力需求。开发风力发电这样的分散供电系统，可以较好地满足这些地区发展对能源的要求，可以说，我国目前没有联上电网的农村是风力发电的巨大市场。

最后，风电场也可开发旅游项目，带动当地经济发展。内蒙古风电场就是很好的例子。它虽然不大，但场面很壮观，已发展成为旅游区。

3.2 风力发电

风力发电就是将风所蕴含的动能转换成电能的工程技术。

风力发电是当前既能获得能源，又能减少有害气体排放的最佳途径之一。目前我国的电能结构中 75%是煤电，排放污染严重，增加风电等清洁能源比重刻不容缓。在减少温室气体二氧化碳和导致酸雨的二氧化硫等有害气体排放、保护环境、缓解全球气候变暖方面，发展风电是有效措施之一。风力发电产生的效益除了经济和环境效益以外，还有就业效益和脱贫致富等社会综合效益。所以发展风力发电意义重大，既能减少对石油、煤炭等化石类能源的依赖、减少环境污染，又能创造就业、促进地区经济增长。

风力发电是现代社会成熟的、效率最为显著的能源转换技术之一，具有无可比拟的优势。风力发电作为一种绿色能源有着改善能源结构、经济环保等方面的优势，也是未来能源电力发展的一个趋势，但风力发电技术要具备与传统发电技术相当的竞争力，还存在一些问题有待解决，如风力发电场的规模问题，对电能质量的影响，对稳定性的影响，对保护装置的影响等。

3.2.1 风力发电的发展及现状

1. 世界风力发电的发展状况

丹麦是世界上首先利用风力发电的国家，19 世纪 90 年代到 20 世纪 20 年代，丹麦建立了许多 10~20kW 的风力发电站，到 40 年代丹麦已建有 50kW 的风力发电站多处。20 世纪 30 年代以前，美国许多地方的农户和牧场使用小型风力发电装置作为独立运行的自备电源。

第二次世界大战之后，一些国家进行了容量在100kW以上的风力发电装置的研制，使风力发电的理论逐渐系统化。20世纪60年代，由于石油价格下降，风力发电处于停滞状态。1973年以后，由于石油危机的出现以及用化石燃料发电所带来的严重环境污染问题，风力发电又重新受到重视。美国、丹麦、瑞典、联邦德国、英国、荷兰、加拿大等国对风力发电的研究与应用投入了相当大的人力及资金，到1987年年底，美国已在加利福尼亚州安装了16400多台不同容量的风力发电机，总装机容量约140MW，年发电量达17×10^8kW·h；1989年发电量达20×10^8kW·h。进入90年代，风力发电进一步快速发展，到1998年年底，全世界风力发电总装机容量达10153MW，其中德国的风力发电装机容量为2874MW，居世界第一位；美国的风力发电装机容量则为2141MW，居世界第二位。

随着国际社会能源紧缺压力的不断增大，风力发电得到了高度的重视。近20多年来，风电技术日趋成熟，应用规模越来越大。风力发电在欧洲发展最快，德国的风电发展处于领先地位，在近期德国制定的风电发展长远规划中指出，到2025年风电要实现占电力总容量的25%，到2050年实现占总用量的50%的目标。另外，丹麦的风能发电已经可以满足18%的用电需求，法国也在制定风能发电的长远发展规划。同时，亚洲的风力发电也在保持较快的发展势头。其中，印度政府积极推动风能发展，积极鼓励大型企业进行投资发展风电，并保持实施优惠政策激励风能制造基地，目前印度已经成为世界第五大风电生产国。

2. 中国风力发电的发展状况

中国于50年代后期开始进行风力发电的研究和试点工作，在吉林、辽宁、新疆等省、自治区建立了一些容量在10kW以下的小型风力发电站，其后处于停滞状态。70年代中期以后，在世界性能源危机的影响下，特别是在农村、牧区、海岛等地对电能的迫切需求的推动下，中国的一些地区和部门对风力发电机的研究、试点和推广应用又给予了重视与支持，发展迅速。

我国地域幅员辽阔，是世界上风力资源较为丰富的国家之一，全国可开发利用的风能约250GW。有沿海(山东、浙江、福建、广东)和东北至西北(包括内蒙古、新疆、甘肃)两大风带，风的质量很好，为开发风力发电提供了基础环境和条件，因此我国也在大力提倡风力发电。

2018年，我国六大区域风电新增装机容量所占比例分别为中南28.3%、华北25.8%、华东23.0%、西北14.2%、西南5.5%、东北3.2%。“三北”地区新增装机容量占比为43.2%，中东南部地区新增装机容量占比为56.8%。

与2017年相比，2018年“三北”地区新增装机容量占比下降了2%，中东南部新增装机容量占比增加了2%；其中，中南地区同比增幅最大，同比增长33.2%；中南地区主要增长的省份有：河南、广西、广东。同时，东北、华北和华东地区装机容量均有增幅，分别同比增长29.9%、8.2%和9.3%；而西北和西南地区装机容量出现下降，西南地区同比下降33.8%，西北地区同比下降11.5%。

随着风电技术的日趋完善，风电产业已经成为一种富有活力的新兴产业，并向产业化、设备化、大型化、设备实用化、取能高度化、成本低廉化和开发多元化等方向发展。

3.2.2 风力发电的原理及系统组成

1. 风力发电的原理

把风的动能转变成机械动能，再把机械能转化为电力动能，这就是风力发电。风力发电的原理是利用风力带动风车叶片旋转，再透过增速机将旋转的速度提升，来促使发电机发电。依据目前的风车技术，大约是3m/s的微风速度(微风的程度)便可以开始发电。风力发电正在世界上形成一股热潮，因为风力发电不需要使用燃料，也不会产生辐射或空气污染。

因为风力发电没有燃料问题，也不会产生辐射或空气污染，风力发电正在世界上形成一股热潮。风力发电的原理比较简单，类似于水力发电，风机发出的电因为质量不高难以直接应用，所以要实现利用就必须要将发出的电能进行变换，满足并网要求，这样就需要我们设计一个可靠的整流逆变系统和控制系统来对其进行变换和控制，使其满足条件。

2. 风力发电系统的组成

典型的风力发电系统是由风能资源、风力发电机组、控制装置、蓄能装置、备用电源及电能用户组成，如图3-5所示。

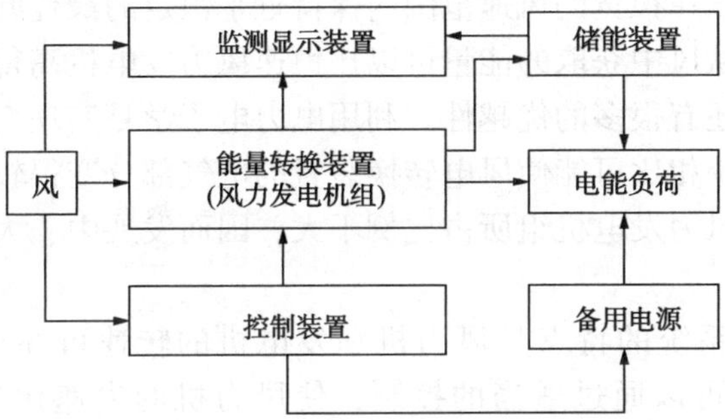

图3-5 风力发电系统的组成

风力发电机组是实现由风能到电能转换的关键设备。把风能转变为电能是风能利用中最基本的一种方式。

由于风能是随机性的，风力的大小时刻变化，必须根据风力大小及电能需要量的变化及时通过控制装置来实现对风力发电机组的启动、调节(转速、电压、频率)、停机、故障保护(超速、振动、过负荷等)以及对电能用户所接负荷的接通、调整及断开等。在小容量的风力发电系统中，一般采用由继电器、接触器及传感元件组成的控制装置；在容量较大的风力发电系统中，现在普遍采用微机控制。蓄能装置一方面是为了保证电能用户在无风期间内可以不间断地获得电能而配备的设备；另一方面，在有风期间，当风能急剧增加时，蓄能装置可以吸收多余的风能。为了实现不间断的供电，有的风力发电系统配备了备用电源，如柴油发电机组。

(1) 恒速恒频发电系统

恒速恒频发电系统一般说来比较简单。所采用的发动机主要有两种，即同步发电机和鼠笼型感应发电机。前者运行于由电机级数和频率所决定的同步转速，后者则以稍高于同步速的转速运行。

风力发电中所用的同步发电机绝大部分是三相同步电机。其输出连接到邻近的三相电网或输配电线。其输出连接到邻近的三相电网或输配电线。因为三相电机比起相同额定功率的单相电机来，一般体积小、效率较高，而且便宜，所以只有在功率很小和仅有单相电网的少数情况下才会考虑用单相发电机。

同步发电机的主要优点是可以向电网或负载提供无功功率，一台额定容量 125kVA、功率因数为 0.8 的同步发电机可以在提供 100kW 额定功率的同时，向电网提供+75～-75kW 之间的任何无功功率值。它不仅可以并网运行，也可以单独运行，满足各种不同负载的需要。

同步发电机的缺点是它的结构以及控制系统比较复杂，成本相对于感应发电机也比较高。

感应发电机也称为异步发电机，有鼠笼型和线绕型两种。在恒速恒频系统中，一般采用鼠笼型异步发电机。它的定子铁心和定子绕组的结构与同步发电机相同。转子采用笼形结构，转子铁心由硅钢片叠成，呈圆筒形。槽中嵌入金属导条，在铁心两端用铝或铜端环将导条短接。转子不需要外加励磁，没有滑环和电刷，因而结构简单、坚固，基本无须维护。

（2）变速恒频发电系统

这是 20 世纪 70 年代中期以后逐渐发展起来的一种新型风力发电系统，其主要优点是在于风轮以变速运行，可以在很宽的风速范围内保持近乎恒定的最佳叶尖速比，从而提高了风力发电机的运行效率，从风中获取的能量可以比恒速风力发电机高得多。此外，这种风力发电机在结构上和使用中还有很多的优越性。利用电力电子学是实现变速运行的很好的办法之一，虽然与恒速恒频系统相比可能使风电转换装置的电气部分变得较为复杂和昂贵，但电气部分的成本在中、大型风力发电机组所占比例不大，因而发展中、大型变速恒频风电机组受到许多国家的重视。

变速恒频风力发电系统的特点是风力机和发电机的转速可在很大范围内变化，而不影响输出电能的频率。可以通过适当的控制，使风力机的尖速比处于或接近最佳值，从而可以最大限度地利用风能。另外，对于恒速风机来讲，当风速跃升时，巨大的风能将通过风轮机传递给主轴、齿轮和发电机等部件，在这些部件上产生很大的机械应力，如果这种过程重复出现会引起这些部件的疲劳损坏，因此设计时应该加大安全系数，从而导致制造成本增加。而风力发电机采取变速运行时，当风速跃升产生的巨大风能，部分被加速旋转的风轮吸收以功能的形式储存于高速运转的风轮中，从而避免主轴及传动机构承受过大的扭矩和应力。当风速下降时，在电力电子装置调控下，将高速风轮所释放的能量转变为电能送入电网，风轮的加速、减速对风能的阶跃性变化起到缓冲作用，使风力机内部能量传输部件的应力变化比较平稳，防止破坏机械应力产生，从而使风力发电机组运行更加平稳和安全。

变速恒频风力系统以变速恒频为核心，系统结构包括：风能机、齿轮箱、异步发电机、整流装置、储能装置、控制系统六部分。

（3）不连续变速系统

一般来说，利用不连续变速发电机可以获得连续变速运行的某些好处，但不是全部好处。主要效果是比以前单一转速的风电机组有较高的年发电量，因为它能在一定的风速范围内运行于最佳叶尖速比附近。但它对风速的快速变化实际上只是一台单速风力机，因此不能期望它像连续变速系统那样有效地获取变化的风能。更重要的是，它不能利用转子的惯性来吸收峰值转矩，所以这种方法不能改善风力机的疲劳寿命。

（4）连续变速系统

连续变速系统可以通过多种方法来得到，包括机械方法、电/机械方法、电气方法及电子学方法等。机械方法如采用变速比液压传动或可变传动比机械传动，电/机械方法如采用定子可旋转的感应发电机，电气式变速系统如采用高滑差感应发电机或双定子感应发电机等。这些方法虽然可以得到连续的变速运行，但都存在这样或那样的缺点和问题，在实际应用中难以推广。目前看来最有前景的当属电力电子学方法，这种变速发电系统主要由两部分组成，即发电机和电力电子变换装置。发电机可以是市场上已有的，通常电机如同步电机、鼠笼型感应发电机、绕线型感应发电机等；也有近来刚研制的新型发电机如磁场调制发电机、无刷双馈发电机等。电力电子变换装置有交流/直流/交流变换器和交流/交流变换器等。

3. 风力发电运行方式

风力发电的运行方式可分为独立运行、并网运行、风力发电场、风力-柴油发电系统及风力-其他再生能源联合发电系统等。

（1）独立运行

风力发电机输出的电能经蓄电池蓄能，再供应用户使用，如图 3-6 所示。如用户需要交流电，则需在蓄电池与用户负荷之间加装逆变器。3～5kW 以下的风力发电机多采用这种运行方式，可供边远农村、牧区、海岛、气象台站、导航灯塔、电视差转台、边防哨所等电网达不到的地区利用。

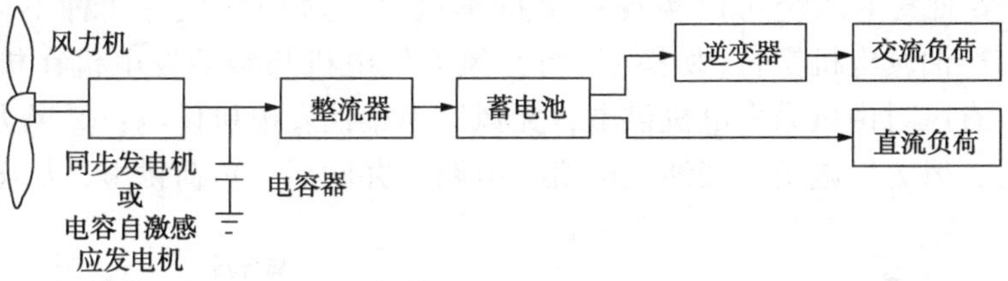

图 3-6 独立运行的风力发电系统

在容量较大的独立运行方式中，为了避免大量使用蓄电池，采取由负荷控制器按负荷的优先保证次序来直接控制负荷的接通与断开，以适应风速大小的变化，如图 3-7 所示。这种方式的缺点是无风期不能供电。为了克服这一缺点，可配备少量蓄电池，来保证不能断电的设备在无风期间从蓄电池获得电能。

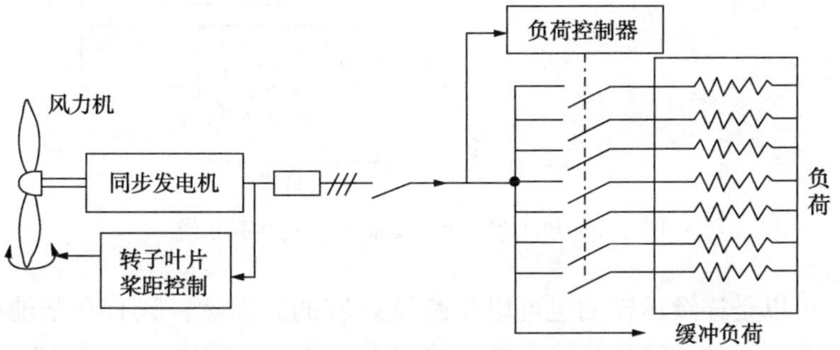

图 3-7 具有负荷调节的独立运行风力发电系统

（2）并网运行

风力发电机与电网连接，向电网输送电能。并网运行是为克服风的随机性而带来的蓄能问题的最稳妥易行的运行方式，可达到节约矿物燃料的目的。10kW以上直至兆瓦级的风力发电机皆可采用这种运行方式。

并网运行又可分为两种不同的方式：①恒速恒频方式，即风力发电机组的转速不随风速的波动而变化，维持恒速运转，从而输出恒定频率的交流电。这种方式目前已普遍采用，具有简单可靠的优点，但是对风能的利用不充分，因为风力机只有在一定的叶尖速比的数值下才能达到最高的风能利用率。②变速恒频方式，即风力发电机组的转速随风速的波动作变速运行，但仍输出恒定频率的交流电，这种方式可提高风能的利用率，因此成为追求的目标之一，但将导致必须增加实现恒频输出的电力电子设备，同时还应解决由于变速运行而在风力发电机组支撑结构上出现共振现象的问题。

（3）风力发电场

在风能资源丰富的地区按一定的排列方式成群安装风力发电机组，组成集群。这种集群内的风力发电机，少的有3~5台，多的可达几十台、几百台甚至数千台。风力发电场内的风力发电机组的单机容量为几十千瓦至几百千瓦，也有达到兆瓦以上的。风力发电场属于大规模利用风能，其发出的电能全部经变电设备送往大电网。

（4）风力-柴油发电系统联合运行

采用风力-柴油发电系统可以实现稳定持续供电。这种系统有两种不同的运行方式：①风力发电机与柴油发电机交替（切换）运行，风力发电机与柴油发电机在机械上及电气上没有任何联系，有风时由风力发电机供电，无风时由柴油发电机供电；②风力发电机与柴油发电机并联运行，风力发电机与柴油发电机在电路上并联后向负荷供电，如图3-8所示。

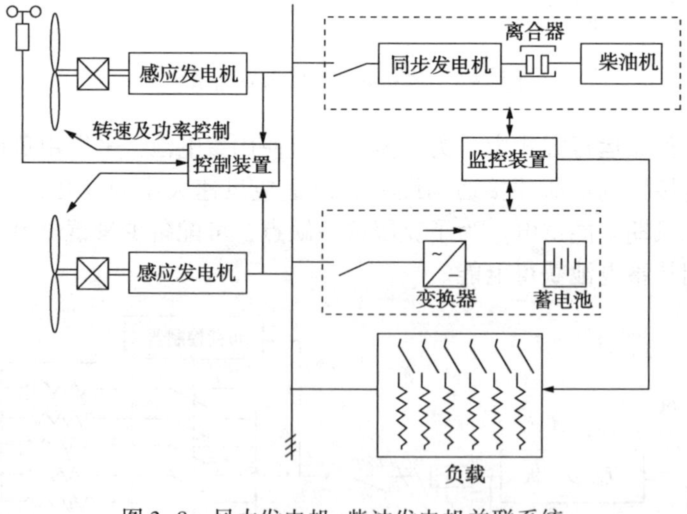

图3-8　风力发电机-柴油发电机并联系统

柴油发电机可以是连续运转的也可以是断续运转的。当然，只有在柴油机断续运转时，才能达到显著地节省燃油。这种运行方式，技术上较复杂，需要解决在风况及负荷经常变动的情况下两种动态特性和控制系统各异的发电机组并联后运行的稳定性问题。在柴油机连续运转时，当风力增大或电负荷减小时，柴油机将在轻载下运转，会导致柴油机效率降低；在柴油机断续运转时，可以避免这一缺点，但柴油机的频繁启动与停机，对柴油机的维护保养是不利的。为了避免这种由于风力及负荷的变化而造成的柴油机的频繁启动与停机，可采用配备蓄电池短时储能的措施：当短时间内风力不足时，可由蓄电池经逆变器向负荷供电；当短时间内风力有余或负荷减小时，就经由整流器向蓄电池充电，从而减少柴油机的启停次数。此外，配备具有短期储能特性的飞轮，也可以达到降低柴油机启停次数的目的。

(5) 风力发电-太阳能电池发电联合运行

风力发电机可以和太阳能电池组成联合供电系统。风能、太阳能都具有能量密度低、稳定性差的弱点，并受地理分布、季节变化、昼夜变化等因素影响。中国属于季风气候区，冬季、春季风力强，但太阳辐射弱，夏季、秋季风力弱，而太阳辐射强，两者能量变化趋势相反，因而可以组成能量互补系统，并给出比较稳定的电能输出。利用自然能源的互补特性，增加了供电的可靠性，并使得风力发电机及太阳能电池的容量较单独使用时要小。

风力-光伏联合系统有两种不同的运行方式：①切换运行，即有风时由风力发电机供电，有太阳光时由太阳能电池方阵供电，这种方式简单，但系统的效率较低；②同时供电运行，风力发电机与太阳能电池方阵同时向蓄电池组充电，可以充分发挥两者的效能，系统的效率高，风力发电机、太阳能电池方阵及蓄电池三者容量的选择(匹配)，可根据风能、太阳能变化规律及负荷(用电量)变动规律得出。

4. 风力发电的核心技术

在风力发电系统中两个主要部件是风力机和发电机。风力机面向着变桨距调节技术；发电机面向着变速恒频发电技术。这是风力发电技术发展的趋势，也是当今风力发电的核心技术。

(1) 风力机的变桨距调节

风力机通过叶轮捕获风能，将风能转换为作用在轮毂上的机械转矩。

变距调节方式是通过改变叶片迎风面与纵向旋转轴的夹角，从而影响叶片的受力和阻力，限制大风时风机输出功率的增加，保持输出功率恒定。采用变距调节方式，风机功率输出曲线平滑。在额定风速以下时，控制器将叶片攻角置于零度附近，不做变化，近似等同于定桨距调节。在额定风速以上时，变桨距控制结构发生作用，调节叶片攻角，将输出功率控制在额定值附近。变桨距风力机的起动速度较定桨距风力机低，停机时传递冲击应力相对缓和。正常工作时，主要是采用功率控制，在实际应用中，功率与风速的立方成正比。较小的风速变化会造成较大的风能变化。

由于变桨距调节风力机受到的冲击较之其他风力机要小得多，可减少材料使用率，降低整体重量。且变距调节型风力机在低风速时，可使桨叶保持良好的攻角，比失速调节型风力机有更好的能量输出，因此比较适合于平均风速较低的地区安装。

变距调节的另外一个优点是当风速达到一定值时，失速型风力机必须停机，而变距型风力机可以逐步变化到一个桨叶无负载的全翼展开模式位置，避免停机，增加风力机发电量。

变距调节的缺点是对阵风反应要求灵敏。失速调节型风机由于风的振动引起的功率脉动比较小，而变距调节型风力机则比较大，尤其对于采用变距方式的恒速风力发电机，这种情况更明显，这样就要求风机的变距系统对阵风的响应速度要足够快，才可以减轻此现象。

(2) 变速恒频风力发电机

变速恒频风力发电机常采用交流励磁双馈型发电机。它的结构类似绕线型感应电机，只是转子绕组上加有滑环和电刷，这样一来，转子的转速与励磁的频率有关，从而使得双馈型发电机的内部电磁关系既不同于异步发电机又不同于同步发电机，但它却具有异步机和同步机的某些特性。

交流励磁双馈变速恒频风力发电机不仅可以通过控制交流励磁的幅值、相位、频率来实现变速恒频，还可以实现有功、无功功率控制，对电网而言还能起到无功补偿的作用。

交流励磁变速恒频双馈发电机系统有如下优点：

① 允许原动机在一定范围内变速运行，简化了调整装置，减少了调速时的机械应力。同时使机组控制更加灵活、方便，提高了机组运行效率。

② 需要变频控制的功率仅是电机额定容量的一部分，使变频装置体积减小，成本降低，投资减少。

③ 调节励磁电流幅值，可调节发出的无功功率；调节励磁电流相位，可调节发出的有功功率。应用矢量控制可实现有功、无功功率的独立调节。

5. 风力发电的发展趋势

风力发电未来的发展趋势是：①研制单机容量大、安全可靠、效率高、投资费用低、并网运行的大型风力发电设备，进一步降低发电成本；②风电场的建设与推广；③推广分散独立运行方式的应用，特别是风力-柴油发电系统及风力-太阳能电池发电系统的应用；④风力发电蓄能技术的研究与开发；⑤提高风力发电的可靠性及稳定性。

风力发电在我国的迅速发展，尤其是《可再生能源“十一五”发展纲要》提出了具体的规划。纲要中以风电场的规模化建设带动风电产业化发展，促进风电技术进步，提高风电装备国产化制造能力，降低风电成本，增强风电的市场竞争力为指导方针，从规划布局建设、技术装备和产业发展、组织实施和保障措施方面分别提出具体规划。其中风电规划重点为提高风电技术研发能力，推动百万千瓦风电基地建设，支持风电设备国产化，进行近海风电试验。

2018 年我国能源与风电领域以“清洁低碳、安全高效”为宗旨，继续深化电力体制改革，加快能源绿色发展，稳步发展风电等可再生能源。在风电领域更加注重市场监管，强化风电投资监测预警机制、配额制，同时明确三年清洁能源行动计划，努力确保风电弃电量和气电率实现“双降”。有序建设重点风电基地项目，推动分散式风电项目建设，积极推进风电平价上网示范项目建设，完善生态环境保护相关规定等政策。

2018 年我国新增风电装机主要集中在第Ⅳ类风资源区，新增装机容量占全年总装机容量的 83.9%，较 2017 年新增装机容量占比增长了 5%；Ⅰ类和Ⅲ类风资源区均为 4%、Ⅱ类风资源区为 7.2%，新增装机容量占比分别较 2017 年下降约为 2%。截至 2018 年年底，这四类风资源区累计装机容量比例分别为Ⅰ类风资源区占比为 11.5%，Ⅱ类风资源区占比为 16.5%、Ⅲ类风资源区占比为 16.4%、Ⅳ类风资源区占比为 55.5%。

3.3 风力发电机组

风力发电所需要的装置称作风力发电机组，风力发电机组是由风轮、传动系统、偏航系统、液压系统、制动系统、发电机、控制与安全系统、机舱、塔架和基础等组成。该机组通过风力推动叶轮旋转，再通过传动系统增速来达到发电机的转速后来驱动发电机发电，有效地将风能转化成电能。风力发电机组结构示意图如图 3-9 所示。

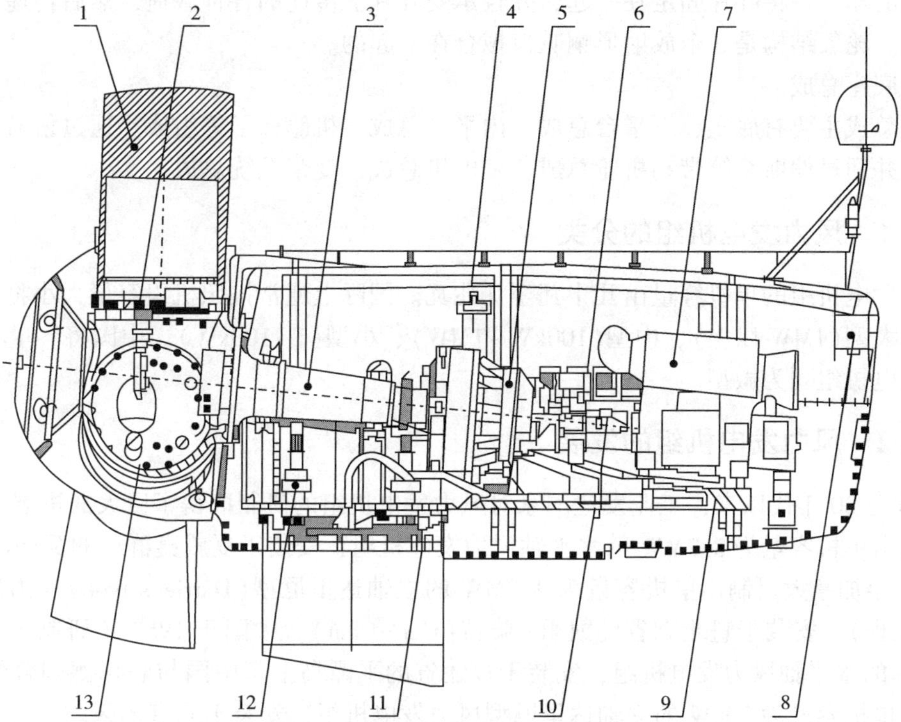

图 3-9 风力发电机组结构示意图

1—叶片；2—变桨轴承；3—主轴；4—机舱吊；5—齿轮箱；6—高速轴制动器；7—发电机；8—轴流风机；9—机座；10—滑环；11—偏航轴承；12—偏航驱动；13—轮毂系统

各主要组成部分功能简述如下：

(1) 叶片

叶片是吸收风能的单元，用于将空气的动能转换为叶轮转动的机械能。叶轮的转动是风作用在叶片上产生的升力导致。每个叶片有一套独立的变桨机构，主动对叶片进行调节。叶片配备雷电保护系统。风机维护时，叶轮可通过锁定销进行锁定。

(2) 变桨系统

变桨系统通过改变叶片的桨距角，使叶片在不同风速时处于最佳的吸收风能的状态，当风速超过切出风速时，使叶片顺桨刹车。

(3) 齿轮箱

齿轮箱是将风轮在风力作用下所产生的动力传递给发电机，并使其得到相应的转速。

(4) 发电机

发电机是将叶轮转动的机械动能转换为电能的部件。上图所示机组采用的是带滑环三相双馈异步发电机。转子与变频器连接，可向转子回路提供可调频率的电压，输出转速可以在同步转速±30%范围内调节。

(5) 偏航系统

偏航系统采用主动对风齿轮驱动形式，与控制系统相配合，使叶轮始终处于迎风状态，充分利用风能，提高发电效率。同时提供必要的锁紧力矩，以保障机组安全运行。

(6) 轮毂系统

轮毂的作用是将叶片固定在一起，并且承受叶片上传递的各种载荷，然后传递到发电机转动轴上。轮毂结构是3个放射形喇叭口拟合在一起的。

(7) 底座总成

底座总成主要有底座、下平台总成、内平台总成、机舱梯子等组成。通过偏航轴承与塔架相连，并通过偏航系统带动机舱总成、发电机总成、变浆系统总成。

3.3.1 风力发电机组的分类

风力发电机组的单机容量由几十瓦至几兆瓦。国际上通常按照机组容量大小将风力发电机组分为大型(1MW以上)、中型(100kW~1MW)、小型(1~100kW)。中国将容量小于1kW的风力发电机组列为微型。

3.3.2 风力发电机组的发展

20世纪80年代以来，工业发达国家对风力发电机组的研制取得了巨大的进展。1987年美国研制出单机容量为3.2MW的水平轴风力发电机组，安装于夏威夷群岛的瓦胡岛(Oahu)上。1987年加拿大研制出单机容量为4.0MW的立轴达里厄型(Darrieus type)风力发电机组(EOLE工程)，安装于魁北克省的凯普-柴特(Cap-Chat)。中国于1987年研制出单机容量为200kW的水平轴风力发电机组，安装于福建省的平潭岛上。中国与联邦德国合作于1986年研制出单机容量为20kW的立轴达里厄型风力发电机组，安装于北京郊区。

进入20世纪90年代，单机容量在100MW以上的水平轴风力发电机的研究开发及生产在欧洲的丹麦、德国、荷兰、西班牙等国取得了快速发展。到90年代初，单机容量为100~200kW的机组已在中型和大型风电场中成为主导机型；90年代中期则是200~500kW机组，而到90年代后期，600kW、750kW机组已成为中大型风电场的主导机型；同时，单机容量在兆瓦以上的风力发电机组(1.0MW、1.5MW机组)也已开发研制成功，并在风电场中成功运行。

中国在1991~1995年期间与丹麦(Bonus公司)合作生产了单机容量为120kW的风力发电机组，与德国(Husumer公司)合作生产了单机容量为250kW的风力发电机组，自主开发研制了第2代单机容量为55kW及200kW的机组，但未形成批量生产力。1996年以后，开始制造部件国产化占一定比例的300kW水平轴风力发电机组，1998年制成2台，并已安装在广东南澳岛上运行。2000年在引进、消化、吸收的基础上研制开发出了单机容量为600kW的风力发电机组。

风电机组单机容量逐年增长，从近十年风电机组新增装机容量变化看，单机容量为2.9MW以下机组新增装机占比逐年下降，单机容量在2.0MW及以上风电机组新增装机占比逐年增加。2.0MW以下风电机组装机容量占比从2009年的91%，下降至2018年的4%，十年装机容量占比下降了87%。2.0MW及以上风电机组容量从2009年的9%，增长至2018年的96%，十年增长了87%；其中，2.0~2.5MW风电机组十年增长了65%。

2018年，全国新增风电机组的单机容量主要集中在2.0~2.9MW。2.0~3.0MW(不含3.0MW)新增装机占比为82.5%，其中2.0MW风电机组装机占全国新增装机容量的50.6%。另外，3.0~4.0MW(不含4.0MW)机组新增装机占比达到了7.1%；4.0MW及以上机组新增装机占比达到了6.2%，同比增长了40.1%。

与2017年相比，2.1~2.9MW机组新增占比从26.1%增长至31.9%；1.5MW机组新增装机占比从6.2%下降至4.1%。

截至2018年年底，全国累计装机的风电机组中，2.0MW以下(不含2.0MW)占比达到48.1%，其中1.5MW风电机组累计装机容量占总装机容量的41.6%；2.0MW风电机组累计装机容量占总装机容量的36.6%；2.1~3.3MW(不含3.0MW)累计装机占比达到11.2%；3.0~4.0MW(不含4.0MW)机组累计装机占比达到2.6%；4.0MW及以上机组累计装机占比达到1.5%，同比增长约0.5个百分点。

3.3.3 风力机

风力机是截获流动的空气所具有的动能并将其转化为机械能的装置。

风力发电机一般由风轮、发电机(包括装置)、调向器(尾翼)、塔架、限速安全机构和储能装置等构件组成。风轮是把风的动能转变为机械能的重要部件，它由两只或更多支螺旋桨形的叶轮组成。当风吹向桨叶时，桨叶上产生气动力驱动风轮转动。桨叶的材料要求强度高、重量轻，目前多用玻璃钢或其他复合材料(如碳纤维)来制造(现在还有一些垂直风轮、S形旋转叶片等，其作用也与常规螺旋桨型叶片相同)。

由于风轮的转速比较低，而且风力的大小和方向经常变化，使转速不稳定；所以，在带动发电机之前，还必须附加一个能把转速提高到发电机额定转速的齿轮变速箱，再加一个调速机构使转速保持稳定，然后再连接到发电机上。为保持风轮始终对准风向以获得最大的功率，还需在风轮的后面装一个类似风向标的尾舵。

铁塔是支撑风轮、尾舵和发电机的构架。它一般修建得比较高，为的是获得较大的和较均匀的风力，又要有足够的强度。铁塔高度视地面障碍物对风速影响的情况以及风轮的直径大小而定，一般在6~20m范围内。发电机的作用是把由风轮得到的恒定转速，通过升速传递给发电机构均匀运转，从而把机械能转变为电能。

从结构形式上看，风力机旋转轴在空间为水平方向的称为水平轴风力机；旋转轴在空间为垂直方向的称为垂直轴风力机，也称立轴风力机；此外，还有某些结构形式特殊的风力机。不同结构形式的风力机如图3-10所示。

叶片是风力机的关键部件，现时各种类型风力机的叶片多数是由聚酯树脂增强玻璃纤维材料经特殊工艺制成。在微小型风力机中也有用木质材料制成的叶片，中大型风力机中也有用碳纤维材料的。水平轴风力机有调向机构，垂直轴风力机不需要调向机构。水平轴风力机与变速器及发电机一起置于塔架的顶端，垂直轴风力机则将变速箱及发电机一起放置在靠近地面处。

(1) 叶片材质及改进

叶片是风力机的关键部件之一，涉及气动、复合材料结构、工艺等领域。叶片的长度和风机的功率成正比，风机功率越大，叶片越长。对于0.5~2.5MW的风力机，叶片长13.5~39m；0.66~1.65MW的风力机，叶片长23~39m。在兆瓦级风电机组中，如1MW的叶片长31m，每片重约4~5t；1.5MW主力机型风力机叶片长34~37m，每片重约6t；目前商业化风力发电所用的电机容量一般为1.5~2.0MW，与之配套的复合材料叶片长度大约32~40m，

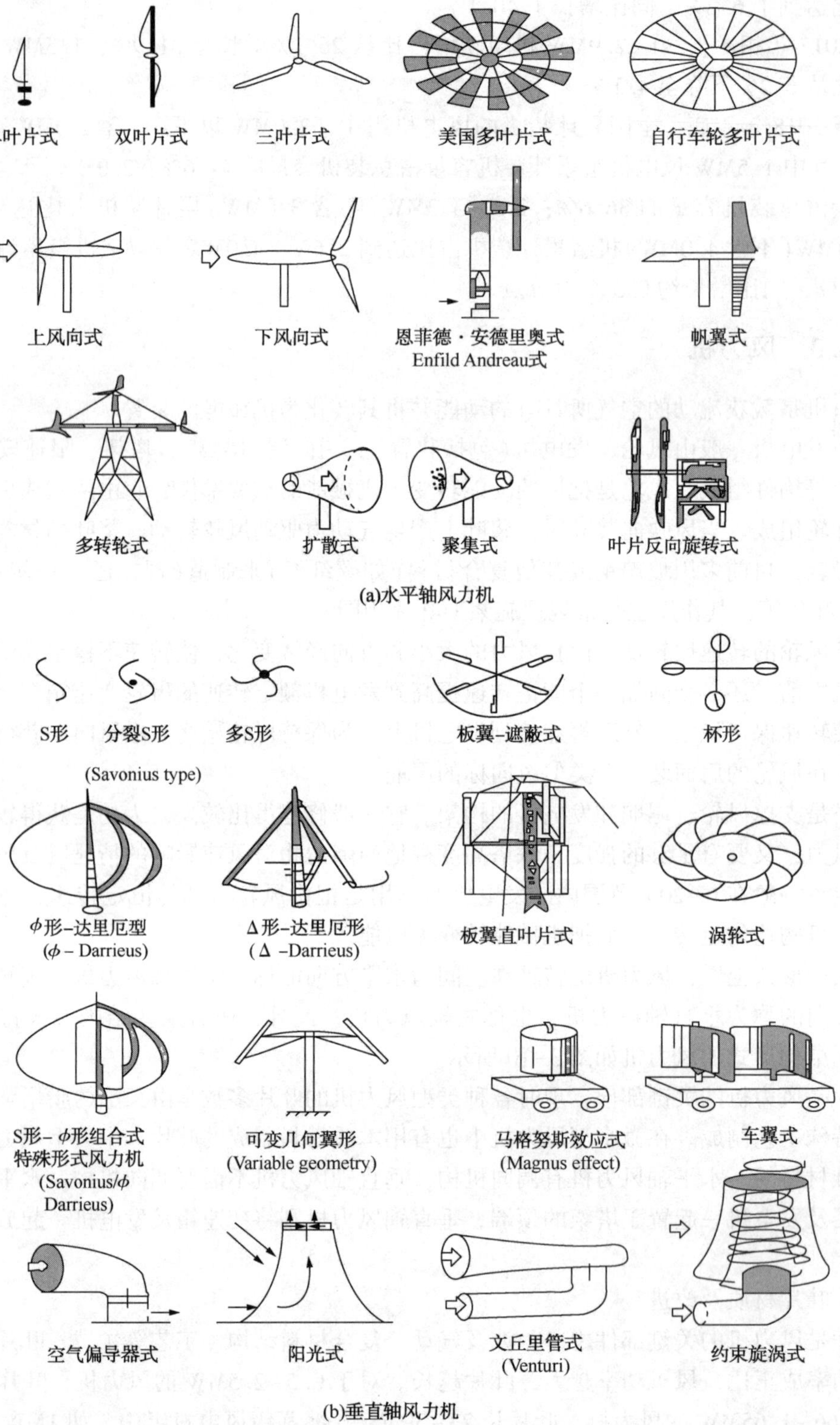

图 3-10 不同结构形式的风力机

重6~8t；现代的54m大型叶片重13t。现今世界上最大的风力发电机（5MW）的叶片长61.5m，单片叶片的重量接近18t，旋转直径可达126.3m。

叶片也是风机中成本最高的部件，虽然它的重量不到风机重量的15%，但成本约占风电成本的10%。

叶片类似于航空叶片，要求提高提升比，并且其提升特性不易受叶片表面污染和粗糙度影响。从结构考虑要求叶片有较厚的叶型，经受20年应用，以受风力造成的疲劳次数达10^8次（也有以500万次作标准）。随着风机功率的增加，叶片尺寸也相应增加。

复合材料风机叶片是风力发电系统的关键动部件，直接影响着整个系统的性能，并要具有长期在户外自然环境条件下使用的耐候性和合理的价格。因此，叶片的材料、设计和制造水平十分重要，被视为风力发电系统的关键技术和技术水平的代表。影响风机叶片相关性能的因素主要有原材料、风机叶片设计及叶片的制造工艺。

（2）风机叶片向高端化发展

1）大型化

全球风电设备制造业正在积极研发更大容量、可靠性更高、具有智能性的新一代风电机组。

英国Arup公司设计了一台大型海上风力发电机，其翼展长度可达275m，其发电能力是普通风力涡轮发电机的3倍。在现今提倡绿色能源的趋势下，英国、美国以及挪威正在进行着一场巨型风力涡轮发电机的竞赛。Arup公司设计的这种建于海面上的新型涡轮发电机（AerogeneratorX），发电量可达10MW，其巨大的机器尺寸则是普通机型的两倍，相信全球能源市场将因这款新型发电机而发生改变。

风力发电机为轴向旋转，叶片的翼展可达275m。与此同时，挪威的Sway公司计划建造巨型的浮动式涡轮机，这种涡轮机直接连接到100m深海床上被称作“桅杆”的锚点。一项由欧盟资助的研究计划也在制造8~10MW的涡轮机。另外，美国和丹麦的一些公司，则正在进行9MW机组的研发工作。所有这些设计的全尺寸样板都将在3年内完成，将传统风力涡轮机的尺寸翻倍，理论上可以产生4倍的风能，但与此同时风力涡轮机的重量和造价也将增长8倍。

截至2018年底，风轮直径最大为171m，与2017年持平，较2016年增大11m。从历年吊装的机型看，平均风轮直径2008年为65m，到2016年超过了100m，2018年平均风轮直径已经达到120m。从历年新增装机容量看，110m及以上风轮直径的风电机组容量逐年增长，2012年的装机容量占比仅为3%，2018年已经增长到92%。

2.0MW风电机组的风轮直径逐年增大。2018年，2.0MW风电机组平均风轮直径增加到118m，十年间增长了38m。在2010年以前风轮直径集中在80~90m，2010~2013年风轮直径变为90~100m占主导，每年新增装机容量占比超过50%；2014年风轮直径增大至100~110m，新增装机容量占比达到55%；2015~2017年风轮直径变为110~120m占主导，每年新增装机容量占比超过50%；大于120m风轮直径的风电机组，在2018年的装机容量占比突增至65%。

2）智能化

由于风能资源丰富的地区往往也是天气变化多端的地区，出于对风电机组工作安全的考虑，为了实现对叶片的实时监控，目前已经出现了将光纤监控技术用于复合材料叶片制造的技术，开发出了具有智能功能的复合材料叶片，以便对叶片进行及时的调整、维护和保养，提高风电机组运行的可靠性。

3）适合运输的分段式叶片

为了方便兆瓦级叶片的道路运输，某些公司已经尝试开始分段制作叶片。例如，德国Enercon公司的E1266MW风电机组的叶片由内、外两段叶片组成，靠近叶根的内段由钢制造，外包玻璃钢壳体形成气动形状表面。

4）热塑性复合材料受到重视

目前使用的风电叶片几乎都是由热固性复合材料制造，很难自然降解，其废弃物一般采用填埋、燃烧利用其热能或粉碎后作填料等方法处理。面对复合材料废弃物对环境造成的危害日益显现，一些风电叶片制造商开始研究制造热塑性复合材料叶片，即“绿色叶片”。

根据有关资料介绍，如果采用热塑性复合材料叶片，每台大型风力发电机所用的叶片重量可以降低10%，抗冲击性能大幅度提高，制造周期至少减少1/3，而且可以完全回收和再利用。但使用热塑性复合材料制造叶片的工艺成本较高，成为限制热塑性复合材料用于风力发电叶片的关键问题。

（3）碳纤维及其在风机叶片中的应用

世界上工业化生产的碳纤维按原料划分，主要有两大系列，一是以聚丙烯腈为原料；二是以石油沥青或煤沥青为原料。前者的产量约占碳纤维总产量的70%，后者约占30%。而沥青基碳纤维又分为两大类，一类是通用级沥青碳纤维，另一类是高性能碳纤维。经沥青的精制、纺丝、预氧化、碳化或石墨化而制得的含碳量大于92%的特种纤维，因其具有高强度、高模量、耐高温、耐腐蚀、抗疲劳、抗蠕变、导电与导热等优良性能，是航空航天工业中不可缺少的工程材料，应用十分广泛。

风能发电成本低廉，已成为人类开发新能源的重要领域。近年来，虽然风力发电产业发展很快，但风力发电装备的关键部件（叶片）多使用玻璃纤维增强材料（GFRP）制造，难于满足叶片尺寸加大对刚性的要求。碳纤维增强材料在叶片上的应用无疑将促进风能发电产业的发展。

目前全球风能发电装机容量的增长速度正在加快，高碳纤维含量的长叶片制成的大容量风机将成为主要趋势。

当叶片长度增加时，重量的增加要快于能量的提取，因为重量的增加和风叶长度的立方成正比，而风机产生的电能和风叶长度的平方成正比。同时随着叶片长度的增加，对增强材料的强度和刚度等性能提出了新的要求，玻璃纤维在大型复合材料叶片制造中逐渐显现出性能方面的不足。为了保证在极端风载下叶尖不碰塔架，叶片必须具有足够的刚度。减轻叶片的重量，又要满足强度与刚度要求，有效的办法是采用碳纤维增强。国外专家认为，由于现有材料的性能不能很好满足大功率风力发电装置的需求，玻璃纤维复合材料性能已经趋于极限，因此，在发展更大功率风力发电装置和更长转动叶片时，采用更好的碳纤维复合材料势在必行。根据国外有关资料报道，当风力机超过3MW、叶片长度超过40m时，在叶片制造时采用碳纤维已成为必要的选择。事实上，当叶片超过一定尺寸后，碳纤维叶片反而比玻纤叶片便宜，因为材料用量、劳动力、运输和安装成本等都下降了。

风力机轴上的输出功率见式（3-5）。

$$P=C_p \cdot \rho/2 \cdot Av^3=C_p\rho/8\pi D^2 \cdot v^3 \tag{3-5}$$

式中 P——轴上输出机械功率，kW；

ρ——空气密度，kg/m^3；

A——风力机迎风扫掠面积，m^2；

D——风力机风轮直径，m；

v——风速，m/s；

C_p——风力机的功率系数。

功率系数 C_p是表征风力机效率的重要参数，它代表风力机从风中获得的有用能量的比例，根据贝茨理论，C_p的最大值为0.593。

风力机风轮叶片尖端的运动线速度与风速之比称为风力机的叶尖速比（*TSR*），见式（3-7），它是表示风力机性能的另一重要参数。

$$TSR=\omega R/v=\pi nR/30v \tag{3-6}$$

式中 ω——风力机旋转角速度，rad/s；

n——风力机旋转速度，r/min；

R——风力机风轮半径，m。

叶尖速比表征了风力机在一定风速下运转速度的高低，故亦称高速性系数。

在风力机理论中，表征风力机扭矩大小的参数是扭矩系数 C_T：

$$C_T=T/(\rho/2\pi R^3 \cdot v^2) \tag{3-7}$$

式中 T——风力机的扭矩，kg/m。

不同结构形式的风力机的功率系数 C_p、扭矩系数 C_T，与叶尖速比 *TSR* 有一定的关系，如图3-11及图3-12所示。可以看出，水平轴螺旋桨式及立轴达里厄型风力机的功率系数大，扭矩系数小，运转速度高，适用于风力发电；而水平轴多叶片式风力机功率系数小，扭矩系数大，运转速度低，不适合于风力发电，但适合于风力提水。

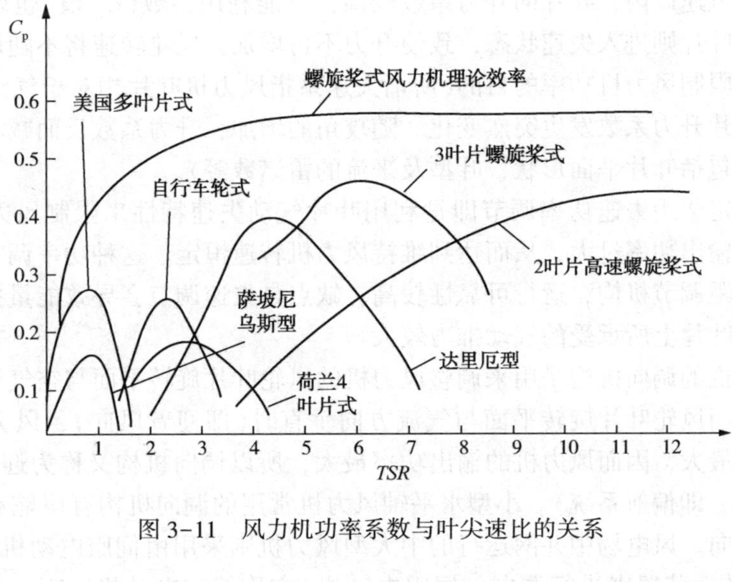

图3-11 风力机功率系数与叶尖速比的关系

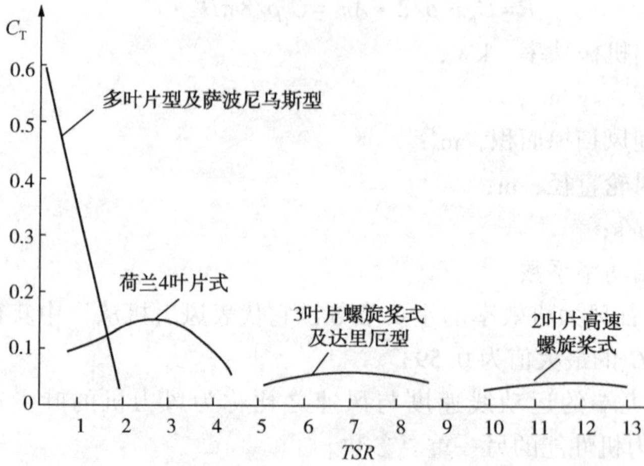

图 3-12　风力机扭矩系数与叶尖速比的关系

风能是随机性能源，当风力变化时，风力机轴上输出功率也将随之发生变化，因此如何调节风力机的输出功率对并网运行的风力发电机而言是十分重要的关键技术之一。现时，水平轴风力机功率调节方式分为两类，即变桨距功率调节与定桨距失速功率调节。

变桨距功率调节的原理是当风力变化使风力机的风轮转速偏离了规定值(额定转速)时，在规定的时间内，使借助于液压控制的叶片桨距调节控制器动作，改变风力机风轮叶片的攻角，调整风力机的输出功率，从而达到维持风力机转速恒定。通常是以风速及风力机转速作为叶片桨距调节控制器动作的信号。变桨距功率调节的优点是它能自动调节叶片桨距角度，适应不同风况下功率的调节，特别是使得在接近额定风速附近的功率曲线充实，使风力发电机的年发电量增加；缺点是变桨距执行机构及其液压驱动系统较复杂，增加了造价，运行可靠性也会受到一些影响。

定桨距失速功率调节的原理是风力机的桨叶角为固定不变的，而是利用桨叶本身的气动特性，即在额定风速以内，叶片的升力系数较高，风能利用系数(C_p 值)也较高，而在风速超过额定值时，叶片则进入失速状态，致使升力不再增加，风轮转速将不随风速的增大而上升，从而达到了限制风力机功率的目的(所谓失速系指风力机叶片相对于气流的攻角超过某一临界值后，叶片升力系数发生突然变化，随攻角的增加，升力系数反而减小的现象。影响失速的主要因素包括叶片平面形状、叶型及来流的雷诺数等)。

概括地说，定桨距失速功率调节即是利用叶片气动失速特性来限制风力机叶片吸收风能，防止风力机输出功率过大，从而达到维持风力机转速恒定。这种功率调节方式的优点是没有复杂的变桨距调节机构，运行可靠性较高；缺点是失速调节会导致能量损失，风力机的起动性能较差，叶片上所承受的气动推力较大。

水平轴风力机的调向机构是用来调整风力机的风轮叶片旋转平面与空气流动方向相对位置的机构，因为当风轮叶片旋转平面与气流方向垂直时(即迎着风向)，风力机从流动的空气中获取的能量最大，因而风力机的输出功率最大，所以调向机构又称为迎风机构(国外通称为 Yaw System，即偏航系统)。小型水平轴风力机常用的调向机构有尾舵和尾车，两者皆属于被动对风调向。风电场中并网运行的中大型风力机则采用由伺服电动机(也有用液压马达)驱动的齿轮传动装置来进行调向，伺服电动机(亦称偏航电动机，Yaw Motor)则是在风信标(Windvare)给出的信号下转动。伺服电动机可以正反转，因此可以实现两个方向的调向。为了避免伺服电动机连续不断地工作，规定当风向偏离风轮主轴±(10°~15°)时，调向机构才开始动作。调向速度一般为每秒1°以下，机组容量越大，调向速度越慢，例如，600kW机组为每秒0.8°左右，而1MW机组则为每秒0.6°左右。这种方式的调向，属于主动对风调向。

3.3.4 发电机

尽管风力发电机多种多样，但归纳起来可分为两类：①水平轴风力发电机，风轮的旋转轴与风向平行；②垂直轴风力发电机，风轮的旋转轴垂直于地面或者气流方向。

1. 水平轴风力发电机

水平轴风力发电机分为升力型和阻力型两类。升力型风力发电机旋转速度快，阻力型旋转速度慢。对于风力发电，多采用升力型水平轴风力发电机。大多数水平轴风力发电机具有对风装置，能随风向改变而转动。对于小型风力发电机，这种对风装置采用尾舵，而对于大型的风力发电机，则利用风向传感元件以及伺服电机组成的传动机构。

风力机的风轮在塔架前面的称为上风向风力机，风轮在塔架后面的则称为下风向风机。水平轴风力发电机的式样很多，有的具有反转叶片的风轮，有的在一个塔架上安装多个风轮，以便在输出功率一定的条件下减少塔架的成本，还有的水平轴风力发电机在风轮周围产生漩涡，集中气流，增加气流速度。

2. 垂直轴风力发电机

垂直轴风力发电机在风向改变的时候无需对风，在这点上相对于水平轴风力发电机是一大优势，它不仅使结构设计简化，而且也减少了风轮对风时的陀螺力。

利用阻力旋转的垂直轴风力发电机有几种类型，其中有利用平板和被子做成的风轮，这是一种纯阻力装置；S形风车，具有部分升力，但主要还是阻力装置。这些装置有较大的启动力矩，但尖速比低，在风轮尺寸、重量和成本一定的情况下，提供的功率输出低。

3. 达里厄式风轮

达里厄式风轮是法国G. J. M达里厄于19世纪30年代发明的。在20世纪70年代，加拿大国家科学研究院对此进行了大量的研究，现在是水平轴风力发电机的主要竞争者。达里厄式风轮是一种升力装置，弯曲叶片的剖面是翼型，它的启动力矩低，但尖速比可以很高，对于给定的风轮重量和成本有较高的功率输出。现在有多种达里厄式风力发电机，如Φ形、Δ形、Y形和H形等。这些风轮可以设计成单叶片、双叶片、三叶片或者多叶片。

4. 双馈型感应发电机

随着电力电子技术的发展，双馈型感应发电机在风能发电中的应用越来越广。这种技术不过分依赖于蓄电池的容量，而是从励磁系统入手，对励磁电流加以适当的控制，从而达到输出一个恒频电能的目的。双馈感应发电机在结构上类似于异步发电机，但在励磁上双馈发电机采用交流励磁。

一个脉振磁势可以分解为两个方向相反的旋转磁势，而三相绕组的适当安排可以使其中一个磁势的效果消去，这样一来就得到一个在空间旋转的磁势，这就相当于同步发电机中带有直流励磁的转子。双馈发电机的优势就在于交流励磁的频率是可调的，即旋转励磁磁动势的频率可调。这样当原动机的转速不定时，适当调节励磁电流的频率，就可以满足输出恒频电能的目的。由于电力电子元器件的容量越来越大，所以双馈发电机组的励磁系统调节能力也越来越强，这使得双馈机的单机容量得以提高。虽然，部分理论还在完善当中，但是双馈反应发电机的广泛应用这一趋势将越来越明显。

3.3.5 塔架

水平轴风力发电机组需要通过塔架将其置于空中，以捕捉更多的风能。广泛使用的有两种类型塔架，即由钢板制成的锥形筒状塔架和由角钢制成的桁架式塔架。锥形筒状塔架沿高度向上塔筒直径逐渐减小，一般沿高度由2~3段组成，在塔筒内装有梯子和安全索，以便于工作人员沿梯子进入塔架顶端的机舱，塔筒表面经过喷砂处理和喷刷白色油漆以防腐。桁架式塔架也装有梯子和安全索，便于工作人员攀登。为防止腐蚀，桁架经过热浸锌处理。

锥形筒状塔架外形美观，对于寒冷地区或在大风时工作人员沿塔筒内梯子进入机舱比较方便又安全，控制系统的控制柜(包括主开关、微处理机、晶闸管软启动装置、补偿电容等)皆可置于塔筒内的地面上；但塔筒的重量较重，运输较复杂，造价较高。桁架式塔架则重量较轻，可拆卸为小部件运到场地再组装，因此造价较低。桁架式塔架是由螺栓联结，没有焊缝，因此没有焊缝疲劳问题，同时它还可承受由于风力发电机组调向系统动作时施加于整个结构上的轻微扭转；但桁架式塔架需在其旁边地面处另建小屋，以安放控制柜。

3.3.6 升速齿轮箱

风力机属于低速旋转机械，所采用的变速齿轮箱是升速的。其作用是将风力机轴上的低速旋转输入转变为高速旋转输出，以便与发电机运转所需要的转速相匹配。升速传动装置的升速比对风力发电机组的性能及造价有重要影响。选择高升速比有利于降低发电机造价，但升速齿轮箱体积增大，造价增高；选择低升速比有利于降低升速齿轮箱造价及减小所占的空间，但发电机造价增高。合适的升速比应通过系统的方案优化比较来选定。

现在中、大型风电场中单机容量在0.6~1MW的风力发电机组中齿轮箱的升速比在1∶50~1∶70；而齿轮箱的组合形式一般为3级齿轮传动。有时3级全采用螺旋斜齿轮传动；有时则采用1级行星齿轮及2级螺旋斜齿轮传动；也有采用1级行星齿轮及2级正齿轮传动的。

3.3.7 控制系统

100kW以上的中型及1MW以上的大型风力发电机组皆配有由微机或可编程控制器(PLC)组成的控制系统来实现控制、自检和显示功能。

主要功能：①按预先设定的风速值(一般为3~4m/s)自动启动风力发电机组，并通过软启动装置将异步发电机并入电网。②借助各种传感器自动检测风力发电机组的运行参数及状态，包括风速、风向、风力机风轮转速、发电机转速、发电机温升、发电机输出功率、功率因数、电压、电流等以及齿轮箱轴承的油温、液压系统的油压等。③当风速大于最大运行速度(一般设定为25m/s)时实现自动停机。失速调节风力机是通过液压控制使叶片尖端部分沿叶片枢轴转动90°实现气动刹车，桨距调节风力机则是借助液压控制使整个叶片顺桨而达到停机，也是属于气动刹车。当风力机接近或停止转动时，则再通过由液压系统控制的装于低速轴或高速轴上的制动盘及闸瓦片刹紧转轴，使之静止不动。④故障保护。当出现恶劣气象(如强风、台风、低温等)、电网故障(如缺相、电压不平衡、断电等)、发电机温升过高、发电机转子超速、齿轮及轴承油温过高、液压系统压力降低、机舱振动剧烈等情况时，机组也将自动停机，并且只有在准确检查出故障原因并排除故障后，风力发电机组才能再次自动启动。⑤通过调制解调器与电话线连接。现代大型风电场还可实现多台机组的远程监控，从远离风电场的地点读取风电场中风力发电机组的运行数据及故障记录等，也可远程启动及停止机组的运行。

除去上述风力机、齿轮箱、发电机、塔架、控制系统等主要部件外，风力发电机组上还装有联轴器、防雷装置、冷却系统、机舱盖及机舱基础底板等。图 3-13 表示水平轴中型容量(600kW)风力发电机组的整机结构布局(图中因叶片太长未画出，叶片装于轮毂上)。

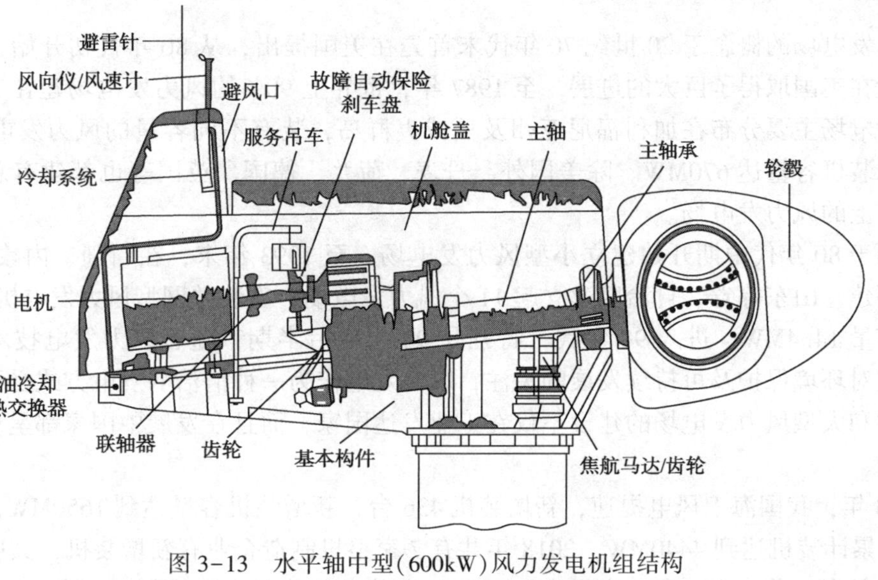

图 3-13 水平轴中型(600kW)风力发电机组结构

3.3.8 发展趋势

风力发电中采用的风力机，在结构形式上水平轴式与垂直轴式都存在，但数量上水平轴式的风力机占绝大多数，垂直轴式的主要是达里厄型，并主要是在北美国家(美国、加拿大)。这两种形式的风力机都已制出单机容量为 300kW、500kW、600kW、750kW 及兆瓦级以上的。并且风力机多为三叶片、下风向式的。但兆瓦级以下的大型风力机也有采用两个叶片的。为了在高风速时控制风力机的转速及输出功率，水平轴风力机普遍采用全翼展或 1/3 翼展(靠近叶尖处的 1/3 叶片长度)桨距控制或叶片失速控制。为了减轻阵风和风剪切力施加于叶片上和塔架上的负载，大型水平轴风力机叶片与主传动轴间采用跷跷板式连接。为了充分地利用风能，使风力机运行于接近最高效率，变速运行越来越受到重视，但同时需要维持发电机输出电能的频率恒定，即需要变速恒频系统。为了实现变速恒频运行，已经使用的有交流-直流-交流变换系统(AC-DC-AC)，正在研究和开发的有磁场调制发电机系统、双馈异步发电机系统及滑差频率励磁异步发电机系统等。

3.4 风力发电场

在风能资源良好的地区将几十台、几百台或几千台单机容量自数十千瓦、数百千瓦直至兆瓦级以上的风力发电机组按一定的阵列布局方式成群安装而组成的风力发电机群体，简称风电场。

风力发电场是在大面积范围内大规模开发利用风能的有效形式，弥补了风能能量密度低的弱点；风力发电场的建立与发展可带动和促进形成新的产业，有利于降低设备投资及发电成本。

3.4.1 风力发电场发展

风力发电场的概念于20世纪70年代末首先在美国提出，从80年代初开始，风力发电场的建设在美国取得了巨大的进展，至1987年，世界上90%的风力发电场建在美国。美国的风力发电场主要分布在加利福尼亚州及夏威夷群岛，装有不同容量的风力发电机共7600余台，总装机容量达670MW。除美国外，丹麦、荷兰、德国、英国等也都建有总装机容量达兆瓦以上的风力发电场。

中国于80年代中期开始建立小型风力发电场，至1993年末，在新疆、内蒙古、广东、浙江、福建、山东等省、自治区建立起11个风力发电场，安装并网型风力发电机组105台，总装机容量14.4MW。进入90年代，特别是90年代后半期，随着风力发电技术的不断发展，人类对环境保护及可持续发展的关注，风力发电作为一种清洁的发电方式受到各国的重视，中型和大型风力发电场的建设不仅在工业发达国家，而且在发展中国家都呈现蓬勃发展的局面。

2018年，我国海上风电提速，新增装机436台，新增装机容量达到1650MW，同比增长42.7%；累计装机达到4440MW。2018年共有7家整机制造企业有新增装机，其中上海电气新增装机最多，共达181台，容量为726MW，新增装机容量占比达到43.9%。

截至2018年年底，我国已安装的海上风电项目装机容量共计4440MW，其中潮间带累计风电装机容量达到630MW，占海上装机容量的14.2%；近海风电装机容量3810MW，占海上装机总容量的85.8%。

3.4.2 风力发电场的特点

1. 风电场场址选择要求严格

选择风电场场址的依据是：

① 该地区的风力资源丰富，年平均风速在6~7m/s以上，并且盛行风向稳定。

② 在预选场址内立测风塔，进行1~2年的风速、风向及风速沿高度的变化等数据的实测(应是按照时间序列的每小时风速及风向数据)，并据此计算得出风速频率分布及风向玫瑰图，以估算风力发电场内风力发电机的年发电量及考虑场内风力发电机组的排列布局。

③ 对影响场内风力发电机出力及安全可靠运行的其他气象数据(如气温、大气压力、湿度)以及特殊气象情况(如台风、雷电、沙暴等发生频率及海水盐雾情况、冰冻时间长短等)有测量及统计数据。

④ 对地区内的地形、地貌、障碍物(如地表粗糙度、树木、建筑物等)有详细资料。地表粗糙度高，场内附近树木及障碍物多，将导致风电场年发电量降低。

⑤ 风电场场址距公路及地区电力网较近，以便降低风电设备运输及接入电网的工程费用。风电场预计送入电力网的最大电功率与地区电力网容量的比率即风电的最大透入率，应在5%~10%以下。

⑥ 风电场场址应距居民点有一定的距离，以降低风力发电机组运行时齿轮箱、发电机发出的声响及风轮叶片旋转时扫掠空气产生的气动声响的影响。据测定，距500~600kW风力发电机组200m远处的噪声辐射约为43~45dB，在风力机机舱下则为95~100dB(对电视广播的干扰，只局限在很小的范围内)。

2. 风电场内风力发电机组的排列

风电场内风力发电机组的排列应以在场内可获得最大的发电量来考虑。风电场内多台风力发电机组之间的间距若太近，则沿空气流动方向前面机组对后面机组将产生较大的尾流效应，导致后面风力发电机组发电量减少。同时，由于湍流和尾流的联合作用，还会引起风力发电机组过早损坏，降低使用寿命。

根据实测，物理模拟及数字模拟的研究表明，为减少尾流效应的影响，在平坦地面上的风力发电机组按阵列分布排列时，沿主风向方向风力发电机组前后之间的距离(行距)应为风力机风轮直径的8~11倍，风力发电机组左右之间的距离(列距)应为风力机风轮直径的2~3倍。在地形复杂的丘陵或山地，为避免湍流的影响，风力发电机组可安装在等风能密度线上或沿山脊的顶峰排列。

3.4.3 风电场容量系数及发电成本

风电场容量系数及发电成本是衡量风力发电场经济效益的重要指标。风电场内风力发电机组容量系数的计算方法为：

$$\text{容量系数}(C_F)=\frac{\text{全年发电量}(kW\cdot h)}{\text{风力发电机组额定容量}}$$

$$\text{风力发电机组额定容量}=\frac{\text{全年总运行时数}(h)}{8760(h)}$$

在场址选择适宜、风力发电机组性能优良、机组排列间距合理的风电场内，各台风力发电机组的容量系数大致相同，但不完全一样，其值约在0.25~0.4之间。整个风电场的容量系数为各占风力发电机组容量系数的平均值，一般应在0.25以上，也即是风力发电机组相当于以满负荷运行的时数至少应在2000h以上。

风电场每千瓦时电能(kW·h)的发电成本与诸多因素有关，包括：风能资源特性(主要是风速频率分布)、风力发电机组设备的投资费用、风电场建设工程费用、风电场运行维护费用、建场投资回收方式及期限(系指投资贷款利率、设备规定使用寿命及所要求的固定回收率等)以及某些部件进口关税、设备增值税和设备保险所付出的费用等。随着风电设备技术的进展，风力发电设备的效率在过去10年得到了很大提高(风力机单位扫掠面积产生的功率约增加了60%)，而同时风力发电机的安装费用则降低了约50%。近10年来，风力发电的成本一直呈下降趋势。

3.4.4 风电场对保护环境效果显著

风力发电与燃煤、燃油的火力发电相比，除去可节约化石燃料外，可带来减少空气污染、改善环境的巨大环保效益。火力发电每发 1kW·h 电一般约需耗用 0.30~0.40kg 标准煤，而同时会产生 0.65~0.70kg CO_2以及相当数量的 SO_x及 NO_x。空气中存在的 CO_2将导致产生温室效应，空气中的 SO_x及 NO_x则会导致产生酸雨，危害生态。在世界各国普遍关注改善地球生态环境、减少空气污染、强调可持续发展的形势下，风电场的这一特点将会更趋突出。

风力发电场未来的发展趋势将集中在：①提高机群安装场地选择的准确性；②改进机群布局的合理性；③提高运行的可靠性、稳定性，实现运行的最佳控制；④进一步降低设备投资及发电成本；⑤总装机容量在兆瓦以上的风力发电场将占据主导地位，风电场内的风力发电机组单机容量将主要是百千瓦级以上至兆瓦级的。

3.5 风力发电储能系统

风力发电储能系统是在有风期间将多余的风能转化为其他形式的能量储存起来，在无风期间再将储存的能量释放出来并转变为电能，以保证稳定持续供电的装置。

风能是不可直接储存的能源，即使在风能资源丰富的地区，若以风力发电作为获得电能的主要方式，也必须配有适当的储能系统。风力发电系统采用的储能系统主要是以蓄电池储能；在地形条件合适的地点，也可以采用抽水蓄能；正在研究试验的有压缩空气储能、飞轮储能、电解水制氢储能等。与大电网并联运行的风力发电系统，电网即是最好的储能系统，不需要另外配备其他形式的储能系统。

3.5.1 蓄电池储能

在风力发电系统中，多采用铅酸蓄电池或碱性蓄电池作为储存电能的装置。铅酸蓄电池的单格电压为 2V，碱性蓄电池的单格电压为 1.2V。小型风力发电系统中蓄电池组的电压通常为 12V、24V 或 36V。蓄电池的容量以安时(A·h)数表示。安时数表明该蓄电池在连续 10h 充电或放电过程中允许的充电和放电电流的数值(10h 充放电率电流值)，超过 10h 充放电率的电流值会损坏蓄电池。在充放电过程中，蓄电池的电压是变化的，特别是放电时，蓄电池电压逐渐降低，使用时铅酸蓄电池电压不应低于 1.4~1.8V，碱性蓄电池不应低于 0.8~1.1V。铅酸蓄电池在充电时电解液的浓度增高，密度增大；放电过程中电解液的浓度降低，测定电解液的浓度就能了解蓄电池放电的程度。蓄电池的寿命因使用方法不同有很大差异，铅酸蓄电池的寿命一般为 1~10 年，碱性蓄电池的寿命为 3~15 年。

3.5.2 压缩空气储能

压缩空气储能是指在电网负荷低谷期将电能用于压缩空气，将空气高压密封在报废矿井、沉降的海底储气罐、山洞、过期油气井或新建储气井中，在电网负荷高峰期释放压缩空气推动汽轮机发电的储能方式。

在电力负荷减小时，将风力发电机提供的多余电力通过电动机带动空气压缩机，将空气压缩后储存到地下岩洞或废弃的矿坑内；在电力负荷达到高峰、风小或无风时再释放储存的压缩空气为动力带动涡轮机实现发电。

3.5.3 飞轮储能

飞轮储能是指利用电动机带动飞轮高速旋转，将电能转化成机械能储存起来，在需要的时候再用飞轮带动发电机发电的储能方式。

当风速高时，风能以动能的形式储存于飞轮中；当风速低时，储存在飞轮中的动能即可带动发电机发电。飞轮储能具有效率高、建设周期短、寿命长、高储能、充放电快捷、充放电次数无限以及无污染等特点，适用于电网调频和电能质量保障。飞轮一般由钢制成，近年来正在研究采用强度高而重量轻的纤维材料制造飞轮，其储能量可达钢制飞轮的10~20倍。

3.5.4 抽水储能

当风大而负荷所需电能较少时，利用多余的电能带动抽水机，将低处的水抽到高处的水库中储存起来；当风小或无风期来临时，再释放高处水库中的水来推动水轮机带动发电机发电。

抽水储能的释放时间可以从几个小时到几天不等，综合效率在70%~85%之间，主要用于电力系统的调峰填谷、调频、调相、紧急事故备用等。

3.5.5 电解水制氢储能

在电力负荷减小时，将风力发电多余下来的电能用来电解水，使氢和氧分离，把氢作为燃料储存起来，需要时再把氢和氧在燃料电池中进行反应而产生电能。

第4章　水　　能

4.1　水能资源的概述

水能是一种取之不尽、用之不竭、可再生的清洁能源。水能资源指水体的动能、势能和压力能等能量资源。自由流动的天然河流的出力和能量，称河流潜在的水能资源，或称水力资源。构成水能资源的最基本条件是水流和落差(水从高处降落到低处时的水位差)，流量大，落差大，所包含的能量就大，即蕴藏的水能资源大。

水能资源是一种清洁无污染且能循环利用的可再生资源。人类利用水能的历史悠久，但早期仅将水能转化为机械能，直到高压输电技术发展、水力交流发电机发明后，水能才被大规模开发利用。由于水是无污染而又清洁的再生能源，其发电成本也非常便宜，当代工业发达国家都优先开发水电。水力发电的输电方式既可用交流、也可用直流。位于国境线上的河流可由几个国家共同开发。

广义的水能资源包括河流水能、潮汐水能、波浪能、海流能等能量资源；狭义的水能资源指河流的水能资源。

1. 水能资源的分布

(1) 世界水能资源的分布

世界上水资源量前十名的国家有：巴西、俄罗斯、美国、印尼、加拿大、中国、孟加拉国、印度、委内瑞拉、哥伦比亚。

由于世界上不同地区受自然地理和气候条件的制约，降雨量和径流量有很大差异，因此世界水能资源在地区上分布不平衡。据统计，世界水能资源分布中(技术可开发资源)，亚洲为 50000×10^8kW·h/a，拉丁美洲 33700×10^8kW·h/a，非洲 17000×10^8kW·h/a，北美 14150×10^8kW·h/a，欧洲 10300×10^8kW·h/a，大洋洲 2800×10^8kW·h/a。亚洲水能资源最丰富，但由于人口众多，亚洲人均可利用水力资源是最低的。拉丁美洲由于降水丰富，具有世界第一大河亚马孙河，水量丰富，加之西部安第斯山的地形落差大，因此具有丰富的水力资源，但由于经济技术条件和其他资源的竞争，水力资源的开发进程还比较缓慢。欧洲和北美气候较湿润，加之经济技术发达，因此对水力资源的开发程度较高。俄罗斯面积广阔，且大江大河分布较多，水能资源丰富，但大都分布在东部人烟稀少的地带，因此开发难度较大。非洲是一个干旱的大陆，大部分范围内缺水严重，水能资源集中分布在刚果盆地。大洋洲陆地面积狭小，加之澳大利亚大陆上气候干旱，因此水能资源总量较小。

(2) 我国水能资源的分布

我国的淡水资源总量为 28000×10^8m^3，占全球水资源的6%，仅次于巴西、俄罗斯和加拿大，居世界第四位，但人均只有2200m^3，仅为世界平均水平的1/4、美国的1/5，是全球13个人均水资源最贫乏的国家之一。我国水资源现状：水资源短缺、水污染严重、水土流失严重、水价严重偏低、水资源浪费严重；南方水多，北方水少；西部水少，沿海水多。

值得一提的是，我国水力资源居世界首位，但地区分布极不均匀，资源与地区经济发展现状不匹配，加之开发难度较大，因此我国的水力资源开发程度很低。

2. 水能资源的特点

在20世纪90年代初，河流水能是人类大规模利用的水能资源；潮汐水能也得到了较成功的利用；波浪能和海流能资源则正在进行开发研究。目前水能资源的利用方式主要是水力发电。

水能资源具有一些无法代替的优点，首先，水能是干净廉价的可再生资源，它是一次能源与二次能源开发同时完成，水电站建成后不消耗燃料，运营费用很低，不污染环境水电工程，具有防洪、灌溉、航运、水产和旅游等综合效益。

除此之外，水能资源还有以下有优点：

① 水能资源地理分布广泛、大约150个国家拥有水能资源，全世界约70%经济可行的水能资源尚未开发，其中大部分位于发展中国家。

② 水电开发技术是经过实践证明、具有一个多世纪经验的成熟技术，现代水电站能提供目前最有效的能源转换方式，其能源转换率超过90%。

③ 水电的峰荷发电特征使得作为基本荷载的其他电力能够得到更加充分的利用，那些其他基本荷载电力一般来自灵活性相对较差的其他电力资源。

④ 尽管与其他大型电站替代方案相比较而言，水电站的早期投资较大，但其具有运行成本最低和使用寿命最长的优势。

⑤ 作为多功能综合水利项目的一部分，水力发电可以对诸如灌溉、供水、航道改善和娱乐等水利项目的其他重要功能和设施等提供资助。

3. 我国水能资源的特点

我国水能蕴藏量680GW，居世界第一位，但是地区分布不均。实际开发水能从多到少的区域：西南、中南、西北、华东、东北、华北。70%分布在西南三省一市和西藏自治区，其中长江水系最多，其次为雅鲁藏布江水系。目前，已开发的集中在长江、黄河和珠江的上游。

我国水能资源有三大特点：

(1) 资源总量十分丰富，但人均资源量并不富裕

以电量计，我国可开发的水电资源约占世界总量的15%，但人均资源量只有世界均值的70%左右，并不富裕。到2050年左右中国达到中等发达国家水平时，如果人均装机从现有的0.252kW增加到1kW，总装机约为1500GW，即使676GW的水能蕴藏量开发完毕，水电装机也只占总装机的30%~40%。水电的比例虽然不高，但是作为电网不可或缺的调峰、调频和紧急事故备用的主力电源，水电是保证电力系统安全、优质供电的重要而灵活的工具。

(2) 水电资源分布不均衡，与经济发展的现状极不匹配

从河流看，我国水电资源主要集中在长江、黄河的中上游，雅鲁藏布江的中下游，珠江、澜沧江、怒江和黑龙江上游，这七条江河可开发的大、中型水电资源都在10GW以上，总量约占全国大、中型水电资源量的90%。全国大中型水电1GW以上的河流共18条，水电资源约为426GW，约占全国大、中型资源量的97%。按行政区划分，我国水电主要集中在

经济发展相对滞后的西部地区。在我国西南、西北11个省、市、自治区，包括云、川、藏、黔、桂、渝、陕、甘、宁、青、新，水电资源约为407GW，占全国水电资源量的78%，其中云、川、藏三省区共294.73GW，占57%。而经济相对发达、人口相对集中的东部沿海11省、市，包括辽、京、津、冀、鲁、苏、浙、沪、穗、闽、琼，仅占6%。改革开放以来，沿海地区经济高速发展，电力负荷增长很快，目前东部沿海11省、市的用电量已占全国的51%。这一态势在相当长的时间内难以逆转。为满足东部经济发展和加快西部开发的需要，加大西部水电开发力度和加快“西电东送”步伐已经进行了国家层面的部署。

(3) 江、河来水量的年内和年际变化大

中国是世界上季风最显著的国家之一，冬季多由北部西伯利亚和蒙古高原的干冷气流控制，干旱少水，夏季则受东南太平洋和印度洋的暖湿气流控制，高温多雨。受季风影响，降水时间和降水量在年内高度集中，一般雨季2~4个月的降水量能达到全年的60%~80%。降水量年际间的变化也很大，年径流最大与最小比值，长江、珠江、松花江为2~3倍，淮河达15倍，海河更达20倍之多。这些不利的自然条件，要求我们在水电规划和建设中必须考虑年内和年际的水量调节，根据情况优先建设具有年调节和多年调节水库的水电站，以提高水电的供电质量，保证系统的整体效益。

4. 水能资源的开发

水力资源是一种清洁无污染的资源，具有较高的经济价值和环境效益，并且在全球范围内分布广泛，因此水力资源具有广阔的开发前景。全世界理论水能资源约为34×10^{12}kW·h/a，其中可开发水能资源约为14×10^{12}kW·h/a，约占理论蕴藏量的41.2%。目前已开发水能资源(运行中年均发电量)约为2.1×10^{12}kW·h/a，分别占可开发资源的15%和理论蕴藏量的6.2%。从目前水能资源的开发现状来看，人类已开发的水能资源仅占总量的一小部分，因此，水能资源的开发前景巨大。

(1) 全球水能资源的开发

多数发达国家一般都优先开发水电，至20世纪70年代末水电开发利用程度已较高；80年代以来，继续开发水电的潜力已不大，如瑞士、法国、奥地利、西班牙、英国、美国、意大利、日本等。这些国家的水能开发利用程度均在50%以上，最高达74%。发展中国家过去由于政治、经济等原因，水能资源开发较缓慢，水电开发利用程度长期不高，但从80年代中期开始，一些国家水电开发速度大大加快，水能资源利用程度迅速提高，如巴西、巴拉圭、墨西哥、委内瑞拉、土耳其、中国等。目前，世界上水电总装机容量超过10GW的有16个国家，水电装机容量排在前5位的国家分别为美国、加拿大、中国、巴西和俄罗斯。

1) 欧洲

欧洲是世界上工业化最早的地区，水电发展也最早，已有百年以上的历史。目前，在40多个欧洲国家中，水电比较发达的约有30个(15个欧盟国家，15个非欧盟国家)。欧洲在建装机2270MW，分布在23个国家，另有规划中的水电装机10GW，西班牙、意大利、希腊、罗马尼亚在建坝相对较多，德国也有一座90多米的高坝在建。欧洲部分国家水能资源开发统计见表4-1。

表 4-1 欧洲部分国家水能资源开发统计

国家	理论水能蕴藏量/(10^8kW·h/a)	技术可开发水能资源/(10^8kW·h/a)	技术可装机容量/MW	装机容量/MW	年发电量/(10^8kW·h)	水电比重/%
阿尔巴尼亚	130	105.8		1437	52	87.5
奥地利	1500	750		11400	390	68
保加利亚	264.1	150	2814	2407	25.1	6
克罗地亚	213	118		1932	51.9	42
芬兰	460	197		2875	134.6	23.2
法国	2660	720		23100	655	15.4
德国	1200	250		4389	175	4.2
希腊	840	200		2524	44，9	9.3
意大利	1500	690		12925	414.3	18.6
挪威	5500	2000.0		26000	1126.8	99.6
葡萄牙	325	245		4125	124.2	25.6
西班牙	1380	700		14803	320	20
瑞典	2000	1300		16450	635	52
瑞士	1440	410		10118	356	59
土耳其	4330	2150	35309	9933	363.5	38
英国				1064	32	28.8
前南斯拉夫	842	501		2711	122。0	35.4

数据来源：中国产业研究院。

在挪威的终端能源消费中，水电占50%，石油产品占37%，煤和焦炭占8%，木材和造纸废物占5%。挪威现有电力装机容量27GW，其中99%是水电，仅有1%即270MW的工厂备用火电机组。年发电量中99.6%为水电。挪威按人口平均年用电量达24700kW·h，比美国还高出一倍多。挪威水电建设的最大特点，是在高山上利用原有湖泊或建高坝形成大水库，利用它调节洪枯径流，在其下游建高水头水电站。水库调蓄电能达768×10^8kW·h，相当于全国年发电量1083×10^8kW·h的71%，可以进行很好的多年调节，在水电比重高达99%情况下，不论丰枯水季都能满足用户用电要求。另一特点是在山区所建的水电站，地下厂房很多。全国大小水电站约600座，其中有200座的发电厂房设在地下，开挖隧洞总长度达3000公里。工程较艰巨，但较经济，工期较短。挪威的水电站，国有的占29.1%，市镇所有的占51.5%，工厂自备和私营的占19.4%。所有水电站都自愿联入地区电网。纵贯全国南北长达1700km的全国电网，将中部的国有水电站与南方和北方的地区电网相连，进行统一调度。国家电力局所建输电设施占90%。挪威的电网还与邻国相连、相互补充，出入相抵、输出较多。挪威水能资源的理论蕴藏量为5000×10^8kW·h/a，技术可开发1700×10^8kW·h/a，经济可开发1250×10^8kW·h/a。现已开发1083×10^8kW·h/a，还有一定资源可供开发。目前主要对早期所建老水电站进行现代化改造，扩建或重建。

2）北美

北美洲部分国家水能资源开发统计见表4-2。

表 4-2 北美洲部分国家水能资源开发统计

国家	理论水能蕴藏量/(10^8kW·h/a)	技术可开发水能资源/(10^8kW·h/a)	技术可装机容量/MW	装机容量/MW	年发电量/(10^8kW·h)	水电比重/%
加拿大	9767.8	6317.1	162804	64770	3306.9	62
美国	5285	3760.0	147254	74856	2963.8	9.9

数据来源：中国产业研究院。

北美有 5790MW 的水电工程在建，分布在 10 个国家，规划中还有 15GW 的水电站。北美国家中美国、加拿大都有新的大坝建设，美国有两座 60m 以上的大坝在建。

3）亚洲

亚洲国家中，除中国目前正大力发展水电外，印度、土耳其、尼泊尔、老挝、越南、巴基斯坦、马来西亚、泰国、缅甸、菲律宾、斯里兰卡、哈扎克斯坦、吉尔吉斯斯坦、约旦、黎巴嫩、叙利亚等国家也都有大型的水电项目正在建设。日本、朝国水电开发程度较高，大型的抽水蓄能项目建设速度比较快，在日本，有 6 个抽水蓄能电站正在建设，另有 3 个正在规划中。

亚洲部分国家水能资源开发统计见表 4-3。

表 4-3 亚洲部分国家水能资源开发统计

国家	理论水能蕴藏量/(10^8kW·h/a)	技术可开发水能资源/(10^8kW·h/a)	技术可装机容量/MW	装机容量/MW	年发电量/(10^8kW·h)	水电比重/%
中国	59221.8	19233	378500	52183.6	1668	18
俄罗斯	28960	16700		39986	1628	26.8
印度	26378	6000	84040	20576	722.8	25
印度尼西亚	21470	4016.5	75625	3046	123.9	13.7
伊朗	0.20047	560.0*	16000	1952	75.2	12.9
日本	7176	1342	32828	21171	913	9.2
朝鲜				4600	291	59.4
韩国	517.8	263.9	3012	1503	42.3	4.2
马来西亚	2300	720		1800	58	30
巴基斯坦	1500	1200.0	24000	4825	228.6	45.5
菲律宾	474.6	203.3	12153	2278	61.4	26
泰国	177.5	81.5	3242	2858	66.9	20
越南	3000	900		2836	100	72.1

数据来源：中国产业研究院。

日本有 78%水能资源得到利用。常规水电年发电量 892×10^8kW·h，占经济可开发水能资源 1143×10^8kW·h 的 78%。日本所建大型水电站(单站装机大于 250MW)包括常规水电和抽水蓄能电站共 30 座，合计装机 18780MW，占全部水电装机的 48%。其中已建大型抽水蓄能电站 24 座，共装机 16840MW，最大的是新高濑川电站，为 1280MW。日本所建中小型水电站比较多，共有 1700 多座，合计 20340MW，占水电装机的 52%。正在建设的常规水电站 55 座，共 1750MW，都是中小型水电站。在建的抽水蓄能电站 8 座，共 5480MW。调查研究中的抽水蓄能电站有44处，共可装机329GW。当前准备兴建的葛野川抽水蓄能电站，利用水头714m，安装4台单机容量为400MW的可逆式抽水蓄能机组，将是日本水头最高、装机容量和单机容量最大的水电站。

4）南美

南美目前高坝建设比较多，在建、待建200m左右的大坝不少，主要集中在巴西、委内瑞拉、阿根廷等国家，有17GW水电工程在建，分布在10个国家，规划待建项目还有59GW。

南美洲部分国家水能资源开发统计见表4-4。

表4-4 南美洲部分国家水能资源开发统计

国家	理论水能蕴藏量/(10^8kW·h/a)	技术可开发水能资源/(10^8kW·h/a)	技术可装机容量/MW	装机容量/MW	年发电量/(10^8kW·h)	水电比重/%
阿根廷	5350	1720	44500	8123	300	44.7
巴西	30204	11666	268494	51100	2500	97.4
智利	2272.5	1622.3	26046	3515	173	86.9
哥伦比亚	12900	5207.7	93000	6700	242.2	78.2
厄瓜多尔	8185	5238.4	21520	1474	50.8	72.7
墨西哥	1547.3	450	53530	10034	262.4	28.8
巴拉圭	507.2		25000	7320	290	100
秘鲁	18396	10915.4	74000	3800	110	78
乌拉圭	320	100	17644	1356	61.9	88
委内瑞拉	3350	2772	70000	10991	365.3	59.7

数据来源：中国产业研究院。

巴西水电装机容量居世界第四位。1991年巴西水电装机容量为46080MW，水电发电量2490×10^8kW·h，占全国总发电量的比重达95%。巴西的水电装机容量居世界第四位，仅次于美国、苏联和加拿大；水电年发电量已超过苏联，居世界第三位。巴西的理论水能蕴藏量为30204×10^8kW·h/a；经济可开发水能资源11169×10^8kW·h/a，仅次于我国，居世界第二位。1991年已建水电站对其经济可开发水能资源的利用率为22.3%。巴西首先开发离经济发达地区较近的巴拉那河流域，30年来在各支流和干流上游已陆续建成100MW以上大型水电站30座，共计装机容量26690MW。最近在巴拉那河中游与巴拉圭边境共建的伊泰普水电站，装机容量12600MW，年发电量710×10^8kW·h，是当今世界上已建的最大水电站，总投资达234亿美元，为开工时估价31亿美元的7.5倍。巴西的水电建设，很注意水库蓄洪补枯，如巴拉那河上游干支流已建水库的调节库容有$1075\times10^8m^3$，加上伊泰普水库的$190\times10^8m^3$，共计$1265\times10^8m^3$，相当于年径流量$2860\times10^8m^3$的44%，调节性能很好。

5）澳洲

在澳洲，灌溉建坝、小水电开发建坝及电站更新改造项目不少，但规模都不大，规划待建的水电项目有647MW。

澳洲部分国家水能资源开发统计见表4-5。

表4-5 澳洲部分国家水能资源开发统计

国家	理论水能蕴藏量/（10^8kW·h/a）	技术可开发水能资源/（10^8kW·h/a）	技术可装机容量/MW	装机容量/MW	年发电量/（10^8kW·h）	水电比重/%
澳大利亚	2640	300.0		7400	159.4	11
新西兰	1520.8	772	17620	4980	244	66
澳大利亚	2640	300.0		7400	159.4	11
新西兰	1520.8	772	17620	4980	244	66

数据来源：中国产业研究院。

6）非洲

非洲部分国家水能资源开发统计见表4-6。

表4-6 非洲部分国家水能资源开发统计

国家	理论水能蕴藏量/（10^8kW·h/a）	技术可开发水能资源/（10^8kW·h/a）	技术可装机容量/MW	装机容量/MW	年发电量/（10^8kW·h）	水电比重/%
埃及		500		2700	97	20.5
加纳	106			1072	61	97
莫桑比克		720	12500	2360	13.3	43.8
尼日利亚	910	380	6000	1900	22.2	27.5
扎伊尔	13970	7740	100000	2510	63.1	99.7
赞比亚		287.5	12000	1673	89.1	99.9

非洲国家的水电开发度、水资源调控能力都比较低，60m以上高坝总共11座，目前有20多个非洲国家在建水电工程。

截至2018年，全球水电装机容量累计达到1292GW，水电项目的发电量在2018年达到创纪录的4200TW·h，这是可再生能源领域的最高贡献。分地区来看，东亚和太平洋地区再次增加了产能，2018年累计新增水电装机9.2GW，其次是南美（4.9GW）、南亚和中亚（4.0GW）、欧洲（2.2GW）、非洲（1GW）、北美和中美洲（0.6GW）。2018年新增水电装机容量排名前十的国家分别是中国（8540MW）、巴西（3866MW）、巴基斯坦（2487MW）、土耳其（1085MW）、安哥拉（668MW）、塔吉克斯坦（605MW）、厄瓜多尔（556MW）、印度（535MW）、挪威（419MW）和加拿大（401MW）。

（2）我国水能资源的开发

建国初期，水电建设主要集中于经济发展及用电增长较快的东部地区，大型水电站不多。20世纪50年代末，我国开始在黄河干流兴建刘家峡等大型水电站，但仍以东部地区的开发建设为主，西南地区丰富的水力资源尚未得到大规模开发，水电在电力工业中的比重逐步下降。改革开放以来，国家把开发西部地区水力资源提到重要位置，尤其是提出“西电东送”战略以后，西南地区丰富的水力资源逐步得到开发利用。除长江干流上三峡水电站外，在长江重要支流雅砻江、大渡河、乌江上均已建成或正在建设巨型水电站，黄河上游龙羊峡至青铜峡河段、澜沧江、南盘江、红水河均已建成或正在建设一批百万千瓦以上的骨干水电站。这些河流或河段水力资源的开发，为西部大开发和"西电东送"拉开了序幕。

进入21世纪，国家从经济快速发展、能源的可持续供应、环境保护，以及西部大开发等方面考虑，制定了优先开发水电的方针，水电建设迎来了前所未有的发展机遇。

2019年上半年，全国新增水电装机较多的省份为云南640MW、湖南370MW和浙江280MW，占全部新增装机的70.4%。截至2019年6月底，全国水电装机容量约354GW(其中抽水蓄能29.99GW)。

2019年上半年，全国水电发电量5138×10^8kW·h，同比增长11.8%。分省份看，水电发电量排名前五位的省(区)依次为四川1221×10^8kW·h、云南1132×10^8kW·h、湖北592×10^8kW·h、贵州328×10^8kW·h和湖南305×10^8kW·h，合计水电发电量占全国水电发电量的69.7%。

2019年上半年，全国水电平均利用小时数为1674h，同比增加169h。分省份看，平均利用小时数较高的省份是宁夏2334h、湖南2195h、甘肃2134h、河南2087h和青海1979h。

4.2 水力发电

4.2.1 水力的开发

1. 水——天然的再生能源

雨水降落大地以后，除了一部分被泥土吸收或潜入地层，一部分直接被阳光蒸发及经植物蒸发之外，其余的都慢慢集合，汇流入溪涧河川。河流的流量与雨量有密切关系，雨季流量大，旱季流量小。而河流中每一秒钟水流体积的移动量叫作“流量”，流量的单位是每秒钟多少立方米。而水从高地流到低地的垂直距离叫作“落差”，又称为“水头”。如果水量一定，则落差越高所产生的“水力”也就越大。

2. 水力的开发与运用

中国水资源总量虽然较多，但人均量并不丰富。水资源的特点是地区分布不均，水土资源组合不平衡；年内分配集中，年际变化大；连丰连枯年份比较突出；河流的泥沙淤积严重。这些特点造成了中国容易发生水旱灾害，水的供需产生矛盾，这也决定了中国对水资源的开发利用、江河整治的任务十分艰巨。根据2008年中国初级能源消费结构的数据，中国的水电、风电和核能占能源消费总量的比重偏低，只有8.9%。比较其他发达国家来说，中国的水能利用率偏低是不争的事实，因此中国的水力发电还有很大的发展空间。

根据中国在2004年的水能资源普查结果计算，如果将已知的(可开发)水能资源充分开发，以100年计算，中国的常规一次能源总量将能够增加30%以上，相应地，煤炭在总能源中的比重则可下降至51.4%，水能资源比重将上升到44.6%。如果要以200年计算，水能资源将大大超过其他任何能源资源，成为中国的第一大常规能源。

以2004年曾引起激烈争论的虎跳峡水电站作为例子，假若虎跳峡水电站一旦建成，就相当于建造一座三峡水电站。如果加上其自身的发电效益，其总发电量效益几乎接近于两个三峡水电站，相当于每年节省80Mt原煤。如果不选择建设虎跳峡水电站，就相当于每年流失掉80Mt原煤，同时增加80Mt原煤所制造出来的温室气体。

水力发电是目前人类唯一能够大规模商业化开发利用的可再生清洁能源，加快水电的发展有利于改善我国电力工业结构。同时，水力发电还有提高电能质量(调峰、调频功能)、防洪防汛、农业灌溉、工业补水和流域水资源优化配置等大量的综合效益。

中国电力工业已步入大电站、大机组、高电压、大电网、自动化和信息化的时代，而水电开发也已进入高峰期。

中国拥有世界17%的小水电资源，可开发的小水电潜力约 1.2×10^8kW，目前中国小水电每年新增装机容量为 350×10^4kW 左右。我国小水电项目的发展通常和农村电气化发展规划相结合，政府项目保留优先权，得到政府大力支持。

水库的开发如果只是为了某一特定的目标(例如，发电或灌溉)称为“单一开发”；如果同时能解决多项问题(例如，防洪、灌溉、发电等)称为“多元开发”。水力开发的必要条件是落差与流量，而落差和流量的取用方法是在河流上游适当的地方建筑一座水坝，拦阻河水，抬高水位或使水流顺着输水管路送到下游的水力发电厂取得落差，以推动厂内的水轮发电机，使天然的水力转变成电力。另外，水的能量包括动能与位能，水力机械中的水轮机可以把这两种能量转变为机械能，同时加以有效利用。

3. 水力发电

为了有效利用天然水能，需要人工修筑能集中水流落差和调节流量的水工建筑物，如大坝、引水管涵等。因此工程投资大、建设周期长。但水力发电效率高，发电成本低，机组启动快，调节容易。由于利用自然水流受自然条件的影响较大，水力发电往往是综合利用水资源的一个重要组成部分，与航运、养殖、灌溉、防洪和旅游等组成水资源综合利用体系。

水力发电是利用河流、湖泊等位于高处具有位能的水流至低处，将其中所含的位能转换成水轮机之动能，再借水轮机为原动力，推动发电机产生电能(图4-1)。利用水力(具有水头)推动水力机械(水轮机)转动，将水能转变为机械能，如果在水轮机上接上另一种机械(发电机)随着水轮机转动便可发出电来，这时机械能又转变为电能。科学家们以此水位落差的天然条件，有效地利用流体力学工程及机械等，精心搭配以达到最高的发电量，供人们使用廉价又无污染的电力。

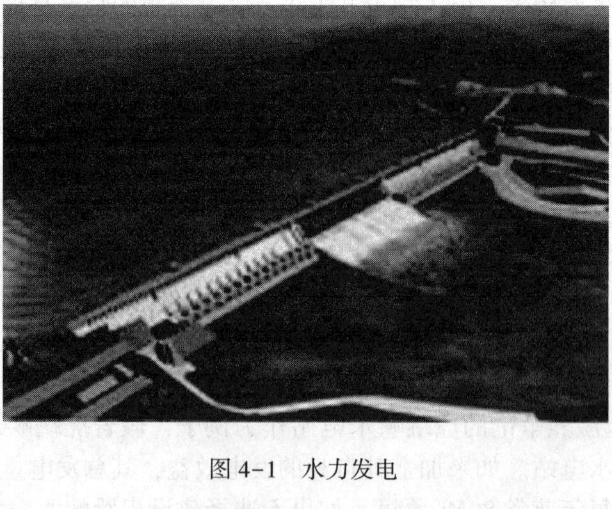

图4-1 水力发电

水力发电在某种意义上讲是水的位能转变成机械能，再转变成电能的过程。因水力发电厂所发出的电力电压较低，要输送给距离较远的用户，就必须将电压经过变压器增高，再由空架输电线路输送到用户集中区的变电所，最后降低为适合家庭用户、工厂用电设备的电压，并由配电线输送到各个工厂及家庭。

4. 水力发电发展史

1878 年法国建成世界第一座水电站。美洲第一座水电站建于美国威斯康星州阿普尔顿的福克斯河上，由一台水车带动两台直流发电机组成，装机容量 25kW，于 1882 年 9 月 30 日发电。欧洲第一座商业性水电站是意大利的特沃利水电站，于 1885 年建成，装机容量 65kW。

19 世纪 90 年代起，水力发电在北美、欧洲许多国家受到重视，利用山区湍急河流、跌水、瀑布等优良地形位置修建了一批数十至数千千瓦的水电站。1895 年在美国与加拿大边境的尼亚加拉瀑布处建造了一座大型水轮机驱动的 3750kW 水电站。

进入 20 世纪以后，由于长距离输电技术的发展，使边远地区的水力资源逐步得到开发利用，并向城市及用电中心供电。

30 年代起水电建设的速度和规模有了更快和更大的发展，由于筑坝、机械、电气等科学技术的进步，已能在十分复杂的自然条件下修各种类型和不同规模的水力发电工程。

中国是世界上水力资源最丰富的国家，可开发量约为 3.78×10^8kW。中国大陆第一座水电站为建于云南省螳螂川上的石龙坝水电站，始建于 1910 年 7 月，1912 年发电，当时装机容量 480kW，以后又分期改建、扩建，最终达 6000kW。

2010 年 8 月 25 日，云南省有史以来单项投资最大的工程项目——华能小湾水电站四号机组(装机容量 70×10^4kW)正式投产发电，成为中国水电装机突破 2×10^8kW 标志性机组，我国水力发电总装机容量由此跃居世界第一位。

(1) 我国水电建设的成就

新中国成立以来我国水电事业发展很快，坝工技术也有了长足的进步。除对常规坝型外，重点对碾压混凝土坝和钢筋混凝土面板堆石坝的设计和筑坝技术，开展了大规模的研究和广泛的应用。对在特定条件下建设高坝方面，如复杂地形、地质条件，高地震烈度区，在狭窄河谷宣泄大洪水等，进行过专题攻关。此外，还围绕设计与施工中的关键技术问题，开展了多学科的综合研究，取得了可喜的成就。

1) 坝型的优选

从我国的资源、建筑材料及劳动力优化出发，优选坝型可以达到优化利用资源、改善生态环境、提高社会和经济效益的目的。在碾压混凝土坝、钢筋混凝土面板堆石坝和高薄拱坝等方面，应用广泛，成就突出。

① 碾压混凝土坝：

我国自 1986 年成功地建成第一座碾压混凝土坝以来，已建和正在设计的该类坝约有 50 座。碾压混凝土坝是我国坝工发展有前景的坝型之一。近期已建、在建和即将开工建设的高度 100m 以上的碾压混凝土坝有龙滩(216m)、江垭(131m)、百色(126m)、大朝山(121m)、棉花滩(111m)，其中碾压混凝土量均超过整个大坝混凝土量的 60%以上。正在施工的龙滩水电站碾压混凝土量占 65%左右，施工月高峰浇筑强度超过 $25\times10^4m^3$，达到世界先进水平。

我国的碾压混凝土筑坝技术，创立了自己的独特经验，以高掺粉煤灰、低稠度、薄层、全断面、快速短间歇连续填筑为特点的我国碾压混凝土筑坝技术在国际上独树一帜。

② 混凝土面板堆石坝技术：

混凝土面板堆石坝是近二三十年发展起来的一种新坝型，我国的混凝土面板堆石坝虽然起步晚，但起点高、发展快。10 多年来，已建、在建和拟建面板堆石坝坝高在 100m 以上的就有 10 多座，如在建的广西区南盘江天生桥一级面板堆石坝坝高 178m，贵州省乌江洪家波面板堆石坝坝高 232m。

除面板堆石坝和面板砂砾石坝坝型外，我国还创新发展出土心墙与混凝土面板坝结合的堆石坝、喷混凝土堆石坝、溢流面板堆石坝和趾板建在深厚覆盖层上的面板堆石坝等新坝型，对建在强地震区的混凝土面板坝(如黑泉面板坝，按 8 度设防)也有独到之处。

③ 高混凝土拱坝技术：

我国已建成的高度超过 30m 以上的拱坝已有 300 多座，是世界上拱坝最多的国家之一。20 世纪 80 年代以来，我国陆续建成高度大于 100m 以上的拱坝多座。已建设的双曲拱坝有黄河李家峡(坝高 165m、$B/H=0.163$)、雅砻江二滩(坝高 250m、$B/H=0.232$)，在建和拟建的有乌江构滩(坝高 225m)、黄河拉西瓦(坝高 250m)、澜沧江小湾(坝高 292m)金沙江溪浴渡(坝高 295m)。尤其是在 300m 级特高混凝土拱坝专门技术和在高地震烈度区高拱坝的合理体型研究方面，我国在高拱坝应力控制标准、高拱坝建设全过程仿真技术、高拱坝设计判据理论依据、高拱坝孔口配筋理论、设计方法等方面的研究已取得突破性进展，为在我国兴建 300m 高混凝土拱坝提供了坚实的科学理论依据。

以小湾和溪浴渡为代表的我国建设中的混凝土双曲薄拱坝，代表了世界拱坝技术的最高水平。小湾水电站坝高 292m，装机 4200MW，泄洪总功率 46000MW(比二滩水电站多 7000MW)，坝体受总水推力 170MN，地震基本烈度为 8 度。溪洛渡水电站坝高 295m，装机容量 15000MW，泄洪总功率为 100000MW，地震烈度为 8 度。溪浴渡水电站坝体受总水推力为 200MN，比世界最高水平高出 2~3 倍。

④ 混凝土重力坝筑坝技术：

在我国的大坝建设中，混凝土重力坝是主要的坝型之一，正在兴建的三峡水电工程大坝(坝高 175m)也是实体重力坝。三峡工程重力坝身泄洪量大，泄洪建筑物结构复杂，大坝下泄千年一遇流量是 $68000m^3/s$，万年一遇加 10% 的洪水也都集中在坝身宣泄。坝身孔数之多、尺寸之大实属罕见。

20 世纪 80 年代以来，我国重力坝的设计理论与施工技术取得新的进步，在坝工设计中广泛应用了有限单元分析法、可靠度设计理论、坝体优化、坝体温度应力仿真计算、断裂力学、坝体裂缝及扩展追踪、新的坝体泄洪消能工技术，为三峡工程等重力坝建设奠定了坚实的基础。

2) 高坝大流量泄水建筑物及消能工技术

我国水电工程泄水建筑物的特点：一是高水头、大流量、窄河谷、单宽流量大；二是低水头、低佛氏数、宽河谷。这两种泄洪水流的消能技术都是非常难处理的。世界上最大的伊泰普水电站的泄洪功率为 5×10^8MW，而我国的大型电站(如二滩、构皮滩、小湾和溪浴渡等工程)消能要求大都是在河床宽 80~110m 的范围内，其泄洪功率接近或超过了近 5×10^8MW，如构皮滩 3.16×10^8MW、二滩 3.9×10^8MW、小湾 4.6×10^8MW、溪洛渡 9.8×10^8MW。

我国水电工程不仅泄洪功率大，而且泄洪、导流流量也大，泄洪建筑的单宽流量和流速均很大。我国还有多座水头超过 200m 以上的高坝的泄洪建筑物，流速大于 50m/s，泄洪建筑的单宽流量都大于200m³/s的黄河小浪底水电站，最大含沙量为800kg/m³以上，泄洪建筑物的消能工设计不仅要考虑水头高、流量大，而且还要考虑高水头高遮水流空化和有泥沙磨蚀的情况。

在泄洪建筑物及消能工的研究方面，我国采取了多种途径和方式，如在设计泄洪安排上，采用联合消能工技术为一体，即坝身、坝上、隧洞和水垫塘联合消能，圆满地解决了实践中出现的技术难题。

3）钢筋混凝土引水岔管技术

在20世纪60年代，我国洪门口水电站引水管就采用了钢筋混凝土岔管。90年代我国建成的广州天荒坪大型抽水蓄能电站，水头高达700~800m，引水岔管主洞直径8~9m、支洞直径3.5~4.2m，由于充分利用围岩的支承作用，钢筋混凝土衬砌体厚仅为0.6m。对抽水蓄能电站钢筋混凝土引水岔管的安全进行的大量科学实验，研究清楚了岔管和围岩联合受力，为今后设计和建造数量更多、难度更大的抽水蓄能电站积累了经验。

4）高坝地墓及高边坡预应力锚固处理技术

在混凝土坝修建过程中经常遇到不良地质条件，如断层破碎带、节理、裂隙等密集带或软弱夹层，需要进行处理。我国在坝基不良地质处理方面，有代表性的工程之一是黄河龙羊峡水电站坝基的4号断层。这一断层系伟晶岩劈理带，在经过高压水泥灌浆处理后，又进行环氧化学灌浆和聚氨醋灌浆处理，使劈理带变形模量、抗剪强度、单位吸水率都符合设计要求。其次是铜街子水电站，该工程地质复杂，断层、层间错动发育，含有较多软弱夹层，经过在坝部分全部采用深孔高压喷射冲洗，再进行固结灌浆处理，喷射压力、固结灌浆压力均达到施工要求。在坝基深厚覆盖层防渗处理方面，我国有代表性的工程是四川省南粒河冶勒水电站、二滩水电站上下游围堰河床和小浪底工程，防渗设计均有独到之处。

5）岩质高边坡预应力锚固处理

我国1965年在梅山水库大坝，首次采用顶应力锚索加固坝肩滑动岩体取得成功。大吨位的预应力锚索加固技术，已在水工建筑物中广泛应用，特别是在岩质高边坡处理中应用较多，在龙羊峡、天生桥二级、漫湾、隔河岩、五强溪、李家峡、小浪底及三峡工程上都广为应用。另外，对顶应力锚固结构、锚固体系、内外锚头形式、拖拉设备、钻孔工艺、灌浆材料及锚索、锚杆防腐等，也进行许多研究，取得了良好的效果。

6）地下建筑物建设

近年来已建成的引水工程当首推辽宁大伙房水库，单座隧洞穿越长白山，长达85.32km。之后，新建水工隧洞大幅增加，相继开工，如陕西省引汉工程，穿越秦岭的隧洞长达98.30km；兰州市水源地引水隧洞31.57km；吉林省引松供水工程隧洞约133.99km；新疆北部引水工程中，喀—双隧洞长达283.27km，堪称世界同类之最；辽宁省新的西北部引水工程，隧洞总长约230.20km。

（2）我国水电发展的决定性因素

1）贯彻积极发展水电的方针战略

加快发展水电应注意进行水电结构调整，常规水电要从主要开发径流电站和调节性能差的电站转向重点开发年调节电站（特别是龙头电站），从过去只注意开发常规水电，转向既重点开发西部常规水电，又根据电网的需求，协调发展东中部趟区的抽水蓄能电站。在资本金筹措方面，应从开发规划、勘测设计、施工建设和生产经费等各个环节注意降低成本，提高效益，加快水电建设的资本积累。

国家能源集团拥有水电资源总量约 50GW，已投产装机 18.61GW，水电站 220 座、机组 557 台。水电建设水平居国内前列。大渡河流域梯级电站开发，先后攻克了深厚地质覆盖层、高烈度地震带建坝等多项技术难题，建成了深厚覆盖层上同期同类坝型最高的瀑布沟砾石土心墙堆石坝(186m)、同类坝型地震设防标准世界最高的大岗山高拱坝(260m)和同类坝型世界第二高的猴子岩面板堆石坝(223.5m)，正在建设世界第一高坝双江口大坝(312m)，工程建设管理水平位居行业前列。瀑布沟大坝获得堆石坝里程碑工程、中国电力优质工程奖、中国土木工程詹天佑奖等多项荣誉。

建立水电经济运行分析系统，通过电站运行后的大数据分析，反向核算所有运行过程，精细化理清经济运行影响因素，指导后续经济运行工作。

水电装机 11735MW 的大渡河公司以“风险识别自动化、决策管理智能化、纠偏升级自主化”为目标推进智慧企业建设，成果鉴定为国际领先水平，获得第二十四届国家级企业管理现代化创新成果一等奖，获国家发明专利 27 项，软件著作权 51 项，纳入行业标准 5 项，有关成果在 18 个省 116 个工程中推广应用，取得经济效益 116 亿元。

2）强化水电发展有关措施

水电建设工作周期长，投资大，目前资源普查、各项规划、设计储备和滚动开发机制都相对滞后。因此需要做好资源普查、加强规划的编制、增加水电的项目储备等工作。

龙源电力温岭江厦潮汐试验电站是目前我国最大的潮汐能发电站，在世界上仅次于韩国始华湖潮汐电站、法国朗斯潮汐电站和加拿大安纳波利斯潮汐电站，位列第四位。该电站的投产发电作为发生在 20 世纪的世纪性大事，被镌刻在北京中华世纪坛的青铜甬道铭文中，备受瞩目。

2007 年投产的 6 号机组被列入国家“863”计划，是一台新型双向灯泡贯流式水轮/水泵、发电/电动机组，与原有机组相比，增加正、反向水泵运行工况。

2012 年，江厦潮汐试验电站 1 号机组进行增效扩容改造，机组投运后，实现了正反向发电、泵水、泄水“六工况”运行功能，正向水力效率达到 88.7%，反向水力效率达到 83.2%，成为世界首例在役运行的全功能三叶片灯泡贯流潮汐发电机组，填补了我国潮汐发电机组类型上的一项空白，巩固了我国在灯泡贯流式潮汐发电技术的领先地位。该电站共安装 6 台双向潮汐发电机组，总装机容量 4100kW，截至目前，已累计发电超过 2×10^8kW · h。尽管电站建成于 1980 年代，但目前仍然是世界上最先进的潮汐发电站之一。

国家能源集团江厦潮汐试验电站作为潮汐能发电的试验基地，电站通过工程实施，积累了双向潮汐发电机组研发、设计、制造、安装和运行经验，电站的稳定运行也为目前我国最具开发潜力的浙江三门健跳港，福建福鼎八尺门、厦门马銮湾潮汐项目的实施奠定了坚实的基础，为我国大规模商业开发潮汐能积累了工程经验和技术储备。

因此优质的水电企业应该具备以下三个方面：一是电力外送通道顺畅、电力消纳能力强的地区的水电企业，发电小时数较高。二是装机总容量较大且在同一流域拥有多个水电站的企业。三是配套电网完善、发电并网且售电稳定的大型水电站项目。

3）争取国家政策支持

国家需要通过政策法规，调控、引导企业的经济行为，落实“积极发展水电”方针。目前国家层面对于水电行业的政策主要有两个方面：一是推进水电消纳，二是加快抽水蓄能电站布局。

2017年10月，国家发展改革委员会、国家能源局发布的《关于促进西南地区水电消纳的通知》明确指出：推进跨省跨区水电市场化交易，鼓励开展电力现货市场试点。2018年3月，国家能源局发布的《可再生能源电力配额及考核办法(征求意见稿)》提出："在电力市场改革方案中鼓励和支持保障可再生能源电力优先消纳利用，按照可再生能源优先发展和充分消纳的原则开展电力建设和运行管理。"《水电发展"十三五"规划》的水电发展目标为：全国新开工常规水电和抽水蓄能电站各60GW左右，新增投产水电60GW，2020年水电总装机容量达到380GW，其中常规水电340GW，抽水蓄能40GW。未来在华东、华中、华南、华北等火力发电为主的地区，可以充分利用抽水蓄能电站的灵活性，调节供电平衡。

2019年6月26日，水电水利规划设计总院在北京组织召开《中国可再生能源发展报告2018》发布会。在《解决弃水弃风弃光问题实施方案》《清洁能源消纳行动计划(2018～2020年)》等政策的引导下，抽水蓄能、龙头水库电站等调峰电源以及分布式电源建设进度加快，运行管理机制不断创新，2018年弃水、弃风、弃光状况明显缓解，可再生能源有效利用率显著提升。2018年，我国水电呈现以下发展趋势：常规水电发展放缓、抽水蓄能电站推进有序。我国常规水电新增开工规模放缓，未来水电开发潜力主要集中在西南，需进一步促进水电开发与环境保护协调发展，做好水库移民安置，推动和加强流域水电综合监测管理工作；抽水蓄能电站建设和前期工作正在有序推进，发展形势总体较好。

在电价改革方面，应建立合理的、科学的上网电价机制。我国的水电标杆电价经历了从取消到回归的过程。水电上网电价政策经历了标杆化、去标杆化、回归标杆化的三次调整，目前呈现为三种模式，即按照"还本付息电价"或"经营期电价"制定的独立电价、省内执行的标杆电价以及跨省跨区送电的协商电价，部分大型水电的跨省跨区送电价格按照落地省煤电标杆电价和输电价格及线损倒推确定。

在投资分摊方面，要建立合理的投资分摊机制，做到"谁受益，谁分担"。防洪灌溉等以社会效益为主的投资应由中央或受益地方的政府进行财政拨款投资。

以华能水电为例。华能水电所在云南省电力供应供大于求，近一半电力供应西电东送，率先推进电力体制改革电力，电力市场化进程速度远高于其他地区。截止到2018年云南省内市场化交易电量约851×10^8kW·h，同比增长21%，市场化用电持续高增长。因此，2015～2016年华能水电电力市场化快速推进后，竞价上网导致上网电价显著下降，叠加售电量当期表现一般，2015～2016年公司盈利能力显著低于市场，属于低迷阶段。

目前华能水电市场化交易电量比重均已经大幅超越全国平均数32%，据企业年报显示，2017～2018年华能水电电力市场化率分别达到82.2%、69.4%，电价基本在购电企业、售电企业和电网公司博弈中逐渐成熟，形成的市场化上网价格趋于稳定。华能水电收入随着售电量的增加而增加，综合毛利率预计能维持较高水平。

水电作为可再生能源发电方式将继续受到政策支持，水电优先消纳将提升水电在电力市场份额。常规水电站工程造价因为自然条件限制逐渐走高，未来常规水电站进入存量博弈阶段，大型水电企业有望通过并购中小水电站扩大装机容量。抽水蓄能水电站受政策支持，将成为火电主导区域内进行水电开发的优先选择。未来随着市场化程度的提升和伴随着水电产业的成熟，越来越低的大型水电企业的电力外送比例会越来越大，同时电力体制改革上网电价的稳定会使得水电企业的现金流非常稳定，从而保证了水电企业稳定上升盈利能力。

市场化的提升消纳能力不断增长和稳定的上网电价以及稳定的成本是水电持续盈利的保证，这也是未来火电进行电力改革、进行现货交易和供给侧对煤炭市场调控的方向。

4）保护水资源环境

为了防止水环境周边地区居民生活垃圾污染水体以及污泥的淤积，保护水环境主体，必须采取有效措施防止水环境被污染与毁坏。常见的措施是可根据水环境取水的不同用途，制定相应的保护法规，划分保护区的范围，明确保护区内允许及禁止的活动；对水环境的进水点、供水点以及水环境本身都应布置监测站网，加强监测，以便及时掌握情况，发现问题，提出对策；发挥森林所具有的水源保护功能，维护适合流域特性的森林的成长，在水库、湖泊周边地区进行造林绿化，并在周边地区以外的一定距离设防护林带。

5）实施节约用水，提高用水效率

提高用水效率就是提高单位水资源所获得的效益。我国的水资源开发利用率较高，但是水资源利用效率比较低下，导致宝贵的水资源浪费十分严重。

以我国的沈阳这座城市为例。沈阳市是我国严重缺水的城市之一。为提高用水效率，沈阳市通过全面加强节水管理，最大限度地推广节水新技术和新工艺，积极推进中水回用。2017 年，沈阳市工业用水重复利用率达 84%；节水器具普及率市区达 100%；节水型企业单位覆盖率达 21%；节水型小区覆盖率为 5%。“万元地区生产总值用水量”和“万元工业增加值用水量”最能反映一个地区的科学合理用水水平，去年沈阳市这两个指标均不到全国平均值的一半。2017 年 6 月，沈阳市顺利通过了国家节水型城市第二次复查验收。

为进一步提高用水效率，沈阳市启动实施节约用水“五大行动”。沈阳将用水效率作为产业结构调整的重要依据，加快建设节水型企业，严格限制高耗水行业增长。制定关于工业用水技术、工艺、产品和设备的鼓励和淘汰目录。推动企业通过整体设计、过程控制和深化管理，挖掘节水潜力，提升用水效率，开展水效对标达标改造。按照计划，到 2020 年，沈阳市规模以上企业工业用水重复利用率达到 91%以上。

6）高度重视抽水蓄能电站建设

抽水蓄能电站既是水电站，又是电网管理的工具，今后的发展机制和管理模式可能多样化。可以由电网投资、管理(如广东)，可以由火电厂或以火电为主的公司投资兴建和管理(如山东电力公司)，实现调峰填谷和水火互济。对于一些超远距离送电的水电开发公司，为了提高公司效益和竞争力，也可能需要考虑在负荷中心建抽水蓄能电站，即常规水电和抽水蓄能相组合。电价改革将出台峰谷电价，调频、调相、事故备用等动态效益付费后，抽水蓄能电站也可以独立存在。

初步分析，具有以下三种情况之一的电网，都可能需要配置抽水蓄能电站。至于具体是否需要配置，何时配置，配置多少，要根据各个电网的具体情况分别研究论证。一是没有水电或水电很少的电网。二是虽然有水电，但调蓄能性差的电网。三是风电比例高的电网。

截至 2018 年年底，我国已建和在建抽水蓄能电站主要分布在华南、华中、华北、华东等地区，以解决电网的调峰问题，按照国家“十三五”能源发展规划要求，“十三五”期间新开工抽水蓄能 60GW，到 2025 年达到 90GW 左右。2018 年我国抽水蓄能继续平稳有序发展。

首先，在投产机组及取得的成绩方面：

① 琼中抽蓄、深圳抽水蓄能电站全面投产，机组性能优秀。其中深蓄是首座建于一线城市中的大型抽水蓄能电站。

② 2018 年 12 月，仙居电站机电设备安装工程获得 2017~2018 年度中国安装优质工程奖(中国安装之星)。

③ 江西洪屏抽水蓄能电站于 2010 年 6 月开工建设，2016 年 12 月建成投产，实现了 6 个月内 4 台机组首次启动、首次并网、首次抽水一次成功，15 天试运行一次通过，创造了抽水蓄能电站投产新纪录。电站实际综合效率高达 82.18%，2018 年摘得我国工程建设领域最高奖项——国家优质工程金质奖。

其次，我国有多个电站在开工建设中：

① 5 座抽水蓄能电站同时开工。河北抚宁、吉林蛟河、浙江衢江、山东潍坊、新疆哈密抽水蓄能电站工程开工。5 座抽水蓄能电站总投资 386.87 亿元，总装机容量 6.0GW，5 座电站计划于 2026 年相继投产发电。

② 福建永泰抽水蓄能电站主体工程开工，福建云霄抽水蓄能项目启动建设；世界装机容量最大的抽水蓄能电站——河北丰宁抽水蓄能电站机电安装工程正式开工，陕西镇安等抽水蓄能电站工程进入主体施工阶段。

③ 青海省抽水蓄能电站选点规划报告通过专家评审，确定了贵南哇让、格尔木南山口为 2025 年规划站点，山西浑源抽水蓄能电站装机 1.5GW 项目通过审核，贵州抽水蓄能电站选点完成，将报国家能源局批复，福建云霄抽水蓄能项目启动建设，安徽桐城和吉林蛟河等抽水蓄能电站工程安全预评价通过。

④ 国家能源局发布关于广西抽水蓄能电站选点规划有关事项的复函，同意在初选南宁、武鸣、钦州、来宾、桂林、灌阳作为比选站点的基础上，确定南宁(拟装机 1.2GW)站点为广西电网 2025 年新建抽水蓄能电站推荐站点。

⑥ 衢江抽水蓄能电站项目获浙江省发展和改革委员会核准批复，河南五岳抽水蓄能电站获得河南省发展和改革委员会核准。湖南平江抽水蓄能电站征地移民安置三方协议签订项目正式进入实施阶段。

最后，在主机设备情况统计中：

① 句容、厦门、镇安、阜康、蟠龙、阳江、梅州等抽水蓄能电站工程主机设备已签订合同。其中阳江是目前国内单机容量最大(400MW)的 700m 高水头抽水蓄能项目，是综合技术难度和技术水平均最高的抽水蓄能机组。

② 天池、金寨等抽水蓄能电站主机设备第一次设联会完成，主机设备的制造即将全面展开。

③ 安徽绩溪和吉林敦化抽水蓄能电站地下厂房洞室群开挖工程全部结束，机电安装全面展开，尾水管均已安装完成。

④ 长龙山、沂蒙等抽水蓄能电站主厂房桥机安装，尾水管已到货。

7) 科学地对废水进行处理

我国大多数城市的污水处理率太低，加上我国水资源在时空分布上极不平衡，因此除了不断寻找新水源外，将污水作为可利用的资源将是解决缺水的重要途径，污水是资源的观念正得到越来越多人的认可。

污水中比较难处理的是工业废水，工业废水一般由下列几部分组成：加工或产品生产(试剂水、反应副产物、设备清洗等)；设施或支持系统(锅炉废水、直接排放冷却水、接触冷却、冷却塔废水、冲洗废水等)；雨水排放(污染与未污染的雨水等)。废水处理方法很多，按其作用原理可分为物理法、化学法、物理化学法、生物法等四类。其中生物处理法是处理污水中应用最广泛且比较有效的一种方法。生物法也称生物化学法，简称生化法。它是利用自然界中存在的各种微生物，将污水中的有机物分解向无机物转化，达到净化水污染，消除其对环境污染和危害的目的。随着科学技术的发展，许多新技术与新方法在废水处理中得到了应用。如纳米材料及纳米技术、光催化氧化法、利用超导净化污水、电催化氧化法、光电催化氧化法等。

（3）我国水力发电展望

我国水力资源丰富但分布不平衡，主要集中在西部地区。将来我国水力资源开发主要集中于此。其中，西北地区开发重点主要集中在黄河中上游，目前已经建成龙羊峡等电站，正在开发建设扎西瓦水电站；西南地区主要集中在四川、云南两个省份，主要河流包括金沙江、雅砻江、红水河、澜沧江等。其中，金沙江是目前我国水力资源最丰富的河流，蕴藏着38.5GW的水力发电能力，年可发电18GW，相当于60Mt煤的发电量。但是，金沙江至今还没有一个建成的水电站。同时，长江有近1/2的泥沙和1/3的水来自金沙江，逐步开发金沙江水力资源，意义重大。

随着国家推进可再生能源开发，预计到2020年，中国水力发电能力将会达到300MW。水力发电在未来中国能源安全策略中将会起更大的作用。

我国水电开发利用程度还比较低，远低于美国、挪威等发达国家，发展潜力巨大。按照水能资源的总量和技术、经济可开发量及电力结构的合理需求，当我国人均用电达到1kW（中等发达国家水平）时，水电比重以30%为宜，即如果电力总装机达到1400GW，水电开发应达到400GW左右（相当于我国水能资源经济可开发总量）。近期我国经济进入了一个调整周期，为我国调整能源结构，加快开发水电提供了有利契机。如果说世界水电在中国，中国水电则在西南，仅川、藏、滇三省区的技术可开发量就约占全国的61%，并且未开发的资源也主要在西南。因此，不论从调整国家能源结构、推动能源基地、包括后续能源基地建设看，还是从促进区域发展、改善当地民生计，重点应大力推动西南水电特别是云南、四川、贵州以及西藏等地区若干主要江河的有序开发。

经过长时间的发展，我国水力发电行业已取得全球领先地位。根据前瞻产业研究院发布的《中国水力发电行业市场前瞻与投资战略规划分析报告》统计数据显示，在水电装机总容量方面，2014年年底我国水电装机总容量为301.83GW，同比增长7.9%；2015年年底我国水电装机总容量为319.37GW，同比增长4.8%。2016年年底我国水电装机总容量约332.11GW，同比增长3.9%；到了2017年我国水电装机容量增长至341GW，同比增长2.7%；截至2018年年底我国水电总装机容量约350GW，同比增长2.6%，稳居世界第一。

在水力发电量方面，截至2018年，中国水力发电量约1.2×10^{12}kW·h，稳居世界第一。截至2018年年底，我国大陆已建50MW及以上大中型水电站约640座。

西电东送、南北互供、全国联网的发展战略为中国水力发电技术的发展带来了机遇。中国水力资源技术开发量为687GW，截至2018年年底，中国水电总装机容量达到352.26GW。其中常规水电322.27GW，抽水蓄能电站29.99GW，水电装机容量占全国发电总装机容量的18.5%。2018年核准常规水电站装机容量达到48549MW，在建装机容量达到48021.5MW，其中四川省最多，常规水电站装机容量达到25539MW。2018年在建大中型常规水电站装机容量达到2521MW，发电量达99.05×10^{8}kW·h，总投资达到364.97亿元。根据中电联预测，截至2019年年底，水电装机容量将达360GW。

4.2.2 水力发电的原理与流程

高山上的雨水受重力作用而向下奔流，滔滔不绝，力量巨大，如果我们能想办法加以利用，这个巨大不息的力量，就可以为人类做许多工作。

1. 水力发电的原理

水的落差在重力作用下形成动能，从河流或水库等高位水源处向低位处引水，以具有位能或动能的水冲水轮机，水轮机即开始转动，从而将水能转化为机械能。若我们将发电机连接到水轮机，然后再由水轮机带动发电机旋转，切割磁力线产生交流电，则发电机即可开始发电，如图4-2所示。

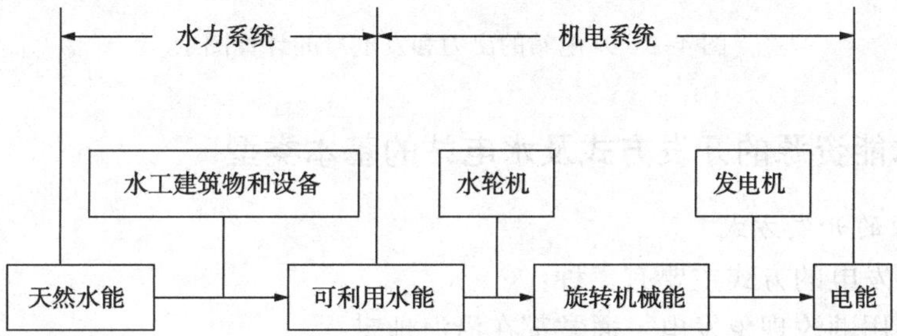

图4-2 水力发电方框图

如果我们将水位提高来冲水轮机，可发现水轮机转速增加。因此可知水位差越大则水轮机所得动能越大，可转换的电能越高。这就是水力发电的基本原理。

2. 水电站的出力和发电量的计算

出力是指水电站在某一运行条件下所发出的功率。它是水电站所有水轮发电机组功率的总和，度量单位为千瓦(kW)。

水电站出力的大小，取决于选择开发的河段上能引用的流量和可利用的水头，可用下列公式表达：

$$N=9.81QH\eta$$

式中 N——水电站出力，kW；

Q——引用流量，m^3/s；

H——净水头，m；

η——水轮发电机组的总效率，其值为0.70~0.90。

水电站出力除了受流量和水头两个因素制约外，同时也受水轮发电机组额定容量的限制。水电站发出的最大功率称为最大出力；受各种条件限制(包括流量、水头和机组技术条件等)所能发出的最小功率称为最小出力；在某一时段中功率的平均值称为该时段的平均出力；在相应于水电站设计保证率的时段内所能发出的平均出力则称为保证出力。保证出力是确定水电站能够承担电力系统负荷的工作容量的依据，是选择水电站装机容量时一项主要的动能指标。

水电站24小时出力的平均值称为日平均出力。在一日内，出力随时间的积分值就是水电站日发电量。图4-3是水电站的出力和发电量的计算图示。

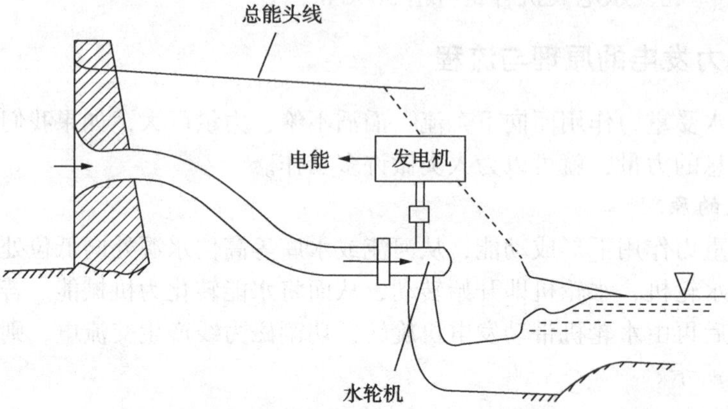

图 4-3　水电站的出力和发电量的计算图示

4.2.3　水能资源的开发方式及水电站的基本类型

1. 水能资源的开发方式

利用水资源发电的方式主要有三种：

第一种是利用潮汐现象发电，通常都在沿海地带。

第二种是洋流发电，季节的变化都会有洋流在海平面下剧烈进行着，洋流也带来了丰富的生物资源。

第三种发电方式是利用水库来进行发电(图 4-4)。在泄洪或是平日供水时，利用重力位能的改变顺便发些电能，以减少能量的损失。

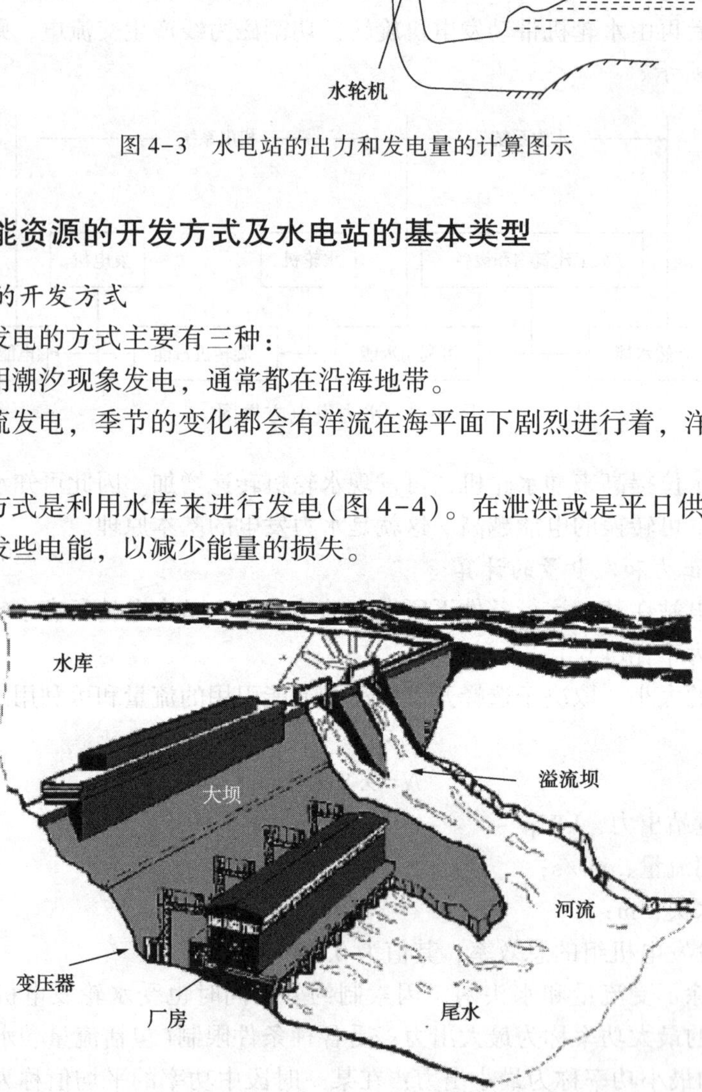

图 4-4　水电站示意图

2. 水电站的基本类型

(1) 按开发功能及运转形式划分

按开发功能及运转形式可分为惯常水力发电站与抽水蓄能水电站两种：

1）惯常水力发电站(图 4-5)

即利用天然河流、湖泊等水源发电。河川的水经由拦水设施拦截后，经过压力隧道、压力钢管等水路设施送至电厂，当机组需运转发电时，打开主阀(类似家中水龙头的功能)，后开启导翼(实际控制输出力量的小水门)使水冲击水轮机，水轮机转动后带动发电机旋转，发电机加入励磁后，发电机建立电压，并于断路器投入后开始将电力送至电力系统。如果要调整发电机组的出力，可以调整导翼的开度增减水量来达成，发电后的水经由尾水路回到河道，供给下游的用水使用。

2）抽水蓄能电站(图 4-6)

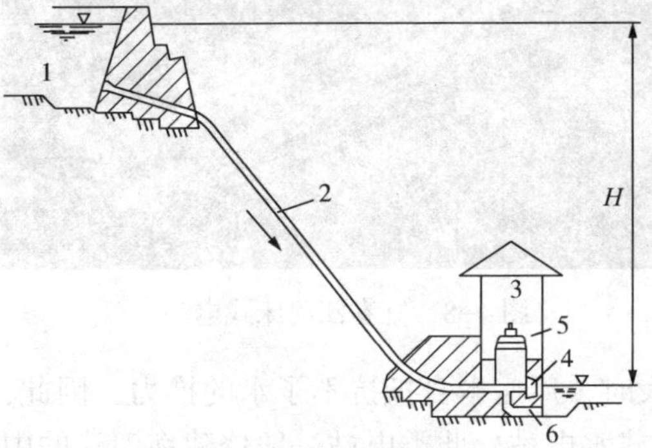

图 4-5　惯常水力发电流程图

1—水库；2—压力水管；3—水电站厂房；
4—水轮机；5—发电机；6—尾水渠道

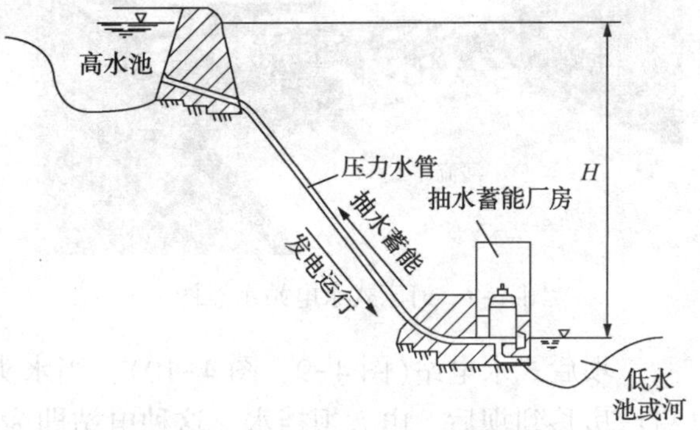

图 4-6　抽水蓄能水力发电流程图

抽水蓄能电站是一种特殊形式的水电站，具有水轮机-发电机和电动机-水泵两种可逆的工作方式。与一般水力发电厂的主要不同是必须有两个相当大的储水池，一个是在上游的前池，一个是在下游的后池，后池多是利用尾水路外的河流，构筑拦河坝拦堵尾水而形成一个水库。抽水蓄能发电大都是在夜晚或周末低负荷时，抽水蓄能电站的机组作为电动机运行，利用电力系统富余的电能，将低处下水库的水抽到高处上水库存蓄。在电力系统的峰荷期间，抽水蓄能电站的机组又作为发电机运行，将上库的水放下来通过水轮机发电，用以担任电力系统峰荷中的尖峰部分，即起到调峰作用。

(2) 按水电站利用水头的大小划分

按水电站利用水头的大小可分为：高水头(70m 以上)、中水头(15~70m)和低水头(低于 15m)水电站。

(3) 按水电站集中水头的方式划分

由 $P=9.81\eta QH$ 可知，发电必须有流量和水头。按水电站集中水头的方式不同可分为坝式水电站、引水式水电站和混合式水电站三种基本类型。其中坝式又分为河床式和坝后式；引水式又分为有压引水式和无压引水式；混合式开发多为有压式电站。另外，潮汐电站也是水能利用的重要形式。

1）坝式水电站

用堤坝集中水头的水电站称为坝式水电站。其特点：水头取决于坝高，引用流量较大，电站规模也大，水能利用较充分，综合利用效率高，但电站的投资大、工期长。适用于坡降较缓、流量较大的河道，并有筑坝建库的条件。

河床式水电站(图 4-7、图 4-8)的主要特征就是厂房本身起挡水的作用。其引用流量大，水头低，而厂房的高度取决于水头的高低。适用于 25m 以下大中型及 8~10m 以下小型水头。此类电站一般修建在河道中下游且纵坡平缓的河段上，为避免大量淹没，常建低坝或阀。因为厂房和挡水坝并排建在河床中共同挡水，所以厂房也有抗滑稳定的问题。

图 4-7　河床式水电站示意图

图 4-8　富春江河床式电站

坝后式水电站(图 4-9、图 4-10)：当水头较大时，厂房本身抵抗不了水的推力，因此，将厂房移到坝后，由大坝挡水，这种电站即为坝后式水电站。此类电站一般修建在河流的中上游，库容较大，调节性能好。

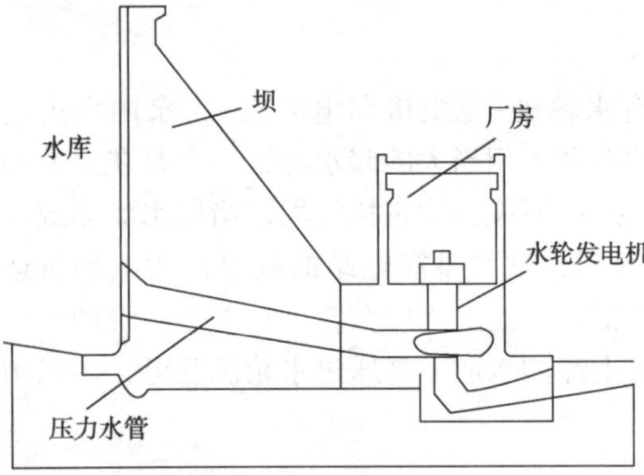

图 4-9　坝后式水电站示意图

图 4-10　万家寨坝后式水电站

2）引水式水电站

用引水道集中水头的电站称为引水式水电站，此类电站水头相对较高，目前最大水头已达 2000m 以上。电站库容很小，基本无水库淹没损失，工程量较小，单位造价较低，适合河道坡降较陡，流量较小的山区性河段。一般修建在河道有弯道、两条相近河流有较大水位差和有急滩或瀑布处。因其引用流量较小，没有水库调节径流，所以水量利用率较低，综合利用价值较差。

无压引水电站(图 4-11)：引水建筑物是无压的渠道或无压隧洞，其主要建筑物有低坝、进水口、引水渠(洞)、日调节池、压力前池、压力水管、厂房和尾水渠。

有压引水电站(图 4-12)：引水建筑物是有压的压力隧洞，其主要建筑物有低坝、有压隧洞、调压室、压力水管、厂房和尾水渠。

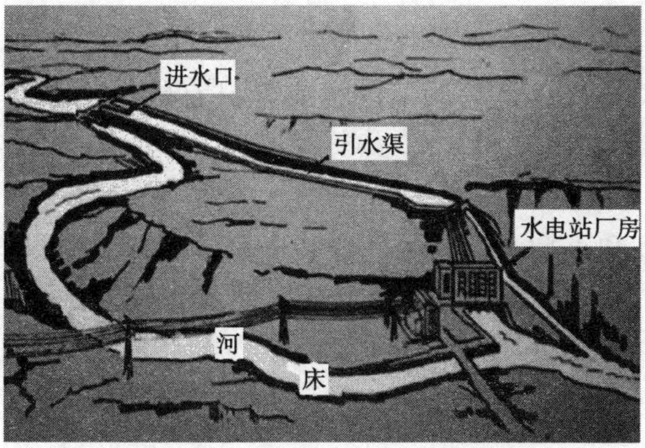

图 4-11　无压引水电站示意图

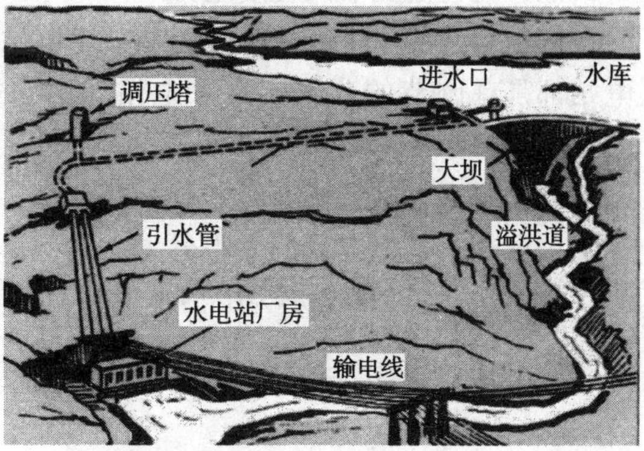

图 4-12　有压引水电站示意图

3）混合式水电站(图 4-13)

由堤坝和引水道两种建筑物共同形成发电水头的水电站，即发电水头一部分靠拦河坝抬高水位取得，另一部分靠引水道集中落差取得。混合式水电站可以充分利用河流有利的天然条件，在坡降平缓河段上筑坝形成水库，以利径流调节，在其下游坡降很陡或落差集中的河段采用引水方式得到大的水头。这种水电站通常兼有坝式水电站和引水式水电站的优点和工程特点。

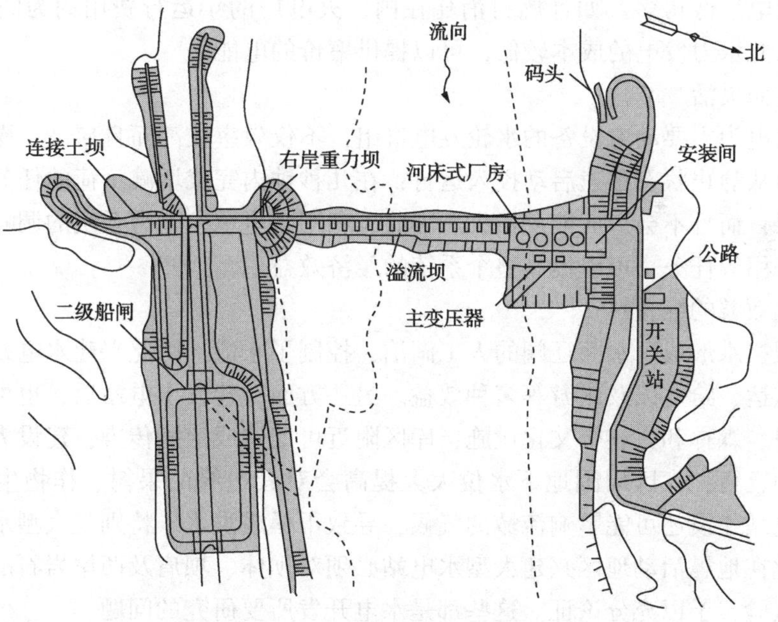

图 4-13　混合式水电站示意图

混合式水电站适用于上游有良好坝址、适宜建库，而紧邻水库的下游河道突然变陡或河流有较大转弯的情况。混合式水电站和引水式水电站之间没有明确的分界线。严格说来，混合式水电站的水头是由坝河引水建筑物共同形成的，且坝一般构成水库。而引水式水电站的水头，只由引水建筑物形成，坝只起到抬高上游水位的作用。

(4) 按径流调节的程度划分

按径流调节的程度可分为无调节水电站和有调节水电站。一般坝后式水电站和混合式水电站都是有调节的；河床式水电站和引水式水电站常是无调节的，或者只有较小的调节能力。

(5) 按水电站装机容量划分

按水电站装机容量的大小分为：大型、中型和小型水电站。一般装机容量 5MW 以下的为小水电站，5~100MW 为中型水电站，100MW 或以上为大型水电站或巨型水电站。

4.2.4 水电与其他发电方法的比较

1. 水力发电的特点

(1) 能源的再生性

由于水流按照一定的水文周期不断循环，从不间断，因此水力资源是一种再生能源。所以水力发电的能源供应只有丰水年份和枯水年份的差别，而不会出现能源枯竭问题。但当遇到特别的枯水年份，水电站的正常供电可能会因能源供应不足而遭到破坏，出力大为降低。

(2) 发电成本低

水力发电只是利用水流所携带的能量，无须再消耗其他动力资源。而且上一级电站使用过的水流仍可为下一级电站利用。另外，由于水电站的设备比较简单，其检修、维护费用也比同容量的火电厂低得多。如计燃料消耗在内，火电厂的年运行费用约为同容量水电站的 10~15 倍。因此水力发电的成本较低，可以提供廉价的电能。

(3) 高效而灵活

以水力发电为主要动力设备的水轮发电机组，不仅效率较高而且启动、操作灵活。它可以在几分钟内从静止状态迅速启动投入运行；在几秒钟内完成增减负荷的任务，适应电力负荷变化的需要，而且不会造成能源损失。因此，利用水电承担电力系统的调峰、调频、负荷备用和事故备用等任务，可以提高整个系统的经济效益。

(4) 工程效益的综合性

由于筑坝拦水形成了水面辽阔的人工湖泊，控制了水流，因此兴建水电站一般都兼有防洪、灌溉、航运、给水以及旅游等多种效益。另一方面，建设水电站后，也可能出现泥沙淤积，淹没良田、森林和古迹等文化设施；库区附近可能造成疾病传染；建设大坝还可能影响鱼类的生活和繁衍；库区周围地下水位大大提高会对其边缘的果树、作物生长产生不良影响。大型水电站建设还可能影响流域的气候，导致干旱或洪水。特别是大型水库有诱发地震的可能。因此在地震活动地区兴建大型水电站必须对坝体、坝肩及两岸岩石的抗震能力进行研究和模拟试验，予以充分论证。这些都是水电开发所要研究的问题。

(5) 一次性投资大

兴建水电站土石方和混凝土工程巨大，而且会造成相当大的淹没损失，需支付巨额移民安置费用；工期也较火电厂建设为长，影响建设资金周转。即使由各受益部门分摊水利工程的部分投资，水电的单位千瓦投资也比火电高出很多。但在以后运行中，年运行费的节省逐年抵偿。最大允许抵偿年限与国家的发展水平和能源政策有关。抵偿年限小于允许值则认为增加水电站的装机容量是合理的。

2. 水力发电与其他发电方式的比较

水力发电在目前来说，是唯一技术已发展成熟、可以大规模开发的清洁可再生能源。此外，水电每度电的发电成本显然较目前广泛应用的火电、核电、太阳能、风能的低，各发达国家在面对温室气体过度排放的威胁时，都优先考虑发展水电。

从电力工业角度来说，水电是调节性最好的电源之一。由于只需一开闸门就立刻可以发电，水电通常在电网中扮演重要角色，以承担调峰、调频、事故备用等重要功能。而普通的燃煤的火电，就必须让煤燃烧，产生足够水蒸气后，才可开始发电。在调节性能这一点上，能够与水电媲美的只有石油及天然气发电。相比之下，火力发电(包括燃煤发电、石油及天然气发电)是过度排放温室气体二氧化碳的元凶，因此要严格限制二氧化碳排放，在可预期的将来，火电发电所占比例会逐渐减少。

至于太阳能及风能，由于发电成本过高、供电不稳定和技术不尽成熟等因素，因此到现在还未能满足大规模电网的需要。尽管太阳能和风能在未来前景远大，但现在并未能取代火电和水电的地位，而且在发达国家中，太阳能及风能在清洁能源中所占的比例不到20%。

地热能由于选址受限制，虽然被认为是可再生能源，但却未能大规模应用。核能亦是可大规模应用的能源，有效减少温室气体的排放，而且发电成本低于火电，但是核能的安全性一直受到质疑，2011 年 3 月的日本福岛核电站事故，更令反核声音进一步加大。

2002 年在南非约翰内斯堡举行的联合国可持续发展委员会的高峰会议，根据该调查报告和非洲国家的强烈要求，通过激烈的辩论，会议最终明确表明大型水电站应该与小水电一样，享有清洁的可再生能源的地位。同时为了减少全球温室气体的排放，会议还制订了计划书，鼓励国际合作，支持有关国家开发水利水电，实现可持续发展。

4.3 水力发电设备

4.3.1 水轮机

水轮机和水轮发电机是基本设备。为保证安全经济运行，在厂房内还配置有相应的机械、电气设备，如水轮机调速器、油压装置、励磁设备、低压开关、自动化操作和保护系统等。在水电站升压开关站内主要设升压变压器、高压配电开关装置、互感器、避雷器等以接受和分配电能。通过输电线路及降压变电站将电能最终送至用户。这些设备要求安全可靠、经济适用、效率高。为此，对设计和施工、安装都要精心研究。

1. 水轮机概述

水轮机是把水流的能量转换为旋转机械能的动力机械，它属于流体机械中的透平机械。

早在公元前 100 年前后，中国就出现了水轮机的雏形——水轮，用于提灌和驱动粮食加工器械。现代水轮机则大多数安装在水电站内，用来驱动发电机发电。在水电站中，上游水库中的水经引水管引向水轮机，推动水轮机转轮旋转，带动发电机发电。做完功的水则通过尾水管道排向下游。水头越高、流量越大，水轮机的输出功率也就越大。

由于各水力运用地点的落差高低及水量的多少都不相同，为求水力的经济利用，水轮机的种类也各不相同。一般而言，厂房附近的地势、洪水位、水量变化情形、水质等因素与水轮机的运转以及维护也有密切关系，都必须经过充分研讨，权衡比较各方得失，才能选择最适当的水轮机。

2. 水轮机的分类

(1) 水轮机的运用落差

落差又称为水头，也就是水道上下游水面高度差。一般而言，水轮机在设计落差下运转，效率最高，而在较高的落差或较低的落差下运转，不但效率较低，而且容易发生穴蚀及振动现象。

(2) 水轮机种类

水轮机按工作原理可分为冲击式水轮机和反击式水轮机两大类。冲击式水轮机的转轮受到水流的冲击而旋转，工作过程中水流的压力不变，主要是动能的转换，多用在落差较高的场所。反击式水轮机的转轮在水中受到水流的反作用力而旋转，工作过程中水流的压力能和动能均有改变，但主要是压力能的转换。

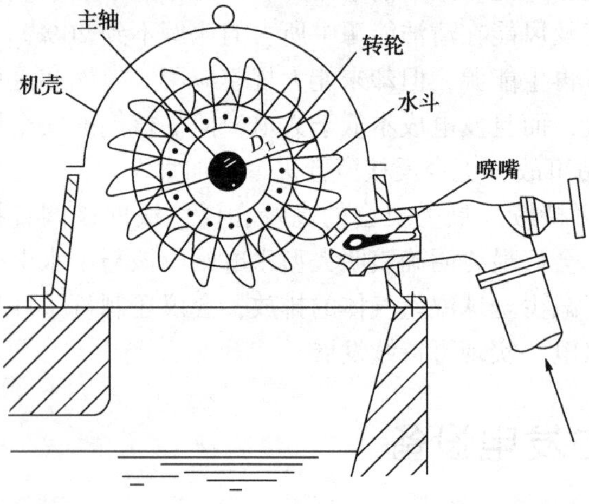

图 4-14　水斗式水轮机

① 冲击式水轮机按水流的流向可分为切击式(又称水斗式)和斜击式两类。

斜击式水轮机的结构与水斗式水轮机(图 4-14)基本相同，只是射流方向有一个倾角，只用于小型机组。理论分析证明，当水斗节圆处的圆周速度约为射流速度的一半时，效率最高。这种水轮机在负荷发生变化时，转轮的进水速度方向不变，加之这类水轮机都用于高水头电站，水头变化相对较小，速度变化不大，因而效率受负荷变化的影响较小，效率曲线比较平缓，最高效率超过 91%。

水斗式水轮机的流量调节不是采用导叶式，而是利用喷嘴和喷针相对位置的改变，以调节冲向水轮机转轮射流的大小。为了防止高水头、长管道在调节时引起的管道水锤，喷针的关闭速度不能太快，为此在喷嘴出口处装有可改变射流方向的折向器。当线路或设备发生故障，发电机需甩掉部分和全部负荷而要快速调节流量时，折向器可快速改变射流方向，从而使冲射到轮上的射流减小，喷嘴内的喷针便按规定的速度移到相应的位置。

② 反击式水轮机可分为混流式、轴流式、斜流式和贯流式。

在混流式水轮机中，水流径向进入导水机构，轴向流出转轮；在轴流式水轮机中，水流径向进入导叶，轴向进入和流出转轮；在斜流式水轮机中，水流径向进入导叶而以倾斜于主轴某一角度的方向流进转轮，或以倾斜于主轴的方向流进导叶和转轮；在贯流式水轮机中，水流沿轴向流进导叶和转轮。

轴流式、贯流式和斜流式水轮机按其结构还可分为定桨式和转桨式。定桨式的转轮叶片是固定的；转桨式的转轮叶片可以在运行中绕叶片轴转动，以适应水头和负荷的变化。

在反击式水轮机中(图 4-15)，水流充满整个转轮流道，全部叶片同时受到水流的作用，所以在同样的水头下，转轮直径小于冲击式水轮机。它们的最高效率也高于冲击式水轮机，但当负荷变化时，水轮机的效率受到不同程度的影响。

(a)蜗壳外形

(b)内部形状

图 4-15 反击式水轮机

反击式水轮机都设有尾水管，其作用：回收转轮出口处水流的动能；把水流排向下游；当转轮的安装位置高于下游水位时，将此位能转化为压力能予以回收。对于低水头大流量的水轮机，转轮的出口动能相对较大，尾水管的回收性能对水轮机的效率有显著影响。

各种类型的反击式水轮机都设有进水装置，大、中型立轴反击式水轮机的进水装置一般由蜗壳、固定导叶和活动导叶组成。蜗壳的作用是把水流均匀分布到转轮周围。当水头在 40m 以下时，水轮机的蜗壳常用钢筋混凝土在现场浇注而成；水头高于 40m 时，则常采用拼焊或整铸的金属蜗壳。

（3）水轮机的选择

在水力发电厂的场地勘定以后，就可决定出有效落差与输出功率。但是可由各式水轮机的比速，也就是转速、落差与功率三者的相互关系，来决定水轮机的种类。

4.3.2 发电机概述

水轮发电机是指以水轮机为原动机将水能转化为电能的发电机。水流经过水轮机时，将水能转换成机械能，水轮机的转轴又带动发电机的转子，将机械能转换成电能输出，是水电站生产电能的主要动力设备。

1. 工作原理

水轮发电机由水轮机驱动。它的转子短粗，机组的启动、并网所需时间较短，运行调度灵活。其工作原理如下：

转子转动→转子中由励磁电流产生的按正弦分布的旋转磁场切割定子三相对称绕组→定子三相绕组中产生三相正弦交变电动势→定子三相绕组与负载连通后，电路在电动势的作用下有电流通过→向负载输出电能。

水轮发电机的转速将决定发出的交流电的频率，为保证这个频率的稳定，就必须稳定转子的转速。为了稳定转速，可采用闭环控制的方式对原动机（水轮机）转速进行控制，即将发出的交流电的频率信号采样，并将其反馈到控制水轮机导叶开合角度的控制系统中，去控制水轮机的输出功率，通过反馈控制原理，就可以让发电机的转速稳定了。

2. 发电机的结构

水轮发电机由转子、定子、机架、推力轴承、导轴承、冷却器、制动器等主要部件组成。定子主要由机座、铁芯和绕组等部件组成。定子铁芯用冷轧硅钢片叠成，按制造和运输条件可做成整体和分瓣结构，如图 4-16 和图 4-17 所示。

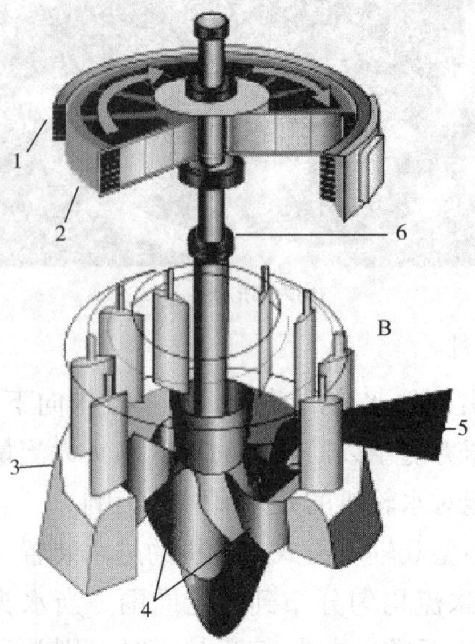

图 4-16　发电机的结构

A—发电机；B—涡轮；1—定子；2—转子；
3—拱门；4—涡轮叶片；5—水流；6—发电机轴

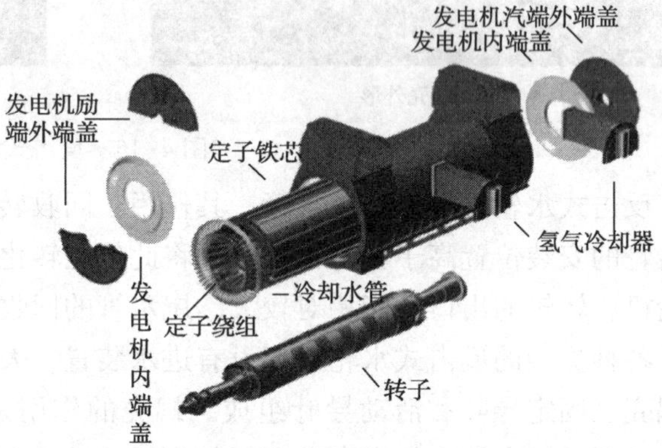

图 4-17　水轮机与发电机联合工作图

3. 机组的布置形式

水轮发电机按轴线位置可分为立式与卧式两类。大、中型机组一般采用立式布置，卧式布置通常用于小型发电机组和贯流式机组。

立式水轮发电机按导轴承支持方式又分为悬式和伞式两种。

伞式水轮发电机按导轴承位于上下机架的不同位置，又分为普通伞式、半伞式和全伞式。悬式水轮发电机的稳定性比伞式好，推力轴承小，损耗小，安装维护方便，但钢材耗量多。伞式机组总高度低，可降低水电站厂房高度。卧式水轮发电机一般用于转速大于 375r/min 的情况，以及一些小容量电站，如图 4-18 和图 4-19 所示。

图 4-18　立式发电机组

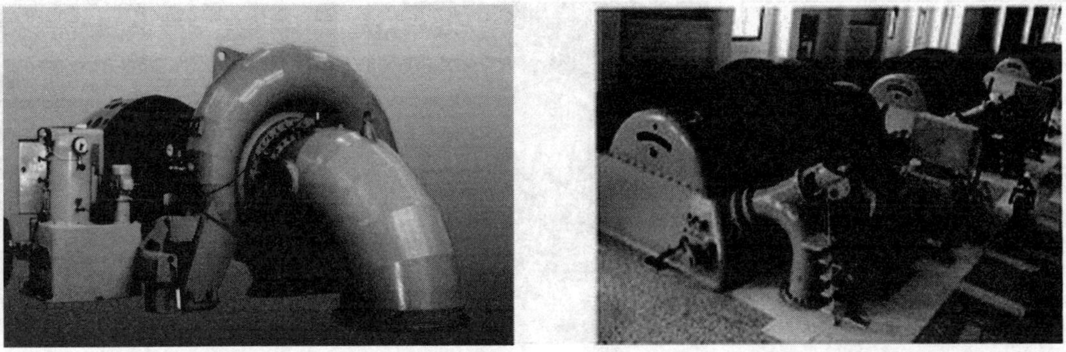

图 4-19 卧式发电机组

4.3.3 水工建筑物

1. 水工建筑物的作用

水工建筑物是开发利用水资源的建筑物，是实现各项水利工程目标的重要组成部分。其主要作用是控制和调节水流，防治水害。水工建筑物涉及许多学科领域，除基础学科外，还与水力学、水文学、工程力学、土力学、岩石力学、工程结构、工程地质、建筑材料以及水利勘测、水利规划、水利工程施工、水利管理等密切相关。它的设计和研究方法，主要有理论分析、试验研究、原型观测和工程类比等。

2. 水工建筑物的主要特点

(1) 受自然条件制约多

地形、地质、水文、气象等对工程选址、建筑物选型、施工、枢纽布置和工程投资影响很大。

(2) 工作条件复杂

如挡水建筑物要承受相当大的水压力，由渗流产生的渗透压力对建筑物的强度和稳定不利；泄水建筑物泄水时，对河床和岸坡具有强烈的冲刷作用等。

(3) 施工难度大

在江河中兴建水利工程，需要妥善解决施工导流、截流和施工期度汛，此外，复杂地基的处理以及地下工程、水下工程等的施工技术都较复杂。

(4) 大型水利工程的挡水建筑物失事，将会给下游带来巨大损失和灾难。

3. 水工建筑物的构成

(1) 通用性水工建筑物

① 挡水建筑物：如各种坝、水闸、堤和海塘。水坝是水力发电设备最主要的部分，建筑在江河适当的位置上，坝身与河流流向垂直。它能拦阻河水，使坝后形成一个大湖。水坝的形式很多，大略可以分成重力坝(土石坝属重力坝的一种)、拱形坝及临时坝三大类(图 4-20)。

沿水坝顶面建立若干支桩，两个支桩之间装置闸门，在支桩上造桥，桥上装置吊车，以控制闸门的开启及关闭，闸门与坝后蓄水之间有闸板槽，用来放置挡水闸板，修理闸门时挡水，闸门开启时，水流从闸门底部与坝顶之间排出，两者间的距离必须让水中流木能够通过，通常在闸门前都设有砥柱或砥墙以保护闸门。常见的坝顶闸门有平板闸门及弧形闸门(图 4-21)。

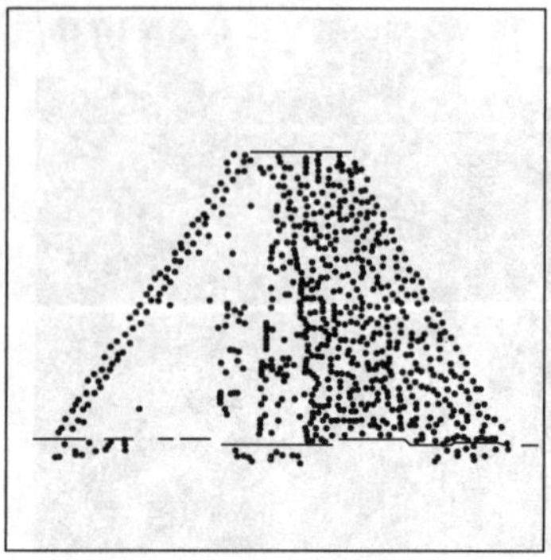
(a)土石坝

(b)拱形坝

(c)临时坝

图 4-20　水坝的三种形式

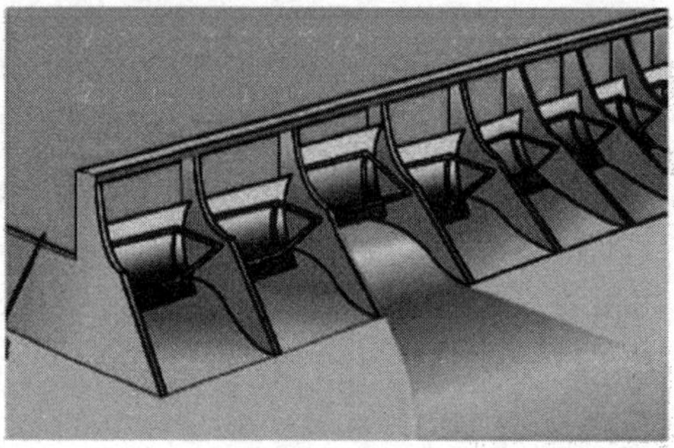
(a)弧形闸门

(b)半板闸门

图 4-21　常见坝顶闸门

② 泄水建筑物：如各种溢流坝、岸边溢洪道、泄水隧洞、分洪闸。水力发电用的水坝都设有溢洪道，以便宣泄洪水或不能运用来发电的过量水流。溢洪道的形式很多，包括溢流坝、排洪隧道及虹吸溢流道。

③ 进水建筑物：也称取水建筑物，如进水闸、深式进水口、泵站。取水口设在河岸、湖岸、水库或堤岸等不直接受到上游主流直接冲袭的地方。在地形上，取水口和水坝是设在所有水力发电设备最高的地方。有些取水口的建筑深入湖底，外形像高塔的称为取水塔。

④ 输水建筑物：水流进入水坝附近的取水口后，必须经过一段路程才能进入水轮机。因地理环境的不同，这一段路程有许多形式，如引(供)水隧洞、渡槽、输水管道、渠道等，总称为水路。

⑤ 河道整治建筑物：如丁坝、顺坝、潜坝、护岸、导流堤。

(2) 专门性水工建筑物

① 水电站建筑物：如前池、调压室、压力水管、水电站厂房。

在前池或调压室与水轮机涡壳入口之间的水路，因为由上游到下游渐受压力，通称压力水管，属于输水管路的一部分。在压力水管的入口处，大都装设制水阀，制水阀如果装设在前池，大多用平板滑动闸门；如果装设在调压室，则大部分用蝶形阀。

依地形或实际的需要，有时会在明渠或普通隧道的终点与压力水管之间，建筑一座前池。同时有沉沙或调整池的作用，可以除去由明渠或隧道中流来的泥沙及漂浮物。水轮机负载有瞬时变动时，前池作水量的调整，因此在压力隧道面与压力水管之间，如果没有适当的地形可以建筑前池时，就必须要建筑调压室来作水量的调整，以免水锤作用伤及其他设备。

② 渠系建筑物：如节制闸、分水闸、渡槽、沉沙池、冲沙闸。

沉沙池的目的是使水流中的泥沙沉淀下来，不再跟随水流流动，使进入水轮机的水能清澈，以减少水轮机的磨损。沉沙池的面积必须很大，足以让进入池中的水流流速减慢，水中的泥沙才有机会渐渐沉到池底。

③ 港口水工建筑物：如防波堤、码头、船坞、船台和滑道。

④ 过坝设施：如船闸、升船机、放木道、筏道及鱼道等。

有些水工建筑物的功能并不是单一的，难以严格区分其类型，如各种溢流坝，既是挡水建筑物，又是泄水建筑物；闸门既能挡水和泄水，又是水力发电、灌溉、供水和航运等工程的重要组成部分。有时施工导流隧洞可以与泄水或引水隧洞等结合。

4.4 海洋能

4.4.1 海洋能概述

海洋里能源极为丰富。但在近代能源分类中，海洋能仅指蕴藏在海水中的可再生能源，如潮汐能、波浪能、海流和潮流能、海洋温差能(海水温度梯度)、海洋盐差能(海水盐度梯度)等。除了潮汐能和潮流能源自星球间的引力作用外，其他海洋能均源自太阳辐射。据联合国教科文组织 1981 年出版物的估计数字，五种海洋能在全球的理论可再生总量为 78800GW 技术允许利用功率为 6400GW。

1. 海洋能的特点

海洋能的主要特征是：蕴藏量大，分布广，可以再生，利用时不会发生氧化还原反应，没有污染；大部分海洋能稳定性比其他自然能源好，如海洋温差能和海流能比较稳定，潮汐能和潮流能的变化有规律；海洋能能量密度较低，潮汐能是 10m 以下水头，温差能只有 20℃的温度差，海流能的最大速度也不到 2m/s 左右；海洋能发生在海洋环境。

2. 海洋能的利用

早期人类对于海洋能的利用主要是直接利用潮汐和潮流来推磨、行舟。到 20 世纪 70 年代，由于受石油危机的刺激和人类逐步开始重视环境污染问题，西方工业国家加强了对于海洋能开发利用的研究。通常是将海洋能转换为电能，也可以转换成其他形式的能量加以利用，如淡化海水、取暖、直接动力驱动等。目前，潮汐能发电已经实用化，1967 年建设的法国朗斯潮汐电站，装机 240MW，是迄今规模最大的海洋能电站。

小型波力发电装置正逐步商品化，海洋温差发电也已进入工程试验阶段，并开展了海流和潮流发电业，盐度差发电则在探索的初始阶段。由于海洋能的集能与转换装置比较庞大，有的海洋能源不够稳定，需要一定的调节和蓄能措施，因而开发投资比常规能源高出很多，再加上处于海洋环境，工程技术上难度大，对防腐蚀、防生物附着都有特殊要求，对设备材料的要求也比较高，因而海洋能电站目前尚不能与常规能源电站相竞争。各国的发展趋势：一方面，在有条件的地方建设岸式大型电站，希望获得低成本的电力，以替代一部分常规能源；另一方面，则着眼于解决岛屿用电和海洋开发的就地用电，以减少电力输送环节。

在海洋能开发中要着重研究解决如下问题：资源分布及蕴藏量的勘查、估算和统计；各种转换机理及转换方法的研究；能量的传输、利用和储存；与海洋能转换装置的结构、设置有关的海洋工程技术；对海洋环境影响的研究；开发过程中海洋资源的综合利用。

中国海洋能开发利用起步较迟，20 世纪 50 年代末期开始兴建小型潮汐电站，70 年代开始波浪能和潮流能利用的研究，80 年代开始盐差能和温差能的实验室机理研究。

4.4.2 波浪能发电

以波浪的能量为动力生产电能即为波浪能发电。海洋波浪蕴藏着巨大的能量，正弦波浪每米波峰宽度的功率为：

$$P \approx H^2 T$$

式中 H——波高，m；

T——波周期，s。

通过某种装置可将波浪的能量转换为机械的、气压的或液压的能量，然后通过传动机构、汽轮机、水轮机或油压马达驱动发电机发电。全球有经济价值的波浪能开采量估计为 100~1000GW。中国波浪能的理论储量为 70GW 左右。

1. 波浪能发电简史

1799 年，法国的吉拉德父子，获得了利用波浪能的首项专利。1910 年，法国的波契克斯·普莱西克，建造了一套气动式波浪能发电装置，供应他自己住宅 1kW 的电力。1965 年，日本的益田善雄发明了导航灯浮标用汽轮机波浪能发电装置，获得推广，成为首次商品化的波浪能发电装置。

受 1973 年石油危机的刺激，从 20 世纪 70 年代中期起，英国、日本、挪威等波浪能资源丰富的国家，把波浪能发电作为解决未来能源的重要一环，大力研究开发。在英国，索尔特发明了点头鸭装置，科克里尔发明了波面筏装置，国家工程试验室发明了振荡水柱装置，考文垂理工学院发明了海蚌装置。

1978 年，日本建造了一艘长 80m、宽 12m、高 5.5m 称为“海明号”的波浪能发电船。该船有 22 个底部敞开的气室，每两个气室可装设一台额定功率为 125kW 的汽轮机发电机组。1978~1986 年，日本、美国、英国、加拿大、爱尔兰五国合作，先后三次在日本海由良海域对“海明号”进行了波浪能发电史上最大规模的实海原型试验。但因发电成本高，未获商业实用。1985 年，英国、中国各自研制成功采用对称翼汽轮机的新一代导航灯浮标用的波浪能发电装置，挪威在卑尔根附近的奥依加登岛建成了一座装机容量为 250kW 的收缩斜坡聚焦波道式波浪能发电站和一座装机容量为 500kW 的振荡水柱气动式波浪能发电站，标志着波浪能发电站实用化的开始。

2. 波浪能发电的类型

波浪能发电方式数以千计，按能量中间转换环节主要分为机械式、气动式和液压式三大类。

（1）机械式波浪能发电

机械式波浪能发电是通过某种传动机构实现波浪能从往复运动到单向旋转运动的传递来驱动发电机发电的方式。图 4-22 是采用齿条、齿轮和棘轮机构的机械式装置。随着波浪的起伏，齿条跟浮子一起升降，驱动与之啮合的左右两只齿轮作往复旋转。齿轮各自以棘轮机构与轴相连。齿条上升，左齿轮驱动其轴逆时针旋转，右齿轮则顺时针空转。通过后面一级齿轮的传动，驱动发电机顺时针旋转发电。机械式装置多是早期的设计，往往结构笨重，可靠性差，未获实用。

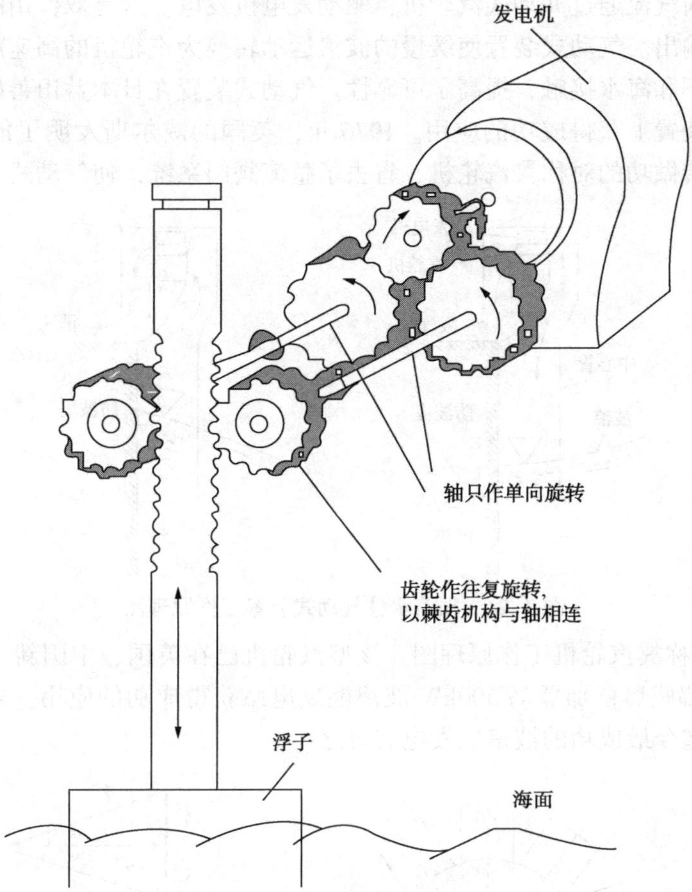

图 4-22　机械式装置简图

（2）气动式波浪能发电

气动式波浪能发电是通过气室、气袋等泵气装置将波浪能转换成空气能，再由汽轮机驱动发电机发电的方式。图 4-23 是漂浮气动式装置工作原理图。由于波浪运动的表面性和较长的中心管的阻隔，管内水面可看作静止不动的水面，内水面和汽轮机之间是气室。当浮体带中心管随波浪上升时，气室容积增大，经阀门吸入空气。当浮体带中心管随波浪下降时，气室容积减小，受压空气将阀门关闭经汽轮机排出，驱动冲动式汽轮发电机组发电。这是单作用的装置，只在排气过程有气流功率输出。

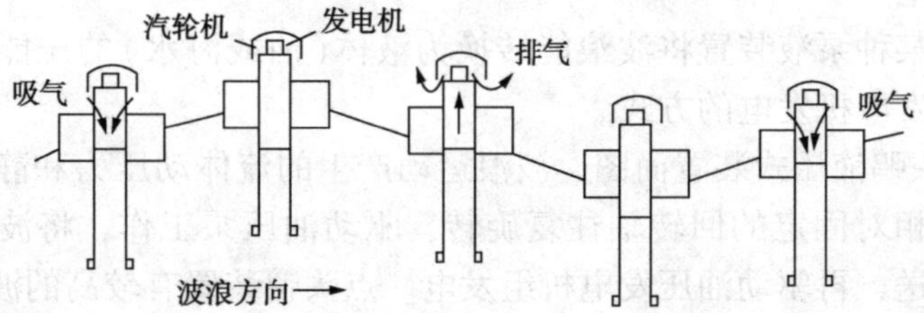

图 4-23　漂浮气动式装置工作原理图

图 4-24 是振荡水柱气动式装置工作原理图。它有两组吸气阀和两组排气阀，固定气室的内水位在波浪激励下升降，形成排气、吸气过程。四组吸、排气阀相应开启和关闭，使交变气流整流成单向气流通过冲动式汽轮机，驱动发电机发电。这是双作用的装置，在吸、排气过程都有功率输出。气动式装置使缓慢的波浪运动转换为汽轮机的高速旋转运动，机组缩小，且主要部件不和海水接触，提高了可靠性。气动式装置在日本益田善雄发明的导航灯浮标用波浪能发电装置上获得成功的应用。1976 年，英国的威尔斯发明了能在正反向交变气流作用下单向旋转做功的对称翼汽轮机，省去了整流阀门系统，使气动式装置大为简化。

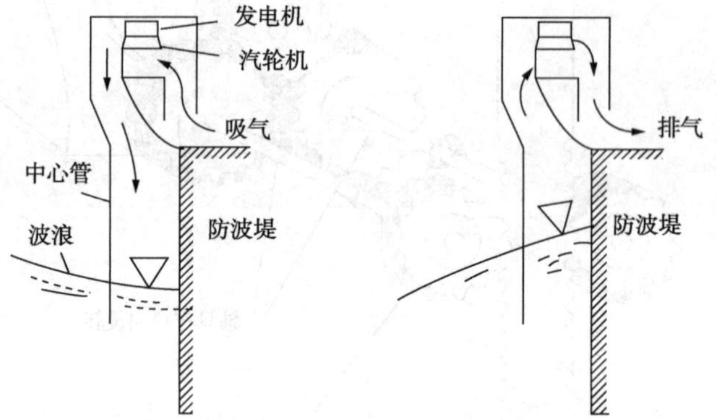

图 4-24　振荡水柱气动式装置工作原理图

图 4-25 是对称翼汽轮机工作原理图。该型汽轮机已在英国、中国新一代导航灯浮标波浪能发电装置和挪威奥依加登岛 500kW 波浪能发电站获得成功的应用。采用对称翼汽轮机的气动式装置是迄今最成功的波浪能发电装置之一。

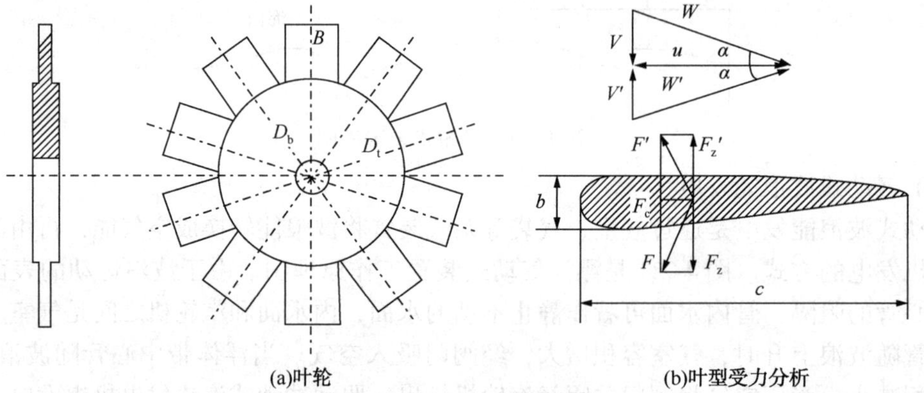

图 4-25　对称翼汽轮机工作原理图

（3）液压式发电

液压式是通过某种泵液装置将波浪能转换为液体（油或海水）的压能或位能，再由油压马达或水轮机驱动发电机发电的方式。

图 4-26 是点头鸭液压式装置简图。波浪运动产生的流体动压力和静压力使靠近鸭嘴的浮动前体升沉并绕相对固定的回转轴往复旋转，驱动油压泵工作，将波浪能转换为油的压能，经油压系统输送，再驱动油压发电机组发电。点头鸭装置有较高的波浪能转换效率，但结构复杂，海上工作安全性差，未获实用。

图 4-27 是收缩斜坡聚焦波道式装置简图。波浪进入宽度逐渐变窄、底部逐渐抬高的收缩波道后，波高增大，海水翻过导波壁进入海水库，波浪能转换为海水位能，然后用低水头水轮发电机组发电。聚焦波道装置已在挪威奥依加登岛 250kW 波浪能发电站成功应用。这种装置有海水库储能，可实现较稳定和便于调控的电能输出，但对地形条件依赖性强，应用受到局限。

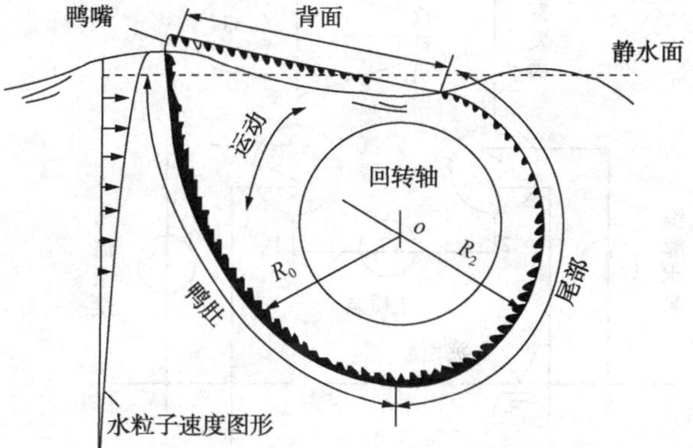

图 4-26 点头鸭液压式装置简图

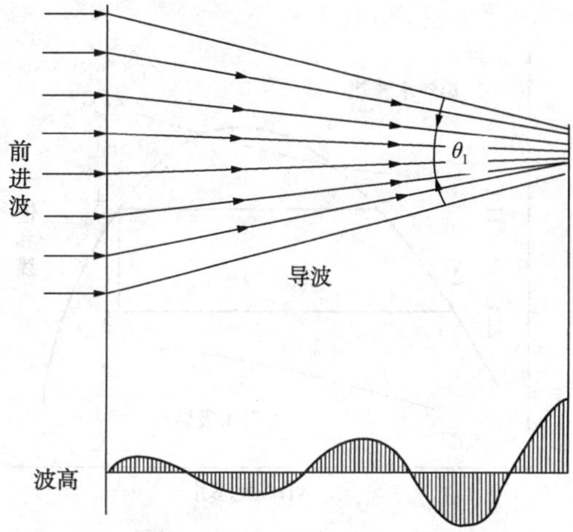

图 4-27 收缩斜波聚焦波道式装置简图

3. 波浪能发电展望

大规模波浪能发电的成本目前还难与常规能源发电竞争，但特殊用途的小功率波浪能发电已在导航灯浮标、灯桩、灯塔等上获得推广应用。在边远海岛，小型波浪能发电已可与柴油发电机组发电竞争。今后应进一步研究新型装置和聚波技术，以提高波浪能转换效率及波浪能密度，缩小装置尺寸，降低造价。研究在离大陆较远、波浪能丰富的海域，利用工厂船就地发电、就地生产能量密集的产品，如电解海水制氢、氨及电解制铝、提铀等，以提高波浪能发电的经济性。预计随着化石能源资源的日趋枯竭和技术的进步，波浪能发电将在波浪能丰富的国家逐步占有一定的地位。

4.4.3 海洋温差发电

利用热带及亚热带海洋表层和深层海水间存在的温差发电称为海洋温差发电。1881 年，法国人达松伐耳(d' Arsonval)提出海洋温差发电的设想。1930 年，法国人 G. 克劳德(G. Claude)在古巴建成陆基开式发电装置。1979 年 8 月，一个名为“MINI-OTEC”的漂浮式海洋温差电站在美国夏威夷建成，这是世界上第一个有净功率(15kW)输出的海洋温差发电装置。

海洋温差能(也称海洋热能)十分稳定，无明显的昼夜变化，可开发量巨大，不需储能装置即可提供基本负荷所需电力。

1. 热力循环

海洋温差发电采用兰金循环(图 4-28)，其实际热效率约为 2.5%。根据所用工质及流程的安排，分为闭式、开式和混合式循环。

海洋温差发电还有可能采用其他热力循环，如雾滴(或泡沫)提升循环或全流循环，还可采用热电效应发电。

(1) 闭式循环法(中间介质法)

使用低沸点物质，如氨、氟利昂等作工质，在一封闭回路中完成兰金循环(图 4-29)。其特点是，系统处于正压下，工质蒸气密度大，体积流量小，通流部分尺寸不致过大。但其蒸发器和凝汽器须用表面式换热器，体积巨大，消耗大量金属，维护困难。

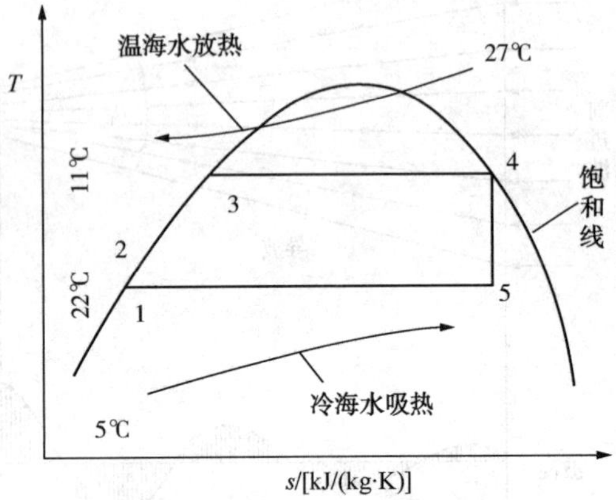

图 4-28 兰金循环温熵图

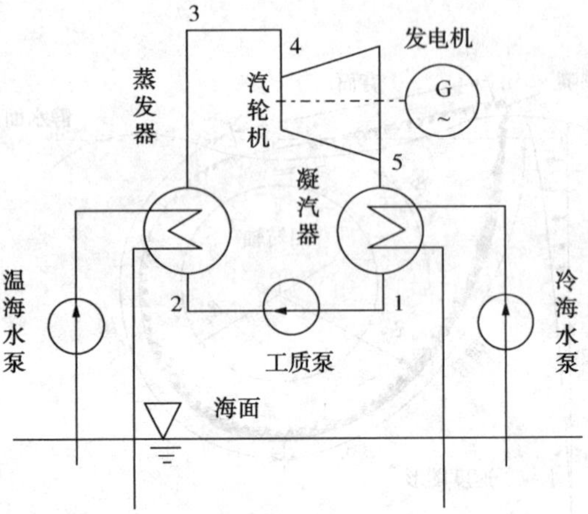

图 4-29 闭式循环流程图

(2) 开式循环法(闪蒸法或扩容法)

以水为工质，凝结水不返回循环中(图 4-30)。其闪蒸器和凝汽器可使用混合式换热器，结构简单，维护方便。若用表面式凝汽器，则可副产淡水。但低温水蒸气饱和压力极低，比容巨大，通流部分尺寸过大。

(3) 混合循环法

混合循环法基本与闭式循环相同，但用温海水闪蒸出来的低压蒸汽来加热低沸点工质(图 4-31)。

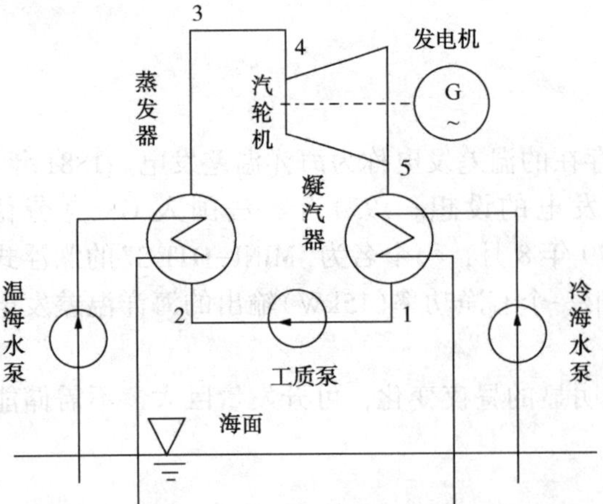

图 4-30 开式循环流程图

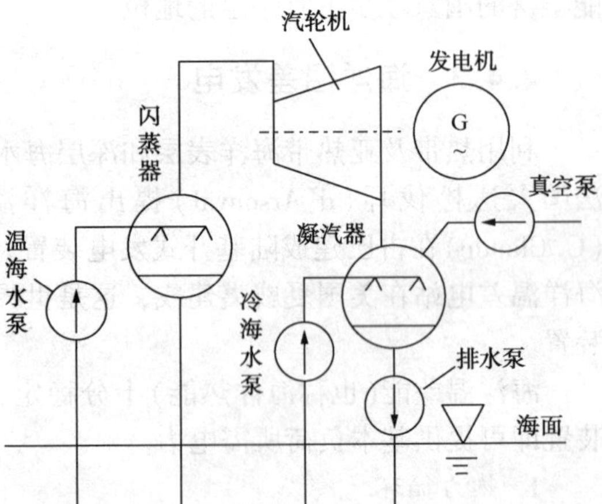

图 4-31 混合式循环流程图

2. 海洋温差电站

海洋温差电站可分为陆基电站和漂浮电站。离岸 5km 内水深达千米、温差达 18℃ 的海岸，可建立陆基电站。深海冷水取水管是其关键工程问题，漂浮电站分为向陆上送电型和就地生产能量密集产品型。受电缆送电经济距离限制，供电型电站一般认为负荷中心离岸不得超过 100km。离岸 30km 以上时，最好采用直流输电。

海洋温差电站预计对环境无不良影响，大规模开发时则需考虑对气候可能产生的影响。由于它可将深海富营养盐类的海水抽到上层来，将有利于海洋生物的生长繁殖。

海洋温差电站的经济性在目前还不能与燃油电站相竞争，但它是可再生能源发电中最有潜力的方式之一。若将发电、海水养殖及供应淡水结合起来综合开发，则可取得更好的经济效果。对边远的海岛，开发海洋温差能，当前在经济上就可能是有利的。

4.4.4 海流发电

利用海洋中部分海水沿一定方向流动的海流和潮流的动能发电称为海流发电。海流能功率：

$$P=0.515Av^3$$

式中 A——水流截面积，m^2；

v——水流速度，m/s。

海流发电装置的基本形式与风力发电装置相同，故又称为水下风车。按转换方式分为螺旋桨式、对称翼型立轴式转轮、降落伞式和磁流式等。

1. 螺旋桨式

螺旋桨或敞开或被罩在集流导管中，转轴与海流方向平行。

2. 对称翼型立轴式转轮(达里厄转子)

由对称翼型直叶片构成的转轮，其转轴垂直于海流方向，在正反向水流作用下总是朝一个方向旋转。

3. 降落伞式

串联在链绳上的一组降落伞漂浮在海流中，顺着海流的伞张开接收水流推力，逆着海流的伞收拢以减小阻力。

4. 磁流式

海水中有大量的电离子，海流通过磁场产生感应电动势。

目前正在研究中的多为小型海流和潮流发电装置。加拿大从 1979 年开始研制由四个对称翼型直叶片构成的立轴式水轮机。中国 1979 年在舟山西堠门水道进行了螺旋桨式潮流发电现场试验。1998 年中国与欧盟合作，确定在舟山群岛岱山海域于 2000 年建成世界上第一座并网发电的潮流电站。

2016 年 7 月 27 日，LHD 海洋发电项目首期 1MW 机组在舟山顺利下海发电，2016 年 8 月 26 日下午 1：15，随着国网浙江省岱山县供电公司技术人员的合闸指令下达，浙江舟山联合动能新能源 LHD 林东潮流能发电机组的电能通过电缆输入国家电网，成功并网。据了解，舟山联合动能新能源开发有限公司的 LHD 林东潮流能发电项目总功率为 3.4MW，首批安装的 4 台机组总功率为 1MW。

2017 年 5 月 25 日开始，该 1MW 发电机组实现全天候发电并网。截至 2019 年 8 月 26

日，该1MW机组实现发电并网3周年，连续发电并网运行27个月，稳定运行时间打破世界纪录。此前，世界上最先进的潮流能机组由GE、劳斯莱斯、阿尔斯通三家国际巨头联合研发，装机功率1MW，该机组最长发电并网时间未超过4个月。

2018年11月29日和2018年12月29日，LHD海洋发电项目第二代400MW机组、第三代300MW机组相继顺利下海发电。目前，LHD项目总投运装机达到1700MW，装机规模和科技水平世界领先。LHD项目4个投运机组模块，已全面涵盖当前国际上潮流能发电机主流机型。LHD项目3.4MW海上发电总成平台成为我国规模最大、门类最全、数据最新的海洋清洁能源创新研发实验平台。从2016年8月26日并网开始至2019年7月底，LHD项目累计向国家电网送电超过140×10^4kW·h。

目前，能够向国家电网源源不断输电的潮流能发电站仅有位于舟山的浙江LHD海洋潮流能发电项目。2019年8月，国网岱山县供电公司以转账汇款方式向该项目开发单位——浙江舟山联合动能新能源开发有限公司支付了我国首单海洋潮流能电费256.89576万元，双方还签订了购售电合同。这标志着世界上首座海洋潮流能发电站诞生，预示着我国在推进海洋清洁能源产业化发展方面走在了世界前列。

4.5 潮汐能

4.5.1 潮汐能概述

潮汐能是指海水潮涨和潮落形成的水的势能，是地球自转过程中海水受月球重力牵引产生的，还有一部分潮汐是受太阳牵引形成的，多为10m以下的低水头，平均潮差在3m以上就有实际应用价值。

人类很早就意识到潮汐发电的潜力，但与河流堤坝电站相比，潮汐发电站工程费用相当昂贵，因为必须在有腐蚀性的海水环境中修筑大量工程和安装机器。此外，发电量还要受时间限制，只能在每日两次涨潮落潮时进行。世界上能量最大的潮区(高潮与低潮之差)在加拿大芬迪海湾的上游，潮区通常在17m左右。据新斯科舍省政府估计，如果在芬迪海湾上游的米纳斯海湾修建一座大型发电站，预计发电量可超过5300MW，但要花费70亿加元的资金。一个相对较小的计划是在坎伯兰海湾修建电站，发电量预计1400MW，只需前者1/3的资金。

潮汐能是指在潮汐过程中所产生的动能和势能。由于月亮和太阳的引潮力使海水发生位移，因而做功，转移到海洋潮汐中的能量高达30×10^8kW。潮汐能主要集中在窄浅的海湾、海峡和河口。如英吉利海峡的潮差达13.5m，潮汐能约8000×10^4kW，加拿大的芬迪湾潮差达19m，具有2000×10^4kW潮汐能。法国、美国、加拿大等国都利用潮汐能建设潮汐电站。

中国潮汐能蕴藏量约1.1×10^8kW，可开发利用的在3600×10^4kW左右，其中80%以上集中于浙江和福建两省。

4.5.2 潮汐能发电技术

利用潮汐的落差推动水轮机而发电称为潮汐发电。即在潮差大的海湾入口或河口筑坝构成水库，涨潮时蓄水，高潮时关闭。在坝内或坝侧安装水轮发电机组，退潮时形成足以使水轮机工作的落差时才开始放水，驱动水轮发电机组发电。

1. 潮汐电站的实际装机容量和发电量(一般用经验公式计算)

(1) 单向潮汐电站

$$装机容量\ P=200A^2F \quad kW$$

$$年发电量\ E=0.40\times10^6A^2F \quad kW\cdot h$$

式中 A——平均潮差，m；

F——水库面积，m^2。

(2) 双向潮汐电站

$$P=200A^2F \quad kW$$

$$E=0.55\times10^6A^2F \quad kW\cdot h$$

如图 4-32 所示，当潮水流进或流出水坝时，都通过水轮机而发电。由于建造潮汐水电站的费用昂贵，所以目前世界上还没有几座大型的潮汐水电站。

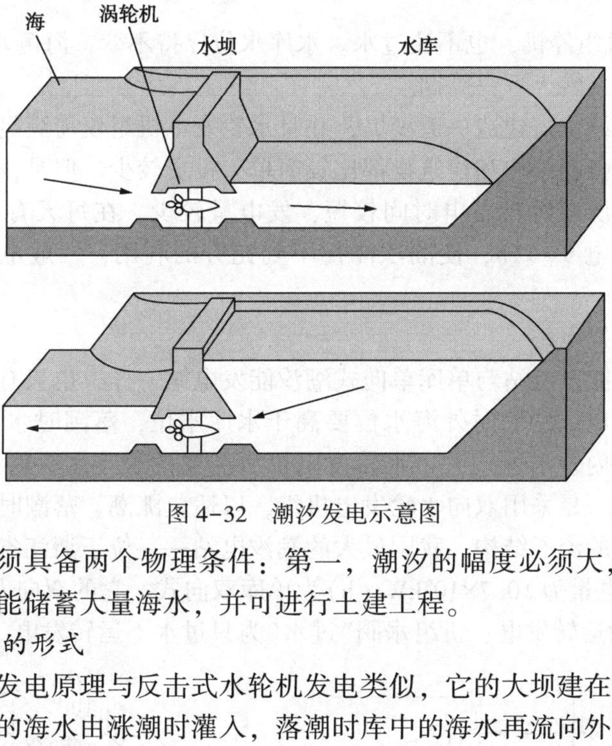

图 4-32 潮汐发电示意图

利用潮汐发电必须具备两个物理条件：第一，潮汐的幅度必须大，至少要有几米；第二，海岸的地形必须能储蓄大量海水，并可进行土建工程。

2. 潮汐能发电站的形式

潮汐能发电站的发电原理与反击式水轮机发电类似，它的大坝建在河口或海湾处，将外海与水库隔开，库中的海水由涨潮时灌入，落潮时库中的海水再流向外海。潮汐能发电站的建设方案有 10 种左右，有单库单向式、单库双向式、双库式、发电结合抽水蓄能式等，这里只介绍经常应用的 4 种。

(1) 单库单向式发电站

这种潮汐发电站仅建造 1 个水库调节进出水量，安装单向水轮发电机组，在落潮或涨潮时发电。因落潮发电可利用的水库容量和水位差比涨潮大，故一般采用落潮发电方式。在一个潮汐周期内，电站依充水、等候、发电和等候四个工况运行，如图 4-33 所示。

① 充水工况：停止发电，开启水库，海侧上涨的潮水经水闸和水轮机进入水库，至库内外水位齐平为止。

② 等候工况：关闭水闸，水轮机停止过水，水库水位保持不变。海侧水位因落潮逐渐

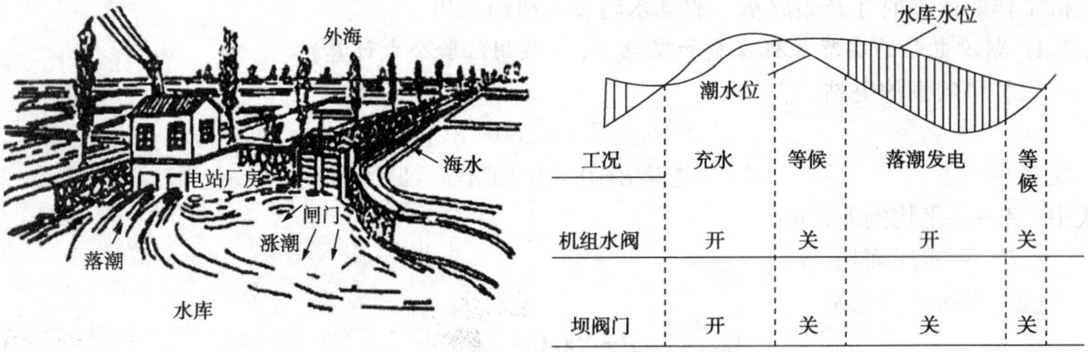

图 4-33　单库单向潮汐电站运行工况

下降，直至水库内外水位差达到机组启动水头。

③ 发电工况：机组发电，水库水位逐渐下降至与海侧水位差小于机组发电所需的最低水头。

④ 等候工况：机组停机，也不让过水。水库水位保持不变，海侧水位因涨潮逐渐上升，至水库两侧水位齐平，转入下一周期。

单库单向式发电站只需建造一道坝堤，并且水轮发电机组仅需满足单方向通水发电的要求即可，因而发电设备的结构和建筑物都比较简单，投资较少。但是，因为这样电站只能在落潮时单方向发电，所以每日发电时间较短，发电量较少。在每天有 2 次潮汐涨，落的地方，平均每天仅可发电 9～11h，使潮汐能得不到充分的利用，一般电站效率（潮汐能利用率）仅为 22%。

（2）单库双向式发电站

单库双向式潮汐能发电站与单库单向式潮汐能发电站一样，也只有一个水库，但不管是涨潮还是落潮均在发电。涨潮时外海水位要高于水库水位，落潮时水库水位要高于外海水位，通过控制，在使内外水位差大于水轮发电机所需要的最小水头时才能发电。若保证涨潮、落潮均能发电，一是采用双向水轮发电机组，以适应涨潮、落潮时相反的水流方向；二是建造适于水流变向的流通结构。我国最大的潮汐电站——位于浙江省温岭县乐清湾的江夏潮汐电站（设计年发电量为 10.7×10^{6}kW · h）为单库双向式。它的双向发电工况如图 4-34 所示。机组水阀“开”为运转发电；机组水阀“过水”为只过水不运转发电。

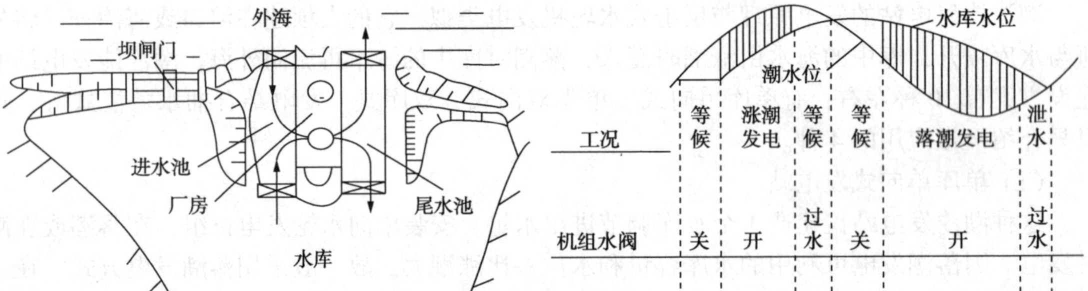

图 4-34　单库双向潮汐电站运行工况

由于单库双向式电站在涨潮、落潮过程中均能发电，因此，每日发电时间延至14~16h，较充分地利用了潮汐能量，电站效率可提高至34%。

(3) 双库(高、低库)式发电站

这种潮汐发电方式需要建造两个互相毗连的水库。其中一个水库设进水闸，仅在潮水位比库内水位高时引水进库；另一个水库设泄水闸，仅在潮水位比库内水位低时泄出水库。其电站布置如图4-35所示。这样，前一个水库的水位始终较后一个水库的水位高。故前者称为高位水库，后者则称为低位水库。高位水库与低位水库之间终日保持着水位差，双向水轮发电机组放置于两水库之间的隔坝内，水流即可终日通过水轮发电机组不间断地发电。浙江乐清湾中部的海山潮汐发电站(装机容量150kW)就采用双库式发电。

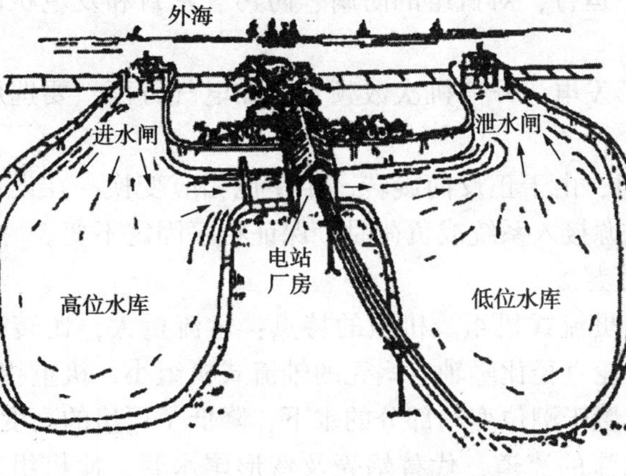

图4-35 双库潮汐电站布置

(4) 发电结合抽水蓄能式发电站

在潮汐电站水库水位与潮位接近而且水头小时，用电网的电力抽水蓄能。涨潮时将海水抽入水库，落潮时将库内的水往海中抽，以增加发电时的有效水头，提高发电量。

按正规半日周期潮计，单库单向式每昼夜发电2次，平均日发电9~11h；单库双向式每昼夜发电4次，平均日发电14~16h，发电时间和发电量均比单库单向式多，但由于要兼顾正反两向发电，发电平均效率比单库单向式低，而且机组结构较复杂。目前国内外研究认为，双库造价昂贵，单库落潮发电较好。但何种方式最佳，要根据当地潮型、潮差、地形条件、电力系统负荷要求、发电设备的组成、建筑材料和施工条件等技术经济指标进行选择。

4.5.3 潮汐电站工程和设施

潮汐电站工程主要由电站建筑物和机电设备组成。电站建筑物主要有堤坝、泄水闸和发电厂房等，有通航要求的潮汐电站还应设置船闸。

1. 堤坝

用来将水库与外海隔开，形成落差。多用海上围堰法筑黏土心墙坝、堆石坝和土坝。因筑于海上，施工条件恶劣，近年来国外使用预制混凝土浮运沉箱法筑坝建站。

2. 泄水闸

用来对水库泄水和充水。闸型一般采用平原地区挡潮闸常用的胸墙孔口平底堰闸。近年来，中国发展了预制浮运闸，这种闸是先预制好各种闸门构件，由船浮运到建闸地点，定点沉放安装而成。施工时不用围堰或在岸上开挖，施工方法简单，工程量少，投资少，在中国沿海大量使用。

3. 发电厂房

发电厂房包括水轮发电机组、输配电设备、起重设备、中央控制室、下层水流通道和闸门等。

4.5.4 水轮发电机组

1. 对水轮发电机组的要求

① 应满足潮汐低水头大流量的水力特性。

② 机组一般在水下运行，对机组的防腐、防污、密封和发电机的防潮、绝缘、通风冷却、维护等要求高。

③ 机组随潮汐涨落发电，开停机次数频繁。在电气方面，要选用适应频繁启动和停止的开关设备。

④ 对双向发电机组，由于正反向旋转，相序也相应变换，在设计电气主接线时，需考虑安装倒向开关，使电源接入系统或负荷时，保证相序固定不变。

2. 水轮发电机组的类型

潮汐电站一般采用贯流式机组。机组的特点：过流量大，比转速高，高效率区比较宽广，在相同容量下，转轮直径比竖轴有蜗壳的轴流式机组小，机重相对减轻，可降低机组投资。机组为卧式，可布置于潮位变动部分的水下，降低了厂房的高度，减少了开挖量。水轮机进出水管采用顺直水流的流道，代替蜗壳及弯形尾水管，使机组间距小，减少了厂房的长度。

贯流式机组种类很多，主要有灯泡贯流式、全贯流式、竖井贯流式、明槽贯流式和轴伸贯流式。灯泡贯流式和全贯流式是新型机组。

(1) 灯泡贯流式

这是20世纪60年代发展起来的新型机组。水轮机和发电机连成一轴(或中间通过行星齿轮增速器连接)，发电机安装于水密封的灯泡体内，整个装置卧置于厂房下的水流通道中，水流通过流道时，推动水轮发电机组发电。

它的主要特点是水流通过的流道比较直，长度也较短，水能损失少，发电效率高；机组结构紧凑，外形较小，所需厂房规模也小，故工程量和投资均较少。缺点是灯泡体耗钢量大，对增速要求高。发电机的散热冷却靠强迫空气内部循环流动，通过灯泡体与外界海水接触来实现。法国朗斯潮汐电站和中国江厦潮汐试验电站都采用这种机组。朗斯电站机组可进行正、反向发电及正、反向供水和正、反向泵水六种工况运行。江厦电站机组可进行正、反向发电和正、反向泄水四种工况运行。

(2) 全贯流式

也称叶缘贯流式，它是目前最先进、效率最高的机组。水轮机安装在顺直的流道上。

主要特点是将发电机的转子用软连接方法安装于水轮机转轮的外缘上，定子固定在转轮外围的流道壁上。发电机的定子和转子需加以密封，以防止渗水。机组可安装于通道中的混凝土墩内，以替代通常所用的灯泡体结构。发电机的位置与水轮机的流道无关，没有灯泡式机组中加长铁芯设计的困难。但水轮机密封困难，所以技术要求高。这类机组没有发电机轴、转子轮轴及一些常规部件，所以较经济，造价比灯泡式机组低，土建投资也少。

4.5.5 潮汐能发电站特点

潮汐能发电站建造在海边，利用海水的涨潮与落潮来发电，具有一些与内河发电站不同的特点。

潮汐电站的水头低、流量大、转速小。在水轮机与发电机之间常采用增速器，以提高发电机的转速。潮汐电站一般选用贯流式水轮发电机组，贯流式机组类型较多，按照通流特性采用全贯流式最为优越，但它对密封技术要求很高。灯泡式机组流道水力性能良好，结构紧凑，多用于较大型的潮汐电站和双向潮汐电站；但灯泡式机组的灯泡体用钢材多，对增速的要求高，机组易振动，装拆和维修不太方便。有的电站也采用竖井式机组。我国农村小型潮汐电站常采用简易的立轴定桨机组。

潮汐电站单位功率投资较大。由于机组体积较大，用钢量多，机组费用在整个电站投资中占有较大比例。应研究改进结构、选取适宜的代用材料，以提高电站建设的经济性。如我国的一些潮汐电站采用钢丝网水泥或钢筋混凝土的水轮机流道、轮毂、泄水锥等，减少了钢耗，节省了投资。

潮汐电站是利用海水的涨潮与落潮发电，既有周期性又有间歇性，通过水工建筑物的改进和得当的控制，如双库潮汐电站，可弥补周期性与间歇性的不足，使其能连续发电。

涨潮时通过水轮机和闸门进入水库的海水经常带有大量泥沙，泥沙进入水库后流速迅速减小，使泥沙澄降形成泥沙淤积。应进一步研究水库淤积的基本规律和泥沙运动特性，最大限度地保持有效容积。

为了防止海水对电站设备的腐蚀作用，除关键零部件采用不锈钢制造外，其他部件宜采用特性涂料和阴极保护防腐技术。

我国沿海地区人多地少，土地宝贵，可因地制宜，结合潮汐电站建设开展综合利用，将海涂的深港部分作为发电水库，而较高的海涂用来围垦农田；在水库内开展水产养殖，在水位变幅的范围内可养殖花蚶、牡蛎、紫菜等，在发电消落水位以下可养殖对虾、鲻鱼等；有时可根据地理、地形、经济条件等，结合海港建设与海堤设施，改善航运和交通，开展旅游业；还可利用潮汐电站的电力，从海水提取铀、钾等贵金属元素等。

4.5.6 潮汐发电展望

1912 年德国在石勒苏益格-荷尔斯太因州的苏姆建成世界第一座潮汐电站。此后，潮汐资源丰富的国家，包括法国、苏联、英国、美国和加拿大等国，都进行了潮汐发电的开发。目前，世界上已建成的较著名的潮汐电站有：法国的朗斯潮汐电站，装机容量 240MW，年设计发电量 5.44×10^8kW·h，1967 年投入运行；苏联基斯拉雅潮汐试验电站，装机 400kW，1968 年投入运行；加拿大芬地湾安纳波利斯中间试验电站，装机 20MW，1984 年投入运行。中国于 20 世纪 70 年代先后建成了一批小型潮汐电站，但大部分由于选址不当、设备简陋等原因，逐渐被废弃。作为“水利电力潮汐电站”项目，1972 年，江厦潮汐电站被批准建立，研究内容包括潮汐能特点、潮汐机组研制、海工建筑物技术问题研究和综合利用等。1985 年电站基本建成，目前电站共安装 6 台双向灯泡贯流式潮汐发电机组，装机容量 4.1MW，年发电量约 720×10^4kW·h，累计完成发电超过 2×10^8kW·h。公开资料显示，我国潮汐能资源蕴藏量约为110GW，可开发总装机容量为21.79GW，年发电量可达624×10^8kW·h，容量在500kW以上的站点共191处，可开发总装机容量为21.58GW，主要集中在福建、浙江、江苏等省的沿海地区。但是我国潮汐能发电规模化发展主要受制于相对较高的成本和较小的潮汐范围，质优的潮汐能多存在于突出的海岬或海峡，降低了潮汐能总体的利用率。另外，装机容量过小也是推广难的原因之一，截至2018年年底，我国只有8个潮汐发电站正常运行发电。

全球最大的潮汐能发电计划"MeyGen"自2016年11月在英国彭特兰海峡投产以来，两部涡轮机于2017年8月刷新单月潮汐发电纪录达700MW·h(作为比较，中国台湾地区的核二厂1号机7月平均发电量969MW·h)，为苏格兰2000户家庭提供充足电力。工程师还估计，到2024年这座潮汐发电站将可生产约1.9GW的电力，相当于苏格兰地区总用电量的43%。

2011年完工启用的韩国"始华湖潮汐电厂"总装机容量为254MW，该电厂曾是世上规模最大的潮汐电厂，直到苏格兰2016年启动MeyGen计划后取而代之。从2018年秋季开始投入第一台涡轮机组(AAH公司设计)以来，这项计划的总发电量已达到2GW·h，而就在2019年8月，两台涡轮机还带来了700MW·h的潮汐电力，打破了世界潮汐单月发电量的最高纪录。

目前，潮汐发电的主要研究与开发国家包括法国、俄罗斯、加拿大、中国和英国等，世界上适合开发潮汐电站的20多处地点都有研究进行中，包括：美国阿拉斯加州的库克湾、加拿大芬地湾、英国塞文河口、阿根廷圣约瑟湾、澳大利亚达尔文范迪门湾、中国的乐清湾、印度坎贝河口、俄罗斯远东鄂霍次克海品仁湾、韩国仁川湾等地。

第 5 章　生物质能

5.1　生物质能概述

5.1.1　生物质能的定义

一切有生命的可以生长的有机物质统称为生物质，包括植物、动物和微生物。生物质能是以生物为载体将太阳能以化学能的形式储存的一种能量，它直接或间接地来源于植物的光合作用，可转化为常规的固态、液态和气态燃料，其蕴藏量极大，取之不尽、用之不竭，是一种可再生能源，同时也是唯一一种可再生的碳源。仅地球的植物，每年生产量就相当于目前人类消耗矿物能的 20 倍。生物质能利用过程如图 5-1 所示。

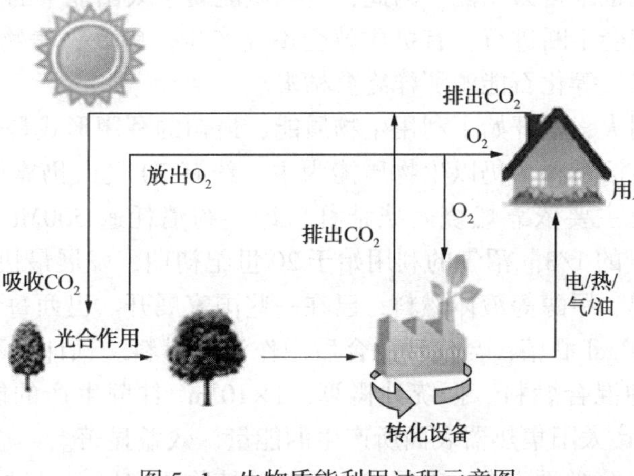

图 5-1　生物质能利用过程示意图

生物质能的原始能量来源于太阳，所以从广义上讲，生物质能是太阳能的一种表现形式。它分布广泛、产量巨大、可再生且性能稳定，同风能、太阳能相比，很少受自然因素的制约，又能加工转换成常规的固态、液态和气态燃料，便于储存运输。生物质生长过程中吸收大量的 CO_2 气体，燃烧过程排放的 CO_2 气体与吸收的相当，几乎没有 SO_2 气体排放，因此被称为 CO_2 中性燃料。其包括城市垃圾：工业、生活和商业垃圾，全球每年排放 10Gt；有机废水：工业废水和生活污水，全球每年排放 450Gt；粪便：禽、畜粪便和人类粪便，全球每年排放 30Gt 以上；林业生物质：薪柴、落叶、树皮、树根及林业加工废弃物等；农业产品及其废弃物：秸秆、果壳、果核、玉米芯等；水生植物：藻类、浮萍、水动芦、风信子等；能源植物：油料作物和富含碳氢化合物的植物。中国的生物质能主要来源于农业废弃物及农林产品加工废弃物、薪柴、城市生活垃圾等 3 个方面。目前，很多国家都在积极研究和开发利用生物质能。生物质能蕴藏在植物、动物和微生物等可以生长的有机物中，它是由太阳能转化而来的。有机物中除矿物燃料以外的所有来源于动植物的能源物质均属于生物质能，通常包括木材及森林废弃物、农业废弃物、水生植物、油料植物、城市和工业有机废弃物、动物粪便等。

地球上的生物质能资源较为丰富，而且是一种无害的能源。地球上每年植物光合作用固定的碳达200Gt，含能量达3×10^{21}J，因此每年通过光合作用贮存在植物的枝、茎、叶中的太阳能，相当于全世界每年耗能量的10倍。生物质遍布世界各地，其蕴藏量极大，仅地球上的植物，每年生产量就相当于现阶段人类消耗矿物能的20倍，或相当于世界现有人口食物能量的160倍，但目前对这些能量的利用率却不到3%。虽然不同国家单位面积生物质的产量差异很大，但地球上每个国家都有某种形式的生物质，生物质能是热能的来源，为人类提供了基本燃料。发展非粮生物质能源不仅不影响粮食安全，还能有效利用废弃资源，替代传统化石能源，促进环保和节能减排。目前各国正加紧在生物能源特别是先进生物燃料上的开发与投入。

非粮生物能源原料主要来自农林有机废弃物，包括：秸秆、畜禽粪便、林业剩余物等，以及利用边际性土地种植的能源植物，如甜高粱、木薯、木本油料植物、灌木林等，它们通过光合作用产生植物类型的有机质；动物类型的有机质(如屠宰废水中的有机质)由植物产品转化形成，其所含热能最初也源于太阳能；人畜粪便不论是消化以植物还是以动物为食物的排泄物，其所含热能也来自太阳能。因此，生物质能属于太阳能中的一种能源形式。只要太阳存在，光合作用就会不断进行，有机质就会不断产生。因此，生物质能是可再生能源，不像煤炭、石油、天然气等化石能源那样终会枯竭。

人类自从学会使用火，就开始了利用生物质能，最初的利用形式是燃烧木材。目前，许多发展中国家居民的生活燃料，仍以生物质能为主，约有20亿人仍靠烧柴做饭、取暖。中国农民的生活用能，也主要依靠燃烧薪柴秸秆，每年约消耗逾500Mt，其中木材达7×10^7 m^3，约占木材总消耗量的1/3。沼气的利用始于20世纪初期，发展最快的是中国和印度。

从植物中提炼乙醇、甲醇等液体燃料，已在一些国家展开。巴西每年从甘蔗、木薯和甜高粱中生产大约10×10^8gal酒精，与汽油混合后用作汽车燃料。预计在不久的将来，巴西大部分汽车可以使用这种混合燃料。据统计概算，$1\times10^4m^2$甘蔗生产的能量相当于24t煤或14.5t石油或$2.5\times10^3m^2$太阳集热器表面所产生的能量，效益显著。

一些国家已开始开发能源植物。美国成立了石油植物研究所，经过考察发现，石油植物都是橡胶树的近缘，可在沙漠或干旱地带栽培，有很好的开发前景。巴西发现的“柴油树”流出的油可作汽车燃料。日本试验成功用7份桉树油与3份汽油混合作汽车燃料。中国海南省有一种油楠，材心的含油状树液可作燃料。

近40年来，世界对能源的消耗急剧上升，总量相当于人类有文字记载以来的能源消耗总和。煤炭、石油、天然气等化石能源的枯竭日期已越来越近，加强可再生的生物质能的研究和开发，已成为当今世界的一个重要课题。

5.1.2 生物质能的分类

生物质能资源，按原料的化学性质分，主要为糖类、淀粉和木质纤维素类。

根据来源的不同，可以把生物质能分成5大类：林业资源、农业资源、生活污水和工业有机废水、城市固体废物和畜禽粪便。

① 林业资源：我国地广物博，森林的覆盖率非常高。在森林生长和林业生产过程提供生物质能，包括新碳林，在森林抚育和简伐作业中的零散木材，残留的树枝，树叶和木屑等；木材采运和加工过程中的枝丫、锯木、木屑、梢头、板皮和截头等；林业副产品的废弃物，如果壳和果核等。

② 农业资源：农业生物质能资源是指农业作物(包括能源作物)；农业生产过程中的废弃物；如农作物收获时残留在农田内的农作物秸秆(玉米秆，高粱秆，麦秸，稻草，豆秆等)；农业加工业的废弃物，如农业生产过程中剩余的稻壳等。能源植物泛指各种利用以供能源的植物，通常包括草本能源作物、油料作物、制取碳氧化合物植物和水生植物等几类。

③ 污水、废水：由城镇居民生活、商业和服务业排出的生活污水和工厂排出的废水，如冷却水、洗浴排水、洗衣排水、粪便排水等。工业上排放的有机废水如酒精、酿酒、食品、制药、造纸等。这些废水、污水中都含有丰富的有机物。

④ 固体废物：城镇上的人们的生活垃圾和生活服务相关的垃圾，这些垃圾大部分是固体结构组成成分比较复杂，受当地居民们的平均生活水平、能源消费结构、城镇建设、自然条件、传统的习惯以及季节的变化等因素影响

⑤ 畜禽粪便：在农村比较多。畜禽排泄物是其他形态生物质(主要是粮食、农作物秸秆、牧草等)的转化形式，包括畜禽排除的粪便、尿及其与垫草的混合物。

下面将重点介绍以下几种生物质能资源。

1. 薪柴

薪柴在人类利用的生物质能资源中一直居重要地位，在总量中占绝大部分。现在世界上还有一半人口使用薪柴。在发展中国家的城市和农村，薪柴仍然是主要能源。世界森林总面积约 $41\times10^{12}m^2$，其中发达国家 $19.20\times10^{12}m^2$，发展中国家 $22.27\times10^{12}m^2$。森林总面积占世界陆地总面积约30%。世界森林木材总储量估计为 $(3400\sim3600)\times10^8m^3$，每年增长量估计为 $66\times10^8m^3$。

按总数计算，世界每年木材的增长量大于消费量，应能满足需要，但由于增产的木材有相当一部分分布在不能采伐的阿拉斯加、加拿大和苏联北部，因而不少地方木材和薪柴供不应求。薪柴短缺已造成森林的过度采伐，影响生态平衡。喜马拉雅水源区的森林面积，近30年减少了40%，使高山地带燃料短缺，低洼地区洪水泛滥、泥沙淤积。

中国的森林，每年可提供90Mt 薪柴燃料，但年实际采伐量约为180Mt，以致造成水土流失不断加重。鉴于薪柴不足已经给人类带来严重的影响，人们正在积极寻求解决的措施。发展中国家普遍推广新型炉灶，提高薪柴燃料的热能效率。印度、印度尼西亚新型炉灶的热效率都在25%以上，比过去提高1倍以上。与此同时，许多国家还特别注意开辟新的燃料来源，以期从根本上解决薪柴短缺的矛盾。

2. 农作物秸秆

秸秆在中国农村被用作重要的生活燃料，是一种主要的生物质能资源。中国现有的秸秆约可解决农民40%的生活用能，当前秸秆作为能源利用的主要方式是直接燃烧，且多数农民使用老式柴灶，不仅由于热效率低造成能源浪费，还烧掉了其中的有机质和氮等作物营养元素。今后的改进办法，首先是改老式柴灶为新式柴灶，使热能利用率由10%左右提高到20%以上，以提高其热能资源的使用价值；同时，在条件适宜的地方，把秸秆作为发酵原料，生产沼气和有机肥料，这不仅可以使秸秆的热能利用率比老式柴灶提高1倍以上，还可

使其有机质和营养元素还田，促进农田生态平衡。

3. 人畜粪便

在农村比较多。畜禽排泄物是其他形态生物质(主要是粮食、农作物秸秆、牧草等)的转化形式、包括畜禽排除的粪便，尿及其与垫草的混合物。

从兴办沼气以来，中国、印度等国家都把人畜粪便用作沼气的主要发酵原料。中国每年可搜集的人畜粪便 127Mt(干重)，在温度适宜的条件下，每吨人畜粪便(干重)可产沼气 250~300m^3，可解决 3~4 人一年的生活燃料。如果中国可搜集的人畜粪便有一半用于发展沼气，则可为 2 亿人提供优质的气体燃料，粪便作为能源资源的开发前景是可观的。人畜粪便制取沼气燃料以后，其肥料效益不会降低，速效氮成分上升。

4. 工业有机废水和垃圾

由城镇居民生活、商业和服务业排出的生活污水和工厂排出的废水。如冷却水、洗浴排水、洗衣排水、粪便排水等。工业上排放的有机废水，如酒精、酿酒、食品、制药、造纸等。这些废水、污水中都含有丰富的有机物。同时，工业有机废水和垃圾是环境的主要污染源，对生态平衡破坏极大。对这些废物的科学处理和合理利用，已受到许多国家的高度重视。在处理这些废物时，利用其中的能源已被当作一个目的。从有机废水中取得能源，主要是通过厌氧微生物消化产生沼气。

从垃圾中取得能源有几种形式：①把垃圾投入焚烧炉直接燃烧，产生蒸汽发电或将蒸汽对用户直接供热；②把可燃垃圾与城市污泥或残油渣掺和制球燃烧；③把可燃性垃圾经过发酵、机械粉碎、压块成型后燃烧；④把有机垃圾在隔绝空气或缺氧条件下高温加热，热解后制成燃料气(氢、一氧化碳等)和燃料油(液态焦油)；⑤把有机垃圾中有机质通过微生物消化转化为沼气。

就世界而言，工业有机废水的厌氧发酵和垃圾直接焚烧技术，在法国、德国等国已有成熟技术，应用较多；垃圾成型燃料和热解制气、制油燃料技术，也开始实际应用；垃圾沼气发酵的应用技术，尚处于研究试验当中。在中国，工业有机废水的厌氧发酵制取沼气技术，近年发展较快，在酒厂、酒精厂和畜禽场，已建成了一批实用工程。

调整原料和产品路线，是当前推动生物质能源产业继续发展的关键。

5.1.3 生物质能的特点

作为世界第四大能源，生物质能在人类历史上曾发挥着重要的作用，在现实生产生活中，尤其是在发展中国家的农村，生物质能的消耗占全国能量消耗的 40%，与其他能源相比，生物质能有其特有的特性。

1. 分布广泛且产量巨大

生物质能源的分布广泛，从南极到北极，从海洋到陆地，从平原到高山，到处都有生物质能的分布。生物质能在整个能源系统中占有重要地位，一直是人类赖以生存的重要能源之一，就其能源当量而言，是仅次于煤、油、天然气而列第四位的能源。目前，全球每年水、陆生物质通过植物光合作用产生的有机物达 180Gt，热当量为 3×10^{21} J 左右，是全球目前总能耗量的 10 倍，而作为能源的利用量还不到其总量的 1%，而中国理论生物质能资源为 5Gt 左右标准煤，是目前我国总能耗的 4 倍左右。据估计，在理想状况下，地球上生产生物质的潜力可达到现实能源消费的 180~200 倍。

2. 可再生性好

大多数的生物质能是净初级生产品，即利用太阳能将二氧化碳(通过光合作用)转化为有用的碳类化合物的地球生物量。每年有大量的净初级生产品产生消亡，但当环境条件适合生长时又会有大量的净初级生产品产生。只要保证相对合理地开发、利用，就能得到较好的恢复与再生，这些净初级产品是不会全部耗尽的，但可获得的量会有所波动。

3. 生物质能是绿色能源

主要包含两方面的内容：第一，生物质能可以减少有害气体及烟尘排放量和温室气体增量，维持全球碳平衡，提高环境质量。目前主要的功能是减少因使用化石能源而产生的 CO_2、SO_2 等气体的排放。第二，开发利用生物质能可以减少环境公害，如生产、生活废物堆积引起的大量占用耕地现象和对景观的影响。

4. 开发转化技术容易

从目前国内外生物质能开发利用的基本形式来看，生物质能的开发较之其他新能源如：太阳能、风能、地热能、潮汐能等的开发利用相对普及。这主要是由于生物质能的开发具有层次性，无论是初级产品还是高级产品都与人类的生产生活息息相关。正是基于此，生物质开发技术上的难题就相对较少，人们既可利用生物质能的热能效应又可将简单的热效应充分转化为化学能、电能等高层次能源。

但由于生物质能分布较为分散，能量密度、热值及热效率低等特点，目前其利用率尚不高，仅占全球能源消耗总量的22%。

5.1.4 生物质能的利用技术

人类对生物质能的利用分直接利用和间接利用。直接利用主要是农作物的秸秆、稻草、木材等直接作为燃料燃烧。间接利用主要有农林废弃物、动物粪便、垃圾及藻类等，它们通过微生物作用生成沼气或采用热分解法制造液体和气体燃料，也可制造生物碳。生物质能的转换方式见图 5-2。

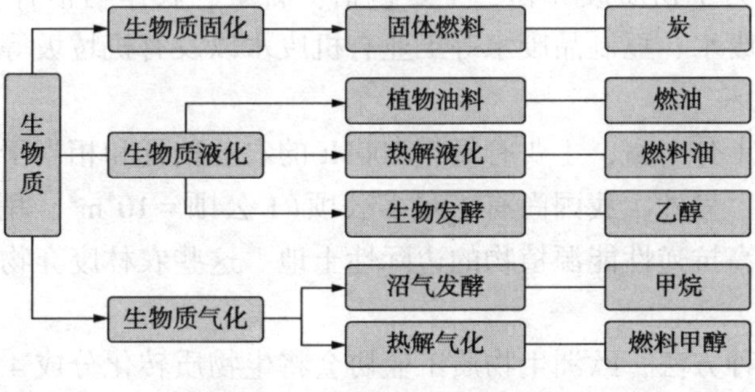

图 5-2 生物质能的转换方式

生物质能资源可开发量的计算，可采用如下公式进行计算：

薪柴可开发资源量 = $\sum$ 森林面积 × 单位面积产量 × 可取薪柴面积系数

农作物秸秆可开发资源量 = $\sum$ 农作物产量 × 草谷比 × 搜集系数 × 可利用作燃料系数

人畜粪便可开发资源量 = $\sum$ 人畜数量 × 排泄量 × 搜集系数 × 可利用作燃料系数

工业有机废水可开发资源量 = $\sum$ 工业品产量 × 废水产品比 × 搜集系数

有机垃圾可开发资源量 = $\sum$ 城镇人口量 × 人均垃圾量 × 有机无机比

现阶段生物质能利用在我国主要有直接燃烧、热化学转化和生物转化 3 种途径(图 5-3)。其中生物质的直接燃烧在今后相当长的时间内仍将是我国生物质能利用的主要方式。在我国大部分农村至今仍在用烧柴灶。

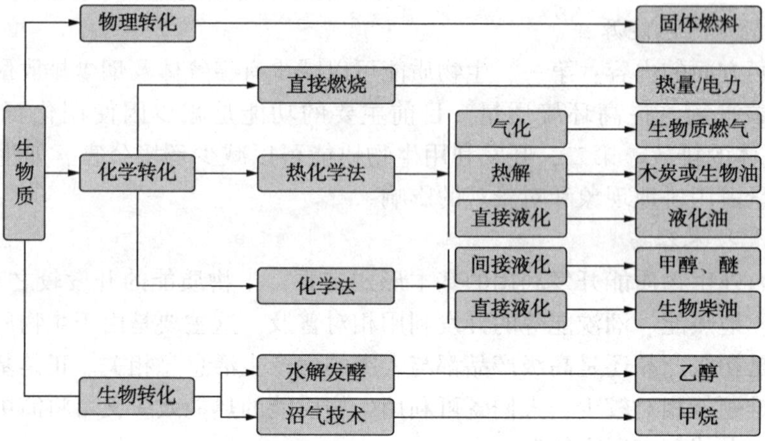

图 5-3 生物质能的主要利用技术

生物质的热化学转换是指在一定的温度和条件下使生物质汽化、碳化、热解、和催化液化，以生产气燃料、液态燃料和化学物质的技术。生物质的生物化学转换包括生物质-沼气转换和生物质-乙醇转换等。

目前，生物质能的利用方法主要有直接燃烧法、生化转化、液化技术、固化技术及气化技术。

中国产业调研网发布的《2016~2020 年中国生物质能利用行业研究分析及发展趋势预测报告》认为，中国拥有丰富的生物质能资源，中国理论生物质能资源 5Gt 左右。现阶段可供利用开发的资源主要为生物质废弃物，主要包括：薪柴、农作物秸秆、人畜粪便、酿酒废醪、糖蜜废水、屠宰废水、豆制品废水等工业有机废水以及有机垃圾等。

1. 生物质燃料技术

我国生物质资源十分丰富，主要有每年 700Mt 的农业秸秆和相当于 130Mt 石油能量的林业采伐及加工剩余物。另外，我国尚有 1 亿多公顷(1 公顷 = 10^4m^2，稍少于现耕地面积)不宜垦为农田、可种植高抗逆性能源植物的边际性土地。这些农林废弃物和边际性土地是发展生物质燃料的基础。

生物质转化有各种方法，欧洲生物质工业协会将生物质转化分成 4 大类：直接燃烧、热化学转化工艺(包括热解和气化)、生物化学工艺(包括厌氧消化和发酵)以及物理化学加工(生产生物柴油的路线)。选用的技术取决于特定的原材料和下游产品的化学成分。

目前全球利用生物质生产燃料已有相当规模。乙醇是当今使用最多的生物燃料，世界乙醇产量的 40%以上所用原料为甘蔗，此方面以巴西为主。谷物原料乙醇排在第二位，美国主要以谷物生产乙醇。有专家计算，如果将美国所有的谷物和大豆以 100%植物油形式来生产生物柴油，只能满足美国目前需求量的 15%，而以废弃生物质为原料可避免发生与人争粮问题。

以生物质为原料生产化学品是可持续发展的重要课题。长远来看，生物炼油厂可生产许多下游化学品、燃料和其他产品。

生物质能源技术就是把生物质转化为能源并加以利用的技术，按照生物质的特点及转化方式可分为固体燃料生产技术、液体燃料生产技术、气体燃料生产技术。固体生物燃料技术包括生物质成型技术、生物质直接燃烧技术和生物质与煤混烧技术，是广泛应用且非常成熟的技术，生物质常温成型技术代表着固体生物质燃料的发展趋势；生物液体燃料可以替代石油作为运输燃料，不仅能解决能源安全问题，还有利于减少温室气体排放，还可以作为基本有机化工原料，代表着生物能源的发展方向，液体生物燃料包括燃料乙醇、生物柴油、生物质经气化或液化过程再经化学合成得到的生物燃油(BTL，Biomass to Liquid Fuel)；气体生物燃料包括沼气、生物质气化、生物质制氢等技术，工业化生产沼气以及沼气净化后作为运输燃料(GTL，Gas to Liquid Fuel)是近期内发展气体生物燃料的现实可行技术。

当前，我国生物质转化利用的产品包括固体燃料、液体燃料油(包括乙醇、生物柴油、生物油等)、气体燃料和生物质气化发电。

(1) 生物质固体燃料

生物质成型燃料燃烧是把生物质固化成型后采用略加改进后的传统燃煤设备燃用，该技术将低品位的生物质转化为高品位的易储存、易运输、能量密度高的生物质颗粒或燃料，热利用效率显著提高，能效可达45%(如瑞典的Kcraft热电工厂)，超过一般煤的能效。

1) 生物质固体燃料生产技术

目前国内外普遍使用的生物质成型工艺，其压缩技术主要包括螺旋挤压式成型技术、活塞冲压成型技术和压辊式成型技术。其中前两种技术发展较快，技术比较成熟，应用较广。但一般的成型技术需要将生物质加热到80℃以上才能使其成型，所以能耗较高，增加了生物质成型燃料的成本。

现有的生物质成型技术必须在加热条件下进行，常温成型技术则打破了这一传统概念。目前，中国(清华大学)和意大利(比萨大学)两国分别开发出生物质常温(<40℃)成型技术，使生物质成型燃料的成本显著降低，为生物质成型燃料的广泛应用奠定了基础。生物质材料的力传导性极差，但通过缩短力传导距离，给其一个剪切力，可使被木质素包裹的纤维素分子团错位、变形、延展，在较小的压力下，可使其相邻相嵌、重新组合而成型。利用这一理论制造的机械设备，可以实现自然含水率生物质不用任何添加剂、黏结剂的常温压缩成型。常温成型技术为生物质低成本高效利用打开了方便之门，不仅可以生产高效固体清洁燃料，而且提高了生物质的能量密度，方便运输，可以作为液体燃料和生物化工产品的生产原料。成型燃料还解决了直接燃烧能效低的问题，使颗粒燃料可以在千家万户作为炊事、取暖燃料，而以往的生物质直燃技术只适用于大型锅炉系统，小型直燃系统能效仅为10%~15%，且因燃烧不完全造成环境污染。但是，在原料脱水预处理、提高单机生产能力方面尚需做大量的工作。

瑞典的Stockholm Energy公司1970年末首先将3座100MW燃油锅炉改为使用生物质颗粒燃料；Kraft热电工厂在世界上首先开发热、电、颗粒燃料联产技术并投入商业化生产，能效高达86%。瑞典的生物质成型燃料已广泛应用于供热和工业锅炉，其中集中供热的20%是由颗粒燃料提供。瑞典的人均燃料占有量为130kg，居世界第一位。

2) 生物质直接燃烧技术

生物质水分较高(有的高达60%左右)，热值较低，燃烧过程还要考虑结渣和腐蚀问题。

直接燃烧主要包括炉灶燃烧、焚烧垃圾、锅炉燃烧压缩成型燃料、联合燃烧。炉灶燃烧是传统的用能方式，作为能源转化形式是一项传统的技术，具有低成本、低风险等优越性，但效率相对较低，还会因燃烧不充分而污染环境，所以在逐渐被淘汰。直接燃烧锅炉燃烧采用现代化的锅炉技术，适用于大规模利用生物质；垃圾焚烧也采用锅炉燃烧技术，但由于垃圾的品位低及腐蚀性强等原因，对技术水平和投资的要求高于锅炉燃烧。焚烧垃圾是锅炉在800~1000℃高温下燃烧垃圾可燃组分，将释放的热量来供热或发电。压缩成型燃料燃烧是先将生物质压缩成密度大的性能接近煤的物质，再将其燃烧发电，因其排放的污染尾气小而发展前景良好。通过技术改进，生物质直接燃烧的能效已显著提高，直接燃烧的能效已达30%(如丹麦的Energy 2秸秆发电厂、瑞典的Umea Energy垃圾热电厂)。

芬兰从1970年就开始开发流化床锅炉技术，现在这项技术已经成熟，并成为生物质燃烧供热发电工艺的基本技术。这种技术大规模条件下效率较高，单位投资也较合理。但它要求生物质集中，数量巨大。如果考虑生物质大规模收集或运输，成本也较高，适于现代化大农场或大型加工厂的废物处理，对生物质较分散的发展中国家可能不适合。

一般生物质直接燃烧发电的过程包括：生物质与过量空气在锅炉中燃烧，产生的热烟气和锅炉的热交换部件换热，产生出的高温高压蒸汽在蒸汽轮机中膨胀做功发出电能。根据不同的技术路线，分为汽轮机、蒸汽机和斯特林发动机等。意大利开发了适合村镇使用的小型生物质发电技术，燃烧秸秆或木屑生热，锅炉中的介质是油而不是通常的水，再通过油加热有机硅油产生蒸气驱动透平机发电，该系统热能利用率比普通系统高5%以上，已在德国使用。

3）生物质与煤混烧技术

联合燃烧是将生物质掺入燃煤中燃烧发电，此法可减少SO_2、NO_2等污染气体的排放。现有电厂利用木材或农作物的残余物与煤的混合燃烧是比较现实的技术，除了能够提高农林废物利用率外，还可以降低燃煤电厂NO_x的排放。在美国，有300多家发电厂采用生物质能与煤炭混合燃烧技术，装机容量达6000MW。国内已有多家锅炉厂家生产生物质和煤混烧的链条炉和流化床炉，分别在东南亚国家和我国广东等省运行。

（2）液体生物质燃料

液化是一个在高温高压条件下进行的生物质热化学转化过程，通过液化可将生物质转化成高热值的液体产物。生物质液化是将固态的大分子有机聚合物转化为液态的小分子有机物的过程。

目前液体生物燃料主要被用于替代化石燃油作为运输燃料，如替代汽油的燃料乙醇和替代石油基柴油的生物柴油等。而生物柴油又分为从植物油得到的生物柴油和通过气化或液化得到的生物燃料BTL。BTL技术被认为是最有前途的生物液体燃料技术。

1）燃料乙醇

从1970年起，巴西首先开始用燃料乙醇部分替代汽油，已经成为当今世界上最大的燃料乙醇生产和消费国，也是唯一不使用纯汽油燃料的国家。美国在20世纪70年代末，制订了“乙醇发展计划”，开始大力推广车用乙醇汽油。

近年来，我国颁布一系列燃料乙醇及相关产品的法律法规，开展燃料乙醇试点，鼓励生产和利用生物液体燃料，使乙醇汽油的推广有法可依。从乙醇汽油试点推广到现在计划在全国推广，国家对燃料乙醇的扶持政策分五个阶段：第一阶段，对燃料乙醇生产企业从原料收购和销售环节进行补贴，同时还享受税收返还和减免优惠；第二阶段，对燃料乙醇生产企业采用的是定额补贴政策，同时延续了试点期内的税收优惠政策，陈化粮补贴政策和燃料乙醇定价机制；第三阶段，对燃料乙醇生产企业采用的是弹性补贴政策，该政策实施与国际油价粮价以及标准生产成本相挂钩的弹性补贴机制，继续享受税收返还和减免优惠；第四阶段，是去燃料乙醇扶持政策的过程，燃料乙醇补贴逐年降低，直至取消补贴，对税收的返还和减免优惠也将逐步取消，增值税退还比例从100%逐年降低20%，直至取消，消费税逐年恢复征收至5%；第五阶段，对燃料乙醇不再进行补贴，由市场定价，强制乙醇汽油替代MTBE汽油。计划到2020年，在全国范围内推广使用车用乙醇汽油，基本实现全覆盖，预计燃料乙醇利用量15Mt。乙醇汽油全国推广的实施方案，将为传统玉米酒精企业转产提供良机，为扩大玉米和木薯进口提供商机，为乙醇进口贸易提供机会，为行业发展提供新的发展和机遇。

2）生物柴油

将植物油与甲醇或乙醇等短链醇在催化剂或者在无催化剂超临界状态下进行反应，生成生物柴油(脂肪酸甲酯)，并获得副产物甘油。

生物柴油是燃料乙醇以外的另一种液体生物燃料，从动植物油脂生产的一种长链脂肪酸的单烷基酯，在工业应用上主要指脂肪酸甲酯。天然油脂多由直链脂肪酸的甘油三酯组成，与甲醇酯交换后，相对分子质量降至与柴油接近，从而使其具有更接近于柴油的性能，十六烷值高，润滑性能好，是一种优质清洁柴油。同时这些长链脂肪酸单烷基酯可生物降解，高闪点，无毒，VOC低，具有优良的润滑性能和溶解性，所以也是制造可生物降解高附加值精细化工产品的原料。

生物柴油可以单独使用以替代柴油，又可以一定的比例与柴油混合使用。除了为公共交通车、卡车等柴油机车提供替代燃料外，又可为海洋运输业、采矿业、发电厂等具有非移动式内燃机的行业提供燃料。

以日本为例。日本每年的食用油消费量为2Mt，产生的废食用油达0.4Mt，为生产生物柴油提供了原料。借助酶法即脂酶进行酯交换反应，混在反应物中的游离脂肪酸和水对酶的催化效应无影响。反应液静置后，脂肪酸甲酯即可与甘油分离，从而可获取较为纯净的柴油。利用此种方法生产生物柴油有几点值得注意并有待研究解决：①不使用有机溶剂就达不到高酯交换率；②反应系统中的甲醇达到一定量时，脂酶就失活；③反应时间比较长；④一般来说，酶的价格较高。

(3) 气体生物质燃料

气体生物质燃料包括沼气、生物质气化、生物质制氢等技术，以及沼气净化后作为运输燃料GTL(Gas to Liquid Fuel)。

1）沼气与GTL

沼气是有生物质能转换的一种可燃气体，是一种混合物，主要成分是甲烷。沼气的形成是有机物质(如作物秸秆、杂草、人畜粪便、垃圾、污泥及城市生活污水和工业有机废水等)在厌氧条件下，通过种类繁多、数量巨大、功能不同的各类微生物的分解代谢(微生物发酵作用)而生成的一种以甲烷(CH_4)为主要成分的混合气体(有少量其他气体，如水蒸气、硫化氢、一氧化碳、氮气等)。由于这种气体最先是在沼泽中发现的，所以叫沼气。沼气发酵过程一般可分为三个阶段，即水解液化阶段、酸化阶段和产甲烷阶段。沼气发酵技术包括小型用户沼气池技术和大中型厌氧消化技术。人畜粪便、秸秆、污水等各种有机物在密闭的沼气池内，在厌氧条件下发酵，种类繁多的沼气发酵微生物分解转化，从而产生沼气。沼气可以燃烧，在农村通常用来烧饭、照明。

现代生物质能的利用是通过生物质厌氧发酵制取甲烷，用热分解法生成燃料气、生物油和生物碳，用生物质制造乙醇和甲醇燃料，以及利用生物工程技术培育能源植物、发展能源农场。

瑞典在沼气开发与利用方面独具特色，利用动物加工副产品、动物粪便、食物废弃物生产沼气，还专门培育了用于产沼气的麦类植物，产气率达300L/kg底物，沼气中含甲烷64%以上。

2）生物质气化技术

气化是以氧气(空气、富氧或纯氧)、水蒸气或氢气作为气化剂，在高温下通过热化学反应将生物质的可燃部分转化为可燃气(主要为一氧化碳、氢气和甲烷以及富氢化合物的混合物，还含有少量的二氧化碳和氮气)。通过气化，原先的固体生物质被转化为更便于使用的气体燃料，可用来供热、加热水蒸气或直接供给燃气机以产生电能，并且能量转换效率比固态生物质的直接燃烧有较大的提高。

气化技术是目前生物质能转化利用技术研究的重要方向之一。生物质气化技术已有一百多年的历史。1883年诞生了最早的气化反应器，它以木炭为原料，气化后的燃气驱动内燃机，推动早期的汽车和农业排灌机械产业的发展。欧美等发达国家自20世纪70年代以来相继开展了生物质气化技术的研究，达到了较高的水平。近期的研究主要集中于将生物质转换为高氢燃气、裂解油等高品质燃料，并结合燃气轮机、斯特林发动机、燃料电池等转换方式，转换为电能，为21世纪的电力供应作技术储备。

我国对农林业废弃物等生物质资源的气化技术的深入研究是在20世纪70年代末、80年代初才广泛开展起来的。其中具有代表性技术有中国科学院广州能源所开发的上吸式生物质气化炉和循环流化床气化炉、山东省能源研究所研制的XFL系列秸秆气化炉以及商业部红岩机械厂开发的稻壳气化发电技术等。目前已建立了500多座秸秆气化站，为农民提供燃气；160kW稻壳气化发电系统已进入产业化阶段，该气化发电系统产气量约为785Nm^3/h。

生物质气化过程简单、对设备要求不高，但是能量转化率低(所产生气体的能量一般为生物质所含能量的60%~70%左右，最高为75%)、燃气热值低(仅为4~6MJ/Nm^3)、焦油含量高且燃气被焦油和颗粒污染，亦缺乏有效的净化技术，不能灵活使用热值不同的多样化生物质原料，并且气化过程还需要能量。所以随着生物质直燃(或成型)技术的提高，国外主要采用生物质直接燃烧供热/发电或成型后燃烧供热/发电。国际上在生物质气化方面的发展趋势则是在气化得到合成气的基础上，再经费托合成得到生物柴油或化工产品，仅利用费托合成过程的废气驱动燃气透平发电，而不是专门把气化气用于发电。

3）生物质制氢

氢气是一种可再生、高热值的清洁能源，在燃烧时只产生水作为产物，而不产生氮氧化物、硫化物和颗粒等大气污染物或二氧化碳等温室气体。近年来随着氢气储存技术(如氢化物合金)和燃料电池技术的迅速发展，氢气的制取和利用日益受到重视，被认为是一种最有潜力的替代能源。目前，世界上几乎所有大的汽车制造商都研制推出了以氢为动力的汽车。

通常的制氢方法如水电解法、水煤气转化法、甲烷裂解法都需大量的能耗，而生物法制氢相对成本低廉，克服了其他制氢方法高能耗的弊端，还能以污染物为原料进行生产，去除污染。

生物产氢的重要发展方向是以生物质为原料制取氢气。该项技术的应用将不仅局限于产生高浓度有机废水的食品加工、发酵等行业，而且还可以用城市污水处理厂的剩余污泥、生活垃圾等其他有机废弃物为原料生产氢气。欧洲开发了生物质直接气化制氢技术，过程简单、产氢速度快，显示出巨大潜力，成本显著低于生物质发电再电解制氢、乙醇制氢等，欧洲正在积极开发这项技术。

(4) 其他生物燃料技术

英国曼彻斯特大学 2019 年 10 月发布一项新研究说，研究人员正利用合成生物学技术制造新一代生物燃料。

该校生物技术研究所研究人员与美国一家研究机构合作探讨新一代生物燃料的制作方法。研究人员发现海水中的盐单胞菌能够提供有效的“微生物底盘”，用于合成高价值化合物。未来这一技术可通过类似酿酒行业的生产方式实现更为经济的生物燃料规模生产，所使用的原料部分是海水。

研究人员介绍，这一技术突破的关键在于通过基因重组技术改变微生物的新陈代谢，以创造出用于替代原油的高质量生物燃料。

生物技术研究所商业化总监柯克 · 马隆说，目前生物燃料制作依赖玉米、甜菜等作物，占用农地。借助海水制作生物燃料将可减少燃料与粮食生产抢资源的矛盾，最终制造出来的生物燃料与现在使用的燃料品质基本一样，交通工具无需改装引擎就可使用，并且仍能保持高性能。

2. 生物质发电技术

近年来，中国加速能源结构调整，积极推进生物质能源开发利用，生物质发电、生物质燃气、生物质液体燃料等重点领域蓬勃发展。我国陆续突破了厌氧发酵过程微生物调控、沼气工业化利用、秸秆类资源高效生物降解、高值化转化为液体燃料等关键技术，建立了兆瓦级沼气发电、万吨级生物柴油、千吨级纤维素乙醇及气化合成燃料示范工程。

我国生物质能产业发展前景广阔，其中生物质发电与生物质燃料乙醇产业都已有一定的产业政策支持，至于生物天然气以及生物质固体燃料等领域，尚待更明确的政策支持，发展潜力也非常大。2012 年 3 月我国出台了利于生物质能发展的政策《可再生能源电价附加补助资金管理暂行办法》，其明确指出对可再生能源(包括生物质能发电)进行一定的电价补贴。2012 年年底，国家能源局下发《生物质能发展“十三五”规划》，根据规划目标，2014 年生物质能年利用量超过 50Mt 标准煤。其中，生物质发电装机容量 13GW、年发电量约 780×10^8 kW · h，生物质年供气 $220 \times 10^8 m^3$，生物质成型燃料 10Mt，生物液体燃料 5Mt。

《2016~2020 年中国生物质能利用行业研究分析及发展趋势预测报告》主要研究分析了生物质能利用行业市场运行态势并对生物质能利用行业发展趋势作出预测。报告首先介绍了生物质能利用行业的相关知识及国内外发展环境，并对生物质能利用行业运行数据进行了剖析，同时对生物质能利用产业链进行了梳理，进而详细分析了生物质能利用市场竞争格局及生物质能利用行业标杆企业，最后对生物质能利用行业发展前景作出预测，给出针对生物质能利用行业发展的独家建议和策略。中国产业调研网发布的《2016~2020 年中国生物质能利用行业研究分析及发展趋势预测报告》给客户提供了可供参考的具有借鉴意义的发展建议，使其能以更强的能力去参与市场竞争。

《2016~2020 年中国生物质能利用行业研究分析及发展趋势预测报告》的整个研究工作是在系统总结前人研究成果的基础上开展的，是相关生物质能利用企业、研究单位、政府等准确、全面、迅速了解生物质能利用行业发展动向、制定发展战略不可或缺的专业性报告。自《中华人民共和国可再生能源法》实施以来，中国可再生能源已经进入快速发展时期。截至 2017 年 12 月底，全国可再生能源发电装机达到 313GW，比上年提高 11. 22%，占总装机容量的比例较上年同期增加 0. 85 个百分点。其中水电装机 248. 9GW，比上年增长 6. 8%；风电(并网)60. 83GW，比上年增长 31. 6%；太阳能发电(并网)3. 28GW，同比增长 47. 8%。2017 年全国共消纳可再生能源电量 9680×10^8kW · h，比上年提高 30. 32%。

在 2017 年全年新增发电装机容量中，可再生能源发电新增装机容量占 53. 8%，较上年同期大幅上升 13. 2 个百分点，而火电新增装机容量占 44. 4%，比上年同期大幅下降 15. 2 个百分点。可见，我国电力投资结构显现出了积极变化。2017 年，伴随着核电项目进入投产高峰期，风电投运增速稳定，火电增速持续回落，我国电源结构还将持续优化。

“十三五”时期，我国可再生能源发展经历了一个规模化快速增长时期和能力迅速形成时期，“十三五”期间，我国的可再生能源发展要在规模和基本产业链条形成的基础上，在质量上实现飞跃，建立有竞争力的产业体系。

(1) 生物质发电系统的装置

生物质发电系统是以生物质能为能源的发电工程的总称。它包括垃圾焚烧发电工程、沼气发电工程、水煤气发电工程、薪柴发电工程、蔗渣发电工程等。这类发电工程的规模，受生物质能资源的制约。生物质发电系统的装置包括：

① 将生物质转换成能源的装置。不同的生物质发电工程，转换能源的装置是不同的。如垃圾焚烧电站的转换装置为焚烧炉，沼气电站的转换装置为沼气池或发酵罐。

② 与生物质能相配套的发动机。如垃圾焚烧电站采用蒸汽发动机，沼气电站采用沼气发动机或沼气柴油混烧双燃料发动机。

③ 发电机。

④ 其他附属装置。如沼气电站中为取得沼气所必需的发酵原料的预处理和计量池，沼气输配装置和管路。

(2) 生物质发电系统发电的优点

① 生物质可以再生，其能源可以循环利用，资源不会枯竭。

② 城市粪便、垃圾和工业有机废水对环境污染严重，用于发电可化害为利，变废为宝。

③ 增产电能，缓和缺电矛盾。

就世界范围而论，生物质发电发展迅速，美国生物质发电的总装机容量已超过 10000MW，单机容量达 10~25MW。但目前生物质发电的成本尚高，需组织力量研究开发各种降低发电成本的先进技术。

发展生物质发电是构筑稳定、经济、清洁、安全能源供应体系，突破经济社会发展资源环境制约的重要途径。我国生物质能理论资源总量接近 1. 5Gt 标准煤。如果到 2020 年，生物质能开发利用量达到 0. 5Gt 标准煤，就相当于增加 15%以上的供应。并且生物质能含硫量极低、仅为 3%，不到煤炭含硫量的 1/4。发展生物质发电，实施煤炭替代，可显著减少二氧化碳和二氧化硫排放，产生巨大的环境效益。

5.2 生物质燃料的生产技术

生物燃料可以有多个起始原料，包括糖类、淀粉、植物油、再生纸和纸板以及粗生物质，它们可通过生物或化学方法，或同时采用两种方法进行加工，如图5-4所示不同起始点制取生物燃料的多个路径。无论哪一种方法取胜，这些竞争性技术的通用性均可确保公司取得盈利，并且通过消除对进口石油的依赖而保证能源安全，减少温室气体排放而保证气候安全，这是一个重要的使命。

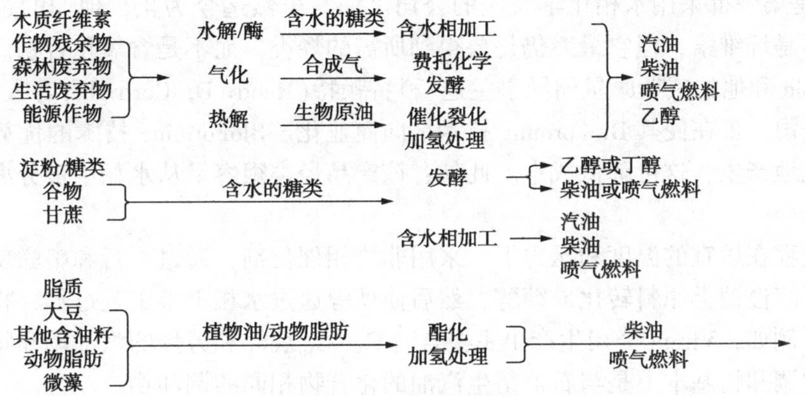

图5-4 不同起始点制取生物燃料的多个路径

5.2.1 水相化学反应

化学方法提供了较广阔的平台，从这一平台来运作，可在化学上调控碳水化合物，而不是将糖类进行发酵，从而可制取醇类、酯类和呋喃，从单一的出发点可制取不同类型的运输燃料。

化学方法制取生物燃料的主要途径之一是水相化学反应。例如，美国Mascal公司的研究组开发了一种双相酸/溶剂反应器，可在一个单一步骤中，从纤维素原料制取取代的呋喃，这个单一步骤无须先进行预处理或将生物质进行分解，通常是溶液相化学所需的步骤。研究人员使用盐酸溶液来消化纤维素起始原料，用二氯乙烷连续地萃取反应混合物，以获得取代的呋喃5-(氯甲基)糠醛，这是一种生物燃料中间体。

该研究团队已使该过程进行改进，用于将生物质作物，如牧草或废弃生物质(谷物秸秆、木质、稻草和再生纸)转化为5-(氯甲基)糠醛或另一种生物燃料中间体乙酰丙酸，根据反应条件的不同，产率可高达95%。据所知，这一将碳水化合物原料转化成简单的有机分子的水平在当前是无与伦比的。

作为额外的好处，单一反应器处理不产生任何二氧化碳，而大多数生物燃料技术都会产生二氧化碳。一个关键的问题是大多数生物燃料过程中，低的效率和差的碳经济性，这些生物燃料过程意味着经济性差，并与生物燃料的碳中性目标相抵触。

微生物很容易将葡萄糖转化成乙醇，但效率低下，因为适用的碳的三分之一最终会成为CO_2。另外，在纤维素和半纤维素多糖物质(它们组成生物质)中存在各种五碳和六碳糖类，但在发酵过程中通常使用的酵母仅能消耗六碳糖类。与工业化学过程相比，这些微生物的工作也很慢，并且不能忍受它们产生的高浓度的乙醇，这就使之限制于批量加工水平。

对于生物燃料而不是乙醇生产，碳的重要部分也被作为 CO_2 损失了，这就影响到烃类产率。基于这些原因，可以认为，制取呋喃和其他类似成分的单一的反应器路线具有优势。然而，一个缺点是要使用卤化溶剂，卤化溶剂可能在工业规模的过程被取代。

当被衍生加工时，糠醛或乙酰丙酸可生成其他呋喃或乙酰丙酸酯，它们可作为独立的燃料，这将需要监管机构批准，或者可能用作调和料，用以制取传统的汽油、柴油或喷气燃料。

在生物燃料公司中，总部设在威斯康星州麦迪逊的 Virent 能源系统(Virent Energy Systems)公司，是第一批采用水相化学反应的公司之一。虽然迄今为止，他们的过程从采用糖类开始，而不是纤维素，但它最终仍是要得到所需的烃类，而不是含氧化合物。

由 Dumesic 和他的威斯康星州同事兰迪-科特赖特(Randy D. Cortright)等人于 2002 年组建的 Virent 公司，正在使其 BioForming 技术推向商业化。BioForming 技术的优势之一是，需要的氢气可就地产生，这可降低成本。此外，该产品烃类很容易从水相中被分离出来，可节约精馏成本。

该工艺过程在适宜的温度和压力下，采用非均相催化剂，通过平行和串联反应，先将部分去氧化的可溶性糖类原料转化成糖醇，然后使糖醇通过水相重整工艺过程，将它们转化成燃料化学品。例如，Virent 公司生产出主要含有 C_5 ~C_{10}烷烃和芳烃的汽油调和物，这些烷烃和芳烃的汽油调和物基本上是与石油衍生汽油的化合物相同的调和物。

5.2.2 合成生物学方法

目前制取生物燃料的合成生物学路线使用众所周知的、安全的工程微生物。但在未来，生产方案可能包括细胞设计，这种细胞将为得到所需的化学品或燃料以及生产过程而定制。

已有几家公司在利用微生物生产商业化生物燃料中起步。例如，总部设在美国科罗拉多州恩格尔伍德(Englewood)的 Gevo 公司采用了工程微生物用以生产 2-甲基丙醇，2-甲基丙醇在行业中被作为异丁醇，异丁醇可用作汽油调和料，或脱水为异丁烯，然后转化为辛烷、芳烃和其他汽油成分。

LS9 公司的技术基于操纵工业大肠杆菌(Bacterium Escherichia)的脂肪酸代谢，可有效地在微生物中进行捕集，采用植物制取植物油。LS9 公司的科学家正在创建工程化的大肠杆菌。大肠杆菌作为“微型炼制厂催化剂”，可有选择地制取带有不同链长、饱和度或支链度的单一烃类产品。

脂肪酸及类异戊二烯两种产品可使工程化细胞扩散出来，并且因为它们在水中溶解度低，故可随时从发酵液中分离，取得纯化的单一产品。因无需耗能的蒸馏，与乙醇相比，可减少燃料成本。该产品的低溶解度也意味着它们对微生物的毒性低，与乙醇和酵母菌相比，允许在发酵罐中可拥有较高的浓度，并且从糖可产生较高的产率。

这类微生物不产生短的高度支链的分子，这些都是汽油所需要的，但仍面临生物合成法制取它们的挑战。

另一限制是工程化的微生物通常只生产一种类型的分子，而燃料通常是许多不同的分子的混合物，后者的品质对燃烧是重要的。然而，没有任何理由认为，燃料必须这么复杂。对于拥有正确属性的某些理想分子，单一化合物也有望作为一种独立的燃料。

5.2.3 生物质直接制备油(生物油)

近年来，生物质制油(BTL)技术和生产设施正在脱颖而出。

生物质热转化为运输燃料的两个主要路径，在化学上类似于现在的由石油生产汽油或柴油，不同的是生产乙醇或生物柴油(脂肪酸甲酯)产品。一个路径是气化产生合成气，然后作为费托合成转化过程进料，生产燃料和化学品，或者转化成甲醇，再进行后序加工。另一路径是快速热解，在缺氧情况下用热量使生物质分解为液体产品(生物油或生物原油)。快速热解在常压和适宜温度(450℃)下进行。热解液体(生物油，BioOil)为低黏度、褐黑色液体，含水高达15%~20%，其产率可超过70%。热解液体进一步直接被炼制成常规的汽油或柴油燃料(容易运送的生物油也可用作为气化的原料)。热解法直接炼制途径的效率高于生物质气化和费托合成加工(生物质制油)，成本也较低，并且可放大为较大的系统。在多个生产地生产的液体生物油运送至炼油厂，比运送大量生物质用于气化的成本要低(图5-5)。

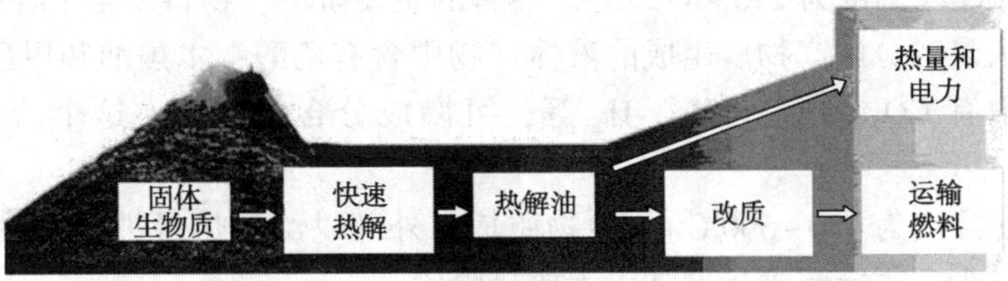

图5-5 生物质热解制运输燃料的过程

生物质热解是指生物质在没有氧化剂(空气、氧气、水蒸气等)存在或只提供有限氧的条件下，加热到逾500℃，通过热化学反应将生物质大分子物质(木质素、纤维素和半纤维素)分解成较小分子的燃料物质(固态炭、可燃气、生物油)的热化学转化技术方法。生物质热解的燃料能源转化率可达95.5%，最大限度地将生物质能量转化为能源产品，物尽其用，而热解也是燃烧和气化必不可少的初始阶段。

1. 热解技术原理

(1) 热解原理

从化学反应的角度对其进行分析，生物质在热解过程中发生了复杂的热化学反应，包括分子键断裂、异构化和小分子聚合等反应。木材、林业废弃物和农作物废弃物等的主要成分是纤维素、半纤维素和木质素。热重分析结果表明，纤维素在52℃时开始热解，随着温度的升高，热解反应速度加快，到350~370℃时，分解为低分子产物，其热解过程为：

$$(C_6H_{10}O_5)_n \longrightarrow nC_6H_{10}O_5$$

$$(C_6H_{10}O_5)_n \longrightarrow H_2O+2CH_3—CO—CHO$$

$$CH_3—CO—CHO+H_2 \longrightarrow CH_3—CO—CH_2OH$$

$$CH_3—CO—CH_2OH+H_2 \longrightarrow CH_3—CHOH—CH_2+H_2O$$

半纤维素结构上带有支链是木材中最不稳定的组分，在225~325℃分解，比纤维素更易热分解，其热解机理与纤维素相似。

从物质迁移、能量传递的角度对其进行分析，在生物质热解过程中，热量首先传递到颗粒表面，再由表面传到颗粒内部。热解过程由外至内逐层进行，生物质颗粒被加热的成分迅速裂解成木炭和挥发分。其中，挥发分由可冷凝气体和不可冷凝气体组成，可冷凝气体经过快速冷凝可以得到生物油。一次裂解反应生成生物质炭、一次生物油和不可冷凝气体。在多孔隙生物质颗粒内部的挥发分将进一步裂解，形成不可冷凝气体和热稳定的二次生物油。同时，当挥发分气体离开生物颗粒时，还将穿越周围的气相组分，在这里进一步裂化分解，称为二次裂解反应。生物质热解过程最终形成生物油、不可冷凝气体和生物质。

（2）热解反应基本过程

根据热解过程的温度变化和生成产物的情况，可以分为干燥阶段、预热解阶段、固体分解阶段和煅烧阶段。

① 干燥阶段（温度为120~150℃）。生物质中的水分进行蒸发，物料的化学组成几乎不变。

② 预热解阶段（温度为150~275℃）。物料的热反应比较明显，化学组成开始变化，生物质中的不稳定成分如半纤维素分解成二氧化碳、一氧化碳和少量乙酸等物质。上述两个阶段均为吸热反应阶段。

③ 固体分解阶段（温度为275~475℃）。热解的主要阶段，物料发生了各种复杂的物理、化学反应，产生大量的分解产物。生成的液体产物中含有乙酸、木焦油和甲醇（冷却时析出来）；气体产物中有 CO_2、CO、CH_4、H_2 等，可燃成分含量增加，这个阶段要放出大量的热。

④ 煅烧阶段（温度为450~500℃）。生物质依靠外部供给的热量进行木炭的燃烧，使木炭中的挥发物质减少，固定碳含量增加，为放热阶段。

实际上，上述四个阶段的界限难以明确划分，各阶段的反应过程会相互交叉进行。

2. 热解工艺及影响因素

（1）热解工艺类型

从对生物质的加热速率和完成反应所用时间的角度来看，生物质热解工艺基本上可以分为两种类型：一种是慢速热解，另一种是快速热解。在快速热解中，当完成反应时间非常短（<0.5s）时，又称为闪速热解。

根据工艺操作条件，生物质热解工艺又可分为慢速、快速和反应性热解三种。在慢速热解工艺中又可以分为炭化和常规热解。

慢速热解（又称干馏工艺、传统热解）工艺具有几千年的历史，是一种以生成木炭为目的的炭化过程，低温干馏的加热温度为500~580℃，中温干馏温度为660~750℃，高温干馏的温度为900~1100℃。将木材放在窑内，在隔绝空气的情况下加热，可以得到占原料质量30%~35%的木炭产量。

快速热解是将磨细的生物质原料放在快速热解装置中，严格控制加热速率（一般大致为10~200℃/s）和反应温度（控制在500℃左右），生物质原料在缺氧的情况下，被快速加热到较高温度，从而引发大分子的分解，产生了小分子气体和可凝性挥发分以及少量焦炭产物。可凝性挥发分被快速冷却成可流动的液体，成为生物油或焦油，其比例一般可达原料质量的40%~60%。

与慢速热解相比，快速热解的传热反应过程发生在极短的时间内，强烈的热效应直接产生热解产物，再迅速淬冷，通常在0.5s内急冷至350℃以下，最大限度地增加了液态产物（油）。

常规热解是将生物质原料放在常规的热解装置中，在低于600℃的中等温度及中等反应速率(0.1~1℃/s)条件下，经过几个小时的热解，得到占原料质量的20%~25%的生物质炭及10%~20%的生物油。

(2) 热解影响因素

总的来讲，影响热解的主要因素包括化学和物理两大方面。化学因素包括一系列复杂的一次反应和二次反应；物理因素主要是反应过程中的传热、传质以及原料的物理特性等。具体的操作条件表现为：温度、物料特性、催化剂、滞留时间、压力和升温速率。

1) 温度

在生物质热解过程中，温度是一个很重要的影响因素，它对热解产物分布、组分、产率和热解气热值都有很大的影响。生物质热解最终产物中气、油、炭各占比例的多少，随反应温度的高低和加热速度的快慢有很大差异。一般来说，低温、长期滞留的慢速热解主要用于最大限度地增加炭的产量，其质量产率和能量产率分别达到30%和50%(质量分数)。温度小于600℃的常规热解时，采用中等反应速率，生物油、不可凝气体和炭的产率基本相等；闪速热解温度在500~650℃范围内，主要用来增加生物油的产量，生物油产率可达80%(质量分数)；同样的闪速热解，若温度高于700℃，在非常高的反应速率和极短的气相滞留期下，主要用于生产气体产物，其产率可达80%(质量分数)。当升温速率极快时，半纤维素和纤维素几乎不生成炭。

2) 生物质材料的影响

生物质种类、分子结构、粒径及形状等特性对生物质热解行为和产物组成等有着重要的影响。这种影响相当复杂，与热解温度、压力、升温速率等外部特性共同作用，在不同水平和程度上影响着热解过程。由于木质素较纤维素和半纤维素难分解，因而通常含木质素多者，焦炭产量较大；而半纤维素多者，焦炭产量较小。在生物质构成中，以木质素热解所得到的液态产物热值为最大；气体产物中以木聚糖热解所得到的气体热值最大。

生物质粒径的大小是影响热解速率的决定性因素。粒径在1mm以下时，热解过程受反应动力学速率控制，而当粒径大于1mm时，热解过程中还同时受到传热和传质现象的控制。大颗粒物料比小颗粒传热能力差，颗粒内部升温要迟缓，即大颗粒物料在低温区的停留时间要长，从而对热解产物的分布造成影响。随着颗粒的粒径增大，热解产物中固相炭的产量增大。从获得更多生物油角度看，生物质颗粒的尺寸以小为宜，但这无疑会导致破碎和筛选有难度，实际上只要选用小于1mm的生物质颗粒就可以了。

3) 催化剂的影响

有关研究人员用不同的催化剂掺入生物质热解试验中，不同的催化剂起到不同的效果。如：碱金属碳酸盐能提高气体、炭的产量，降低生物油的产量，而且能促进原料中氢释放，使空气产物中的 H_2/CO 增大；K^+ 能促进 CO、CO_2 的生成，但几乎不影响 H_2O 的生成；$NaCl$ 能促进纤维素反应中 H_2O、CO、CO_2 的生成；加氢裂化能增加生物油的产量，并使油的相对分子质量变小。

另外，原料反应得到的产物在反应器内停留时间、反应产出气体的冷却速度、原料颗粒尺寸等，对产出的炭、可燃性气体、生物油(降温由气体析出)的产量比例也有一定影响。

4) 滞留时间

滞留时间在生物质热解反应中有固相滞留时间和气相滞留时间之分。固相滞留时间越短，热解的固态产物所占的比例就越小，总的产物量越大，热解越完全。在给定的温度和升温速率的条件下，固相滞留时间越短，反应的转化产物中的固相产物就越少，气相产物的量就越大。气相滞留期时间一般并不影响生物质的一次裂解反应过程，而只影响到液态产物中的生物油发生的二次裂解反应的进程。当生物质热解产物中的一次产物进入围绕生物质颗粒的气相中，生物油就会发生进一步的裂化反应。在炽热的反应器中，气相滞留时间越长，生物油的二次裂解发生的就越严重，二次裂解反应增多，放出 H_2、CH_4、CO 等，导致液态产物迅速减少，气体产物增加。所以，为获得最大生物油产量，应缩短气相滞留时间，使挥发产物迅速离开反应器，减少焦油二次裂解的时间。

5）压力

压力的大小将影响气相滞留时间，从而影响二次裂解，最终影响热解产物产量的分布。随着压力的提高，生物质的活化能减小，且减小的趋势渐缓。在较高的压力下，生物质的热解速率有明显的提高，反应也更激烈，而且挥发产物的滞留期增加，二次裂解较大；而在低的压力下，挥发物可以迅速从颗粒表面离开，从而限制了二次裂解的发生，增加了生物油产量。

6）升温速率

升温速率对热解的影响很大，一般对热解有正反两方面的影响。升温速率增加，物料颗粒达到热解所需温度的相应时间变短，有利于热解；但同时颗粒内外的温差变大，由于传热滞后效应会影响内部热解的进行，随着升温速率的增大，温度滞后越严重，热重曲线和差热曲线的分辨力就会越低，物料失重和失重速率曲线均向高温区移动。热解速率和热解特征温度（热解起始温度、热解速率最快的温度、热解终止温度）均随升温速率的提高呈线性增长。在一定热解时间内，慢加热速率会延长热解物料在低温区的停留时间，促进纤维素和木质素的脱水和炭化反应，导致炭产率增加。气体和生物油的产率在很大程度上取决于挥发物生成的一次反应和生物油的二次裂解反应的竞争结果，较快的加热方式使得挥发分在高温环境下的滞留时间增加，促进了二次裂解的进行，使得生物油产率下降、燃气产率提高。

总之，随着技术的不断完善，研究的方向和重点也在拓宽。以前侧重热解反应器类型及反应参数，以寻求产物最大化；而现在整体利用生物质资源的联合工艺以及优化系统整体效率被认为是最大化热解经济效益、具有相当大潜力的发展方向；除此之外，提高产物品质、开发新的应用领域也是当前研究的迫切要求。

今后的研究主要集中在如何提高液化产物收率，寻求高效精制技术，提高生物油品质，降低运行成本，实现产物的综合利用和工业化生产等方面。同时加强生物质液化反应机理的研究，特别是原料种类及原料中各种成分对热化学反应过程及产物的影响。在理论研究的基础上，将现有设备放大，降低生物油生产成本，逐渐向大规模生产过渡，完善生物油成分和物理特性的测定方法，制定统一的规范和标准，开发生物油精制与品位提升新工艺，开发出用于热化学催化反应过程中的低污染高效催化剂，使其能够参与化石燃料市场的竞争。

5.3 乙醇生产技术与发展趋势

乙醇既可以由乙醛氢化或乙烯水合制成，也可由单糖类（如甘蔗、甜菜等）、淀粉类植物（如玉米、薯类、大麦等）及纤维类（如木屑、树枝及秸秆等）为原料采用生物发酵方法制成，还可从再生的农业、林业废料等生物物质中制取。制造醇类的原料是相当广泛的，理论上所有含糖、淀粉、纤维素的生物质都可作为乙醇生产的原料。

目前世界各国都在根据自己的国情和资源来确定制醇的原料和途径。如巴西盛产甘蔗，由蔗糖制造乙醇被认为是一项替代汽油的理想途径；美国是世界上玉米的最大生产国，乙醇生产原料主要为玉米，约占生产原料的90%。

以生物质制取乙醇的工艺技术已有悠久的历史，到目前为止，技术上已经基本成熟。生物质(速生树木、农业废弃物等)生产燃料乙醇的过程大体为：①生物质低分子化生成糖类；②糖类经微生物作用生成乙醇；③含有乙醇的发酵液经分离精制得到99.5%以上的乙醇。

日本一家公司研究出了利用生活垃圾和农业废弃物制造乙醇的方法。这家公司采用了日本森林综合研究所开发的臭氧处理法来分解旧报纸、纸制容器、废木材等垃圾以及树皮、稻草等农业废弃物，并用一种特殊的酶把其中的纤维素转换成为葡萄糖，进而再经过酵母发酵、成熟、蒸馏，制造乙醇。

5.3.1 乙醇生产常规技术及进展

1. 乙醇生产技术概述

乙醇工业生产方法分为发酵法和合成法两大类。

(1) 发酵法

就是人们熟知的酿酒，几千年以前人类已学会酿酒。所谓发酵法，就是利用微生物-酵母菌在无氧条件下将糖转化为酒精的生产方法。

发酵法可采用各种含糖、淀粉或纤维素的农产品、林产品、工业副产、农业副产及野生植物为原料，整个生产过程分为原料蒸煮、糖化剂制备、糖化(水解)、酵母制备、发酵及蒸馏等工序。每吨乙醇需消耗3t多粮食或5t多白薯干。在一些农副产品丰富的国家，发酵法至今仍是生产乙醇的主要方法。

发酵法又分为固体发酵法、半固体发酵法和液体发酵法三种。目前，固体发酵法和半固体发酵法在我国主要是用于生产白酒，一般产量较小，生产工艺较古老，劳动强度大。而在现代大生产中，都采用液体发酵法生产酒精，它与固体发酵法相比，具有生产成本低、生产周期短、连续化、设备自动化、大大减轻劳动强度等优点。

不论是固体、半固体、液体发酵法，都是利用淀粉作原料，经过微生物发酵转化为糖，再由糖转化为酒精。在转化过程中发生一系列极其复杂的生化反应。转化原料中的可溶性淀粉在糖化酶的作用下，将可溶性淀粉转化为可发酵的糖，再在酒化酶作用下，将糖水解成酒精并放出二氧化碳。

根据淀粉水解方程式，可以推算出100kg 100%的淀粉，可产95%(容量)的酒精61.49kg，能产100%的酒精56.78kg。

发酵法在相当长的一段时间里，用来生产乙醇的原料主要是甘蔗、甜菜、甜高粱等糖料作物和木薯、马铃薯、玉米等淀粉作物。因为这些糖和淀粉也是我们生活所必需的物质，用它们来大量生产乙醇作燃料，显然会影响到人类的食物来源。

为此，科研人员开始探索秸秆制乙醇，就是将秸秆通过酶水解成单糖，然后再发酵成为乙醇。该工艺目前世界上尚未进行大规模生产，主要因为酶的成本太高，使得乙醇没有竞争力。国内曾有科研单位利用玉米棒芯进行生产乙醇的中间试验，并通过了中试，但终因成本太高，未将这项工艺用于实际生产。此外，秸秆的高收集成本也是一个很难解决的问题。

但从长远来看，利用农林纤维废弃物生产乙醇仍是一个十分吸引人的方向，世界上很多国家都在开展这方面的研究，但至今还不能采用发酵法制取乙醇来解决车用燃料问题。

(2) 化学合成法

随着石油工业的迅速发展，石油裂解产生的乙烯是制造合成乙醇的原料。用此法生产乙醇比例在国外占乙醇总产量的20%，我国也有生产。

合成法是以乙烯为原料生产乙醇。1825年俄国人发现乙烯和硫酸经酯化、水解可合成乙醇，1930年该法首次在美国实现工业化。随着石油化工的迅速发展，合成法生产的乙醇产量越来越大，但该法生产的乙醇中夹杂着异构高碳醇，对人有麻痹作用，不宜作食品、饮料、医药和香料等。所以，即使在石油化工发达的国家，发酵法乙醇仍占有一定比例。

化学合成法生产酒精的方式有间接水合法和直接水合法两种。目前工业上采用的合成法主要是乙烯直接水合法，即将乙烯在浸渍有磷酸的固体催化剂上进行水合反应。所得稀乙醇溶液需经过精馏提纯以除去部分水和副产物。用普通的精馏法得到的乙醇浓度最高只有95.6%，工业上可进一步加工最后制得纯度为99.5%的无水乙醇。

①间接水合法(又称硫酸水合法)，硫酸与乙烯经加成作用生成硫酸氢乙酯。

②直接水合法，乙烯与水蒸气在磷酸催化剂存在下，经高温、高压作用，可直接发生加成反应生成酒精。

从反应条件可以看出，化学合成法生产酒精，所用生产设备要求具有较高的耐酸、耐压性能，生产条件和成本均较高。所以我国一般不用此方法生产酒精，基本上都是用淀粉质原料或糖质原料进行发酵来生产酒精。

乙烯水合制取乙醇不能指望有大的前途，因为乙烯要从石油中得到。

合成法合成乙醇除乙烯水合制取乙醇途径外，还有一条开发中的路线：即合成气合成乙醇，是指从合成气或 CO_2+H_2 合成乙醇，可以从煤化工出发，但是国内外均尚未工业化，原因是合成乙醇的工艺路线并不完善，经济指标达不到与其他方法匹敌的水平。在20世纪80年代中期，国内有这样的科研成果，曾经宣传一时，但是最终没有工业化，原因是铑催化剂合成乙醇的工艺活性比较低，催化剂价格太高。目前对这项工艺的研究还很少，仅仅停留在催化剂的开发上，距离工业化还很遥远。

2. 乙醇提浓技术

制取燃料乙醇的关键技术是乙醇脱水。因为乙醇/水溶液在常压下，在乙醇浓度为95.6%时会形成共沸体系。为了制取无水乙醇产品，传统方法是采用恒沸蒸馏或者分子筛脱水，能耗很高。如果采用渗透汽化膜分离技术，则可以比传统方法节能1/2以上，并且其过程简单，操作方便，系统稳定可靠，占地面积小，装置距地面高度低，便于放大，易于和其他过程耦合与集成。

目前，能耗费用成本是乙醇生产第二位的最大支出，第一位是原料。乙醇生产是能量密集的过程，其中约50%的成本是用于乙醇蒸馏和脱水。

目前，国内外很多科学家正致力于这些方面的研究，我国也已取得可喜的进展。例如，清华大学研发的渗透汽化膜分离技术已成功用于乙醇和水的分离，比采用传统的精馏法降低生产成本50%以上。

日本超声 Brewery 公司开发了一种工艺，可从稀的醇溶液分离水，使醇达到99.5%浓度，而无须使用常规的蒸发或蒸馏。该工艺组合采用超声波照射与沸石吸附，耗用能量为蒸馏方法的约1/8。为此，提纯乙醇的总费用预期为蒸馏方法的1/3。在新工艺中，来自发酵过程(30℃)稀的(10%~15%)乙醇溶液进入一容器中，容器内设置300个陶瓷压电转换器(置于底部)，每一个都在2.3MHz频率和20W电力下运作，超声波照射使液体上方形成富含乙醇的雾沫，它藉空气的流动进入换热器，在换热器中，雾沫冷凝成50%的乙醇。然后进入充填有专用沸石的塔器，沸石吸附水，生成99.5%的乙醇。两个塔以吸附或再生交换使用，可连续操作。

美国卡内基-梅隆大学化学工程专家成功设计出一种新工艺，可以大幅提高以玉米为原料生产乙醇的效率。新工艺的关键在于重新设计蒸馏过程，采用了一种“多柱系统”以及能量回收网络，最终使得乙醇生产过程中的耗能“大户”——蒸汽的消耗量大幅降低。为了从发酵液中生产接近100%纯度的乙醇，常规工艺采用二步蒸馏法操作，该操作占总能量需求近55%。因此，改进浓缩步骤是降低生产生物乙醇成本的关键。

日本东京大学化学系统工程系与日本食品研究院、日本农业与食品研究组织合作，开发了新的“闸门保持器”阻隔膜法技术。该阻隔膜的制作是将聚合物——聚合物-正(异)丙基丙烯酰胺-共-正(异)丙基甲基丙烯酰胺(在聚合物中含有60% NIPMAM)，通过等离子填充聚合技术，将其组合到多孔聚乙烯基质膜上。乙醇通过该阻隔膜的流量主要取决于浓度，该膜好似一个机械阀门，当进料中的乙醇浓度高于8%时，乙醇通过膜的流量高，但如果浓度低于8%则流量为零。这一表现是由于聚合物的膨胀或收缩而引起，膨胀或收缩使膜上的孔打开或关闭。当发酵液中的乙醇浓度高于8%~10%时，发酵就被减速，阻隔膜就在浓度太高之前，用于快速除去乙醇产品。研究人员将该阻隔膜(用于去除产品乙醇，以保持最佳发酵速率)与沸石型全蒸发膜(将产品物流浓缩至80%)组合起来。然后，再采用下游脱水膜将乙醇浓缩至超过99.5%。预计这一组合膜工艺消耗的能量为蒸馏所需能量的1/3左右，用此工艺可连续地生产纯乙醇。目前，该“闸门保持器”膜已经组装并经使用验证。下一步是在发酵装置中验证整个连续浓缩过程。

3. 新型酶和酵母技术

高性能特种酶开发商Verenium公司于2010年2月12日宣布，开发出新的高活性谷物乙醇酶Xylathin，它可大大提高从谷物生产燃料乙醇的经济性。高活性谷物乙醇酶可快速破解谷物如小麦、黑麦和大麦中存在的一种化合物木聚糖，并可大大降低糊状物黏性。这种能快速活化的酶可使生产在短停留时间内完成，并可减少酶的用量。高活性谷物乙醇酶也可使谷物水保持度减少，从而可降低对谷物干燥所需的能量。在宽的温度和pH值范围内均很有效，从而使乙醇生产商提高了操作灵活性，并可大大降低加工成本。

据介绍，在用玉米、小麦等生产燃料乙醇过程中，酿酒酵母主要起催化剂作用。传统酿酒酵母只能生产出浓度约10%的酒精，而将其精馏成浓度99%的燃料乙醇则需消耗大量能源，使燃料乙醇成本提升，成为制约燃料乙醇推广的技术瓶颈。湖北安琪集团开发的超级酿酒酵母属国内首创。以一个年产200kt燃料乙醇的企业为例，应用这种超级酿酒酵母，每吨生产成本可减少约500元。

燃料乙醇是环境友好的生物质能产品，可作为燃油品质改善剂、增氧剂，以一定比例添加到汽油中，形成车用乙醇汽油。有研究表明，与常规汽油相比，使用乙醇汽油可减少汽车尾气中40%的碳排放、36%~64%的细颗粒物(PM)排放和25%的苯排放量，总毒物污染可减少13%，能明显降低汽车尾气有毒物质含量。我国目前使用的乙醇汽油是用90%的普通汽油与10%的燃料乙醇调和而成，即“E10 汽油”。据估算，我国每年消耗的燃料汽油在150Mt 左右，如果在全国范围内推广车用乙醇汽油，那么乙醇的需求量大约在 15Mt 左右。然而，2018 年我国燃料乙醇年产量只有 2. 9Mt 左右，缺口达 12Mt。因此，燃料乙醇产业的发展前景十分广阔。我国是世界上继美国、巴西之后第三大生物燃料乙醇生产国和应用国。然而，从全球范围看，全世界年产生物乙醇约为 55Mt，其中美国约占 58%，巴西占 28%，我国仅占 3%左右，产品经济性是制约我国生物乙醇发展的主要原因。

2019 年 10 月双鸭山市宝清县万里润达生物科技有限公司 300kt 玉米燃料乙醇项目正式投产，项目从设计到投料生产，用时不到一年，比原计划工期提前了两个月，计划 2019 年年底前能生产燃料乙醇 48kt。万里润达 300kt 玉米燃料乙醇项目依托区位优势和产业优势，通过“接二连三”促进玉米等产业链条向精深加工下游项目延伸。项目总投资 9. 8 亿元，项目达产后年可消化玉米 924kt，年产 300kt 燃料乙醇、273ktDDGS 高蛋白饲料、$300\times10^4m^3$ 沼气。预计实现年销售收入 17. 8 亿元、利润 1. 1 亿元、税金及附加 1. 2 亿元，提供就业岗位530 个。万里润达 30 万吨玉米燃料乙醇项目投产后，既能进一步改善当地能源消费结构、推动粮食转化、增加就业岗位、拉动地方经济，还能极大程度解决宝清和周边农民的卖粮问题，带动相关产业蓬勃发展。

除酵母外自然界中还有生成醇类的微生物。美国 DOE 的研究中采纳了用于椰子酒的 Zymomonas(细菌的一种)，其生成乙醇的速度稍快于酵母，但副产物多，能够利用的糖类原料有限。DOE 提出用生物工程的遗传基因重组技术改良菌种，因其需要庞杂的细菌培养设备而不现实。日本地球环境产业技术研究机构提出人为停止微生物细胞生育状态下制造乙醇的技术。与原有技术比较，微生物培育(细胞分裂)不需要场地，在反应器中高密度充填催化剂(微生物细胞)，连续反应制造乙醇成为可能，使之成为效率大幅提高的工艺。

5. 3. 2　纤维素乙醇生产技术及发展

1. 第 2 代纤维素乙醇与第 1 代乙醇的比较

所谓第 1 代乙醇装置通常使用淀粉基(如谷物、小麦或甜高粱)原料或糖类(如甘蔗或甜菜)原料。利用淀粉和糖基原料来生产乙醇已开拓了新的市场，但它们与人争粮。纤维素乙醇，也称之为“第 2 代”乙醇，它以非粮作物为原料。而在第 2 代生物燃料原料中，农业废弃物是最具代表性的物质。与使用粮食作物为原料的第 1 代生物燃料不同，第 2 代生物燃料以秸秆、草和碎木等农业废弃物或非粮作物为主要原料，又称为纤维素乙醇或非粮生物燃料。

第 2 代燃料乙醇的兴起还是要从粮食危机说起。自 2007 年年初以来，国际谷物出口价格大幅上涨。同时石油价格和运费也大幅提高，这使得世界各国基本食品价格急剧上涨。2008 年，粮食危机席卷全球，“世界粮仓”美国也未能幸免。2019 年 4 月 2 日，联合国多家机构与合作伙伴共同发布《2019 年全球粮食危机报告》(Global Report on Food Crises 2019)。报告显示，2018 年，全球仍有 53 个国家的大约 1. 13 亿人遭遇重度饥饿，比 2017 年的 1. 24 亿人略有下降。报告指出，尽管重度饥饿的人口数量略有下降，但过去三年来，全球面临粮食危机的总人数始终维持在 1 亿以上，且波及的国家范围正在扩大。此外，还有 42 个国家的 1. 43 亿人距离重度饥饿仅有一步之遥。人们对饥饿的惶恐，引发了一些争议：由于利用玉米等制造生物燃料需要占用耕地，结果生物燃料被打上了“与粮争地，与人争食”的标签，被认为部分地导致了粮食危机。为了解决生物燃料与粮食之争，科学家们提出了用纤维素制乙醇的方法，即第2代乙醇燃料。按照技术和工艺的发展进程，业界一般将燃料乙醇分为以玉米、小麦等粮食作物为原料的第1代粮食乙醇，以木薯、甘蔗、甜高粱茎秆等经济作物为原料的第1.5代非粮乙醇，以及以玉米芯、玉米秸秆等纤维素物质为原料的第2代纤维素乙醇。纤维素可以从非粮植物中提取，农业废弃物和城市垃圾成为纤维素的主要来源。使用非食用的农林废弃物类生物质为原料制备生物乙醇，既解决了它们所带来的环境污染问题，又避免了生物乙醇与人抢粮的问题，使这类生物质资源得到了最大化的利用。纤维素乙醇的制备因而成为目前我国学术界和产业界共同关注的热点问题。

2007年9月，我国国家发改委出台《关于促进玉米深加工业健康发展的指导意见》，要求不再建设新的以玉米为主要原料的燃料乙醇项目，并大力鼓励发展以非粮作物为原料开发燃料乙醇。作为农业大国，我国拥有丰富的生物质资源，潜力可达1Gt标准煤。每年可能源化利用的生物质资源总量约460Mt标准煤，主要为农林废弃物(木质纤维素)。这些废弃物除了40%用作饲料、肥料和工业原料外，还有约60%未被有效利用。

美国《生物燃料、生物产品和生物炼制》特刊也于2009年3月19日发布"生物质在美国能源未来中的作用"专文，认为纤维素生物燃料与石油生产的燃料相比，要成为低成本的绿色燃料，如果不是成本较低，也应成本相似，另外，温室气体排放要大大减少。

研究人员分析了成熟的纤维素生物燃料技术应具有以下特征：

① 与石油基燃料相比具有相同效率的潜力。

② 需适量的过程用水。

③ 当油价约为30美元/桶时，生产成本与汽油相当。

作为第2代生物燃料的植物纤维转化液体燃料可以主要通过两条途径——化学催化和生物转化。

现有的燃料乙醇基本上都是通过生物发酵的方式获得的，即先利用化学或者生物(酸或酶为催化剂)的方法将生物质原料降解为可发酵糖，再利用微生物对糖进行发酵得到乙醇。生物质酶解发酵过程具有反应条件温和及乙醇选择性高的优势，但是该过程存在纤维素酶价格高、生产周期长、反应过程抑制因素多等问题。

而化学催化法可将生物质中的纤维素组分一步定向转化为乙醇，具有原料适应性广、生产强度高和易于放大等优势，有望克服传统生物发酵法制备乙醇存在的极限收率与浓度瓶颈。截至2019年，包括中国科学院广州能源研究所、中国科学院大连化学物理研究所、中国科技大学、厦门大学等在内的科学家团队都先后在这一领域取得了显著进展。

2017年9月，国家发展改革委、国家能源局等十五部委就联合印发了《关于扩大生物燃料乙醇生产和推广使用车用乙醇汽油的实施方案》，主要为了改善油品性能和质量，降低一氧化碳、碳氢化合物等主要污染物排放。方案提出，到2020年，在全国范围内推广使用车用乙醇汽油，基本实现全覆盖。然而，从第1代到第2代，经济性一直是制约燃料乙醇发展的瓶颈，上述政策蓝图也面临着难以落地的风险。2019年9月，中国科学院广州能源研究所所长隆龙研究员带领的团队成功研发了Ni@C催化剂，实现了从纤维素到乙醇的一步水相转化，为纤维素燃料乙醇经济性突破提供了可能，相关成果被国际著名期刊《ChemSusChem》选作封面文章发表。马隆龙认为，以粮食作物为原料的第1代燃料乙醇制备技术已经成熟，但就其总体经济性而言与1.5代燃料乙醇仍处于同一个水平。而纤维素燃料乙醇(第

2代)转化成本高昂，目前还处于无法承受的阶段。“不过，我们近期的研究成果为纤维素乙醇的经济性突破提供了可能。”马隆龙说。通过 Ni@C 催化剂制备纤维素乙醇，马隆龙他们不仅实现了纤维素一步转化为乙醇，而且乙醇的收率和浓度分别高达69%和8.9%，达到了与传统生物发酵法相当的理论产率和浓度。从技术上来说，就国内外而言这都是一个全新的路径。因此，下一步马隆龙研究院团队希望将乙醇收率和浓度都做进一步提升。另外，为了把实验室的结果变为工业化的应用，还有其他一些技术瓶颈需要突破，就降低燃料乙醇经济性而言，转化技术是核心和关键所在。马隆龙研究院认为，他们的实验路径对于第1代和1.5代燃料乙醇技术也同样适用，可以帮助其进一步降低转化成本。无论如何，这一技术都将有助于我国燃料乙醇总体经济性的提高，为我国的燃料乙醇政策实施提供支撑，让围绕这一政策制定的宏伟蓝图更好地落地。

2. 生物质废弃物生产纤维素乙醇的开发进展

据介绍，地球上每年光合作用的产物(简称生物质)高达150~200Gt，是地球上唯一可超大规模再生的实物性资源，其能量相当于世界主要燃料消耗的10倍。然而目前，植物纤维作为能源的利用量还不到其总量的1%，植物纤维可以成为未来资源循环型社会的主要化工原料。据美国国家研究委员会研究预测，到2020年，50%的有机化学品和材料将产自植物材料，而生物学工艺将起核心作用，化学工业将在生物技术革命中进行改组。壳牌公司则认为，世界能源供应和经济发展将使植物纤维的应用规模在2060年超过石油。

生物质是再生资源，主要是以木质纤维素形式存在(如树木和草类等)，它的年产量是现世界能耗的10倍，有足够的资源量。典型的木质纤维素生物质由木质素(20%)、纤维素(50%)和半纤维素(25%)三种成分组成，它们均能被水解。果实类的生物质如粮食和食用油消耗量只占总生物质生长量的0.4%，由于量少和产量低，除少数西方大国，如美国和加拿大用它们来做生物燃料外，对人口大国而言，生物燃料只有从木质纤维素生物质转化才具可行性。

从长远看，用淀粉和糖类大规模生产燃料和化工产品来解决资源和能源问题并不现实。而光合作用产物的绝大部分为植物的枝、干、叶等木质纤维素类物质，是纤维素、半纤维素和木素等聚合物的复合物，完全可望将它们降解转化为各种燃料、化学品和材料。利用生物技术和生物质来生产燃料、化学品、材料等大宗产品，可以利用的纤维类生物质资源很多，包括各种农业残余物、林业残余物、专门栽培的作物以及各种废弃物。

谷物或甘蔗仍是目前全球乙醇生产所用的主要原料。因为这些原料未来增长的潜力有限，各种纤维素生物质原料正在被开发之中。

美国能源部将适合生产乙醇的纤维素原料划分为5个组：

① 农业残余物：农作物残余物，如小麦秸秆、玉米秆、叶、皮；

② 林业残余物：伐木业和木材厂的残余物，如木屑、锯末和造纸废浆；

③ 牧草：可用于生产乙醇的柳枝稷(换季牧草)和其他耐寒、快速生长的草；

④ 城市和其他废弃物：植物基废弃物，如生活垃圾、纸制品、纸浆、食品加工废弃物；

⑤ 树木：杨树、柳树和其他快速生长的树木，尤其是适于生产乙醇的树木。

纤维素原料非常丰富，但是与淀粉和糖基原料相比，有一个很大的缺点：它们较难被破解成可发酵的糖类。因此，它们必须在发酵前进行预处理。除了作为生物化学过程的发酵路径外，纤维素乙醇也可通过使用热化学过程来生产。根据后一项技术，可对生物质运用热和化学品使原料分解成合成气，用合成气可再加工成乙醇和其他产品。生产纤维素乙醇无论是生物化学法或是热化学法，迄今均已被证明在商业上是可行的。

纤维素乙醇商业化开发的一些最近发展包括：

① 生物质气化的改进和优化；

② 纤维素水解的改进：酸法和酶法；

③ 发酵产生 C_5 糖类，有时也可产生 C_6 糖类；

④ 生物质遗传工程调整用于作物优化生长和提高土地利用率；

⑤改进的收获技术。

3. 纤维素乙醇的生产技术

木质纤维素是地球上最丰富的可再生资源，据测算年总产量高达150Gt，蕴储着巨大的生物质能(2.89×10^{16}kJ)。

我国是一个农业大国，作物秸秆(如稻草、麦秆等)的年产量非常巨大(年产可达700Mt左右，相当于500Mt标准煤)。从2016年以来，原农业部会同财政部投入资金25亿元，围绕大气污染重点防治区域，以提升秸秆农用水平、秸秆收储运专业化水平、秸秆市场化利用水平、秸秆综合利用科技和标准化水平为目标，在12个省(区)按照“整县推进、多元利用、政府扶持、市场运作”的原则，开展了秸秆综合利用试点。据统计，截至2017年年底，全国秸秆综合利用率达83.68%，其中肥料化56.53%、饲料化23.24%、燃料化15.19%、基料化2.32%、原料化2.72%，形成以农用为主，农用中以肥料化和饲料化为主的利用格局。截至2018年6月，全国共建设试点县143个，各试点县秸秆综合利用率均提高5个百分点或达到90%以上。截至2018年年底，我国秸秆综合利用方式可总结为“五化”，即秸秆肥料化、饲料化、能源化、基料化、原料化。但秸秆综合化利用仍存在不少挑战。离田、还田利用成本较高就是难题之一。农业农村部提出，力争到2020年，全国秸秆综合利用率达到85%以上；东北地区秸秆综合利用率达到80%以上，50%重点县市秸秆综合利用率稳定在90%以上；露天焚烧现象显著减少；力争到2030年，全国建立完善的秸秆收储运用体系，形成布局合理、多元利用的秸秆综合利用产业化格局，基本实现全量利用。

(1) 木质纤维素的降解技术

木质纤维素降解可以采用酸水解和酶水解两条不同的技术路线来实现。

① 酸水解技术。在酸水解工艺中，可以使用盐酸或硫酸，按照使用酸的浓度不同可以进一步分为浓酸水解和稀酸水解。法国早在1856年即开始进行了浓硫酸水解法进行乙醇生产。

浓酸水解过程为单相水解反应，纤维素在浓酸作用下首先溶解，然后在溶液中进行水解反应。浓酸能够迅速溶解纤维素，但并不是发生了水解反应。浓酸处理后成为纤维素糊精，变得易于水解(纤维素经浓酸溶液生成单糖，由于水分不足，浓酸吸收水分，单糖又生成为多糖，但这时的多糖不同于纤维素，它比纤维素易于水解)，但水解在浓酸中进行得很慢，一般是在浓酸处理之后再与酸分离，使用稀酸进行水解。

与浓酸水解的工艺路线相比，稀酸水解需要在比较高的温度下进行，才能使半纤维素和纤维素完全水解。稀酸水解木质纤维素通常采用二级水解的工艺方案：第一级水解反应器的温度相对第二级来说略低一些，比较容易水解的半纤维素可以降解；第二级反应器主要降解难降解的纤维素，水解后剩余的残渣主要是木质素，水解液中和后送入发酵罐进行发酵。

② 酶水解技术。同植物纤维酸法水解工艺相比，酶法水解具有反应条件温和、不生成有毒降解产物、得糖率高和设备投资低等优点。而妨碍木质纤维素资源用酶法生物转化技术实用化的主要障碍之一，是纤维素酶的生产效率低、成本较高。目前使用的纤维素酶的比活力较低，单位原料用酶量很大，酶解效率低，产酶和酶解技术都需要改进。

要用酶水解技术实现纤维素物质到再生能源的转化主要有两点：

首先可以寻找适合于工业生产的高比活力的纤维素酶。细菌和真菌产生的纤维素酶均可以水解木质纤维素物质，细菌和真菌中都存在有复杂的纤维素酶水解系统，虽然其水解微晶纤维素的能力非常强，但是由于其复合物的相对分子质量十分巨大，并且单个组分又不具有水解微晶纤维素的能力，所以人们一直试图从其他物种中寻找更符合工业应用以及更具有应用前景的纤维素酶。

日本一家实验室从甲虫中得到一种葡聚糖内切酶水解羧甲基纤维素(CMC-Na)的比活力可高达150IU/mg。中国科学院上海生命科学研究院生物化学与细胞生物所的研究人员从福寿螺中发现了一种纤维素酶EGX，它不仅具有很高的比活力，而且具有多种酶的活性，这些结果可能提示动物纤维素酶不但具有应用前景，还具有理论研究意义。

其次是应用微生物酶工程技术提高酶活性。对于非复合纤维素酶系统的酶工程，主要包含三个研究方向：根据对纤维素结构和催化机理的研究，合理地设计每一种纤维素酶；对纤维素酶的定向进化，根据随机突变或分子重组的方法筛选改造后的纤维素酶；重组纤维素酶体系，提高纤维素对不溶性纤维素的水解速率或程度。

此外，应用纳米技术进行分子设计，可以“对号入座”，制造与纤维素酶结构和功能类似的纳米催化剂，获得新的或更加稳定转化的催化途径，并实现催化剂的固定重复循环使用。同时，通过纳米传感器和无线网络对酶解/发酵过程进行智能化在线监控，可以实时精确地优化动态反应条件，提高酶解/发酵效率。

总之，随着生物化学、分子生物学以及基因工程等多种交叉学科的快速发展，获得适合工业化的高比活力的纤维素酶已指日可待。

(2) 发酵技术

利用木质纤维素原料生物转化为乙醇主要有几种途径：分步水解和发酵(SHF)、同时糖化和发酵(SSF)、直接微生物转化(DMC)。

① 分步水解和发酵(SHF)。分步水解和发酵，即纤维素酶法水解与乙醇发酵分步进行，这种方法最大的优点就是各步都可以在各自的最适温度下进行，45~50℃酶解，30~35℃乙醇发酵。而其最大也是致命的缺点是在酶解过程中释放出来的糖会反馈抑制酶的活性，因此纤维素的浓度无法提高，相应的要求提高酶用量才能得到一定的乙醇产量。

② 同时糖化和发酵(SSF)。同时糖化和发酵，即纤维素酶解与葡萄糖的乙醇发酵在同一个反应器中进行，酶解过程中产生的葡萄糖被微生物所迅速利用，解除了葡萄糖对纤维素酶的反馈抑制作用，提高了酶解效率。SSF是目前典型的木质纤维素生产乙醇的方法，国内外的中间试验基本都采用此法。一方面工厂大罐发酵生产纤维素酶，另一方面将原材料进行预处理后加入纤维素酶和酵母菌株进行同时糖化发酵，不水解的木质素和纤维素残渣分离开来燃烧提供能量，乙醇则通过传统蒸馏工艺回收。

这种方法相应的要求纤维素酶生产成本和周期的降低，能同时发酵五碳糖和六碳糖的转基因酵母，优化的预处理手段以及连续工艺的开发和使用。在经济和技术可行性确定之前，示范性工厂的长期运行是必然的。

SSF 工艺的主要问题是水解和发酵所需的最佳温度不能匹配。一般工艺是 45~50℃ 酶解，30~35℃ 乙醇发酵。SSF 常在 35~38℃ 下操作，这一折中处理使酶的活性和发酵的效率都不能达到最大。Zbangwen 等设计了非等温的 SSF 工艺(NSSF)，它包含一个水解塔和一个发酵罐，不含酵母细胞的流体在两者之间循环。该设计使水解和发酵可在各自最佳的温度下进行，也可消除水解产物对酶水解的抑制作用，但显然也使流程复杂化了。

目前美国国家可再生能源实验室(NREL)还在进行同时糖化和共发酵工艺(SSCF)的研究，即把葡萄糖和木糖的发酵液放在一起，用于发酵的微生物即转基因的运动发酵单孢菌，与单纯用葡萄糖发酵菌和单纯利用五碳糖发酵菌相比，乙醇的产量分别提高 30%~38% 和 10%~30%。

木质纤维素的酶水解和同步糖化发酵过程是多相、多酶催化过程，在 SSF 过程中还同时存在微生物的生长。对于这样复杂的体系，在生物反应器和生物反应动力学方面的研究还十分缺乏。研究开发适合该体系的高效生物反应器和建立描述反应动力学的数学模型，对提高效率、掌握过程的机理及指导过程放大都将有重要的意义。

③ 直接微生物转化(DMC)。直接微生物转化，即作物秸秆中的纤维素成分通过某些微生物的直接发酵可以转换为乙醇。这些微生物既能产生纤维素酶，水解纤维素又能发酵糖产生乙醇。前两种方法都要求有独立的纤维素酶生产，而这种方法则一步包括了所有这三个步骤：纤维素酶生产、纤维素水解和发酵糖为酒精。粗糙脉孢菌和尖镰孢菌是直接转化木质纤维素材料为乙醇研究较多的两种真菌。这两种菌都能同时具有产生纤维素酶、半纤维素酶，发酵葡萄糖和木糖产生乙醇的能力，在有氧条件下产生纤维素酶水解底物，在半通氧条件下发酵糖产生乙醇。

与目前的被广为接受的 SSF 相比，直接发酵产生乙醇有着独特的优势：

首先，此举似乎比基因工程菌更值得研究。一方面 DMC 不需添加额外的酶，而 SSF 需要酶基因的转入；另一方面 DMC 既可发酵六碳糖又可利用五碳糖，SSF 则需重组质粒，而基因工程菌共同的致命弱点是遗传稳定性差，目前还很难解决。

其次，SSF 依赖于对酵母的改造和生产纤维素酶的成本的进一步降低。但从能量角度而言，似乎直接法是最终更节省能量的做法。

再次，SSF 发酵的过程中，乙醇对纤维素酶的非竞争性抑制是不容忽视的，而 DMC 菌种的纤维素酶活力在整个半通氧发酵过程中都保持稳定的水平。虽然目前直接法的转化率仍低于酵母，但由于原位的纤维素酶生产和纤维素发酵，天然的五碳糖发酵能力以及对糖和乙醇的耐受都使得能直接转化木质纤维素为乙醇的几种微生物备受关注，尤其是粗糙脉孢菌和尖镰孢菌对它们在不同预处理原料下的产酶和发酵能力的研究对于生物质资源的全利用有很大意义。

(3) 精馏和脱水技术

精馏和脱水是可以借鉴淀粉质原料燃料乙醇生产工艺中已经发展成熟的工业化技术，木质纤维素类原料发酵液中的乙醇浓度比较低，一般情况下均在 5%(体积分数)以下，致使精馏操作能耗高。有研究者建议，在木质纤维素水解液乙醇发酵工艺中，耦合渗透蒸发技术可以提高进入精馏系统发酵液中乙醇浓度，但是渗透蒸发系统本身的动力消耗也比较大，而且渗透蒸发所用的透醇膜容易被发酵醪和菌体污染的问题也很突出。随着中国燃料乙醇产业的逐步发展，这一领域的技术开发和科学研究工作也将越来越引起人们的关注。

5.4 生物柴油生产技术

5.4.1 植物油和生物柴油的特性

1. 植物油的化学性质

植物油是植物种子、果肉等细胞中所含的油脂，它的主要化学成分是甘油三酸酯。甘油三酸酯是由甘油和脂肪酸生成的酯类。甘油酸酯中的脂肪酸分为：饱和脂肪酸-烃基，其中只含有单键；不饱和脂肪酸-烃基，其中含有一个或几个双键。主要有棕榈酸(软脂酸)(16：0，前者表示C原子数，后者表示饱和，下同)、硬脂酸(18：0)、油酸(18：1，后者表示双键数，下同)、亚油酸(18：2)、亚麻酸(18：3)等。特殊的还有芥酸(22：1)、花生酸(20：0)、桐酸(18：3，是亚麻酸的最重要异构体)、蓖麻酸(18：1)、月桂酸(12：0)等。

2. 生物柴油的理化性质及特点

生物柴油是脂肪酸甲酯的混合物，可通过动植物油脂经酯交换反应或酯化反应来获得。植物油经酯化处理而制得的生物柴油，其理化性质和燃烧性质与石化柴油相似，因此其可单独或与石化柴油混合在柴油机中加以使用。常温下生物柴油与0号柴油性能相近，柴油机运行情况良好。

由于生产生物柴油的原料来自动物或植物油，因此生物柴油无疑是一种可再生的资源，它与太阳能、风能、潮汐能一道被称为21世纪最有发展潜力的可再生资源。

表5-1为德国凯姆瑞亚·斯凯特公司开发生产的生物柴油与普通柴油的主要性能比较。可以看出，生物柴油在冷滤点、闪点、燃烧功效、含硫量、含氧量、燃烧耗氧量、对水源的危害以及生物可降解性方面优于普通柴油，而其他指标与普通柴油相当。

表5-1 生物柴油和石油柴油的性能比较

特性		生物柴油	石油柴油
冷滤点(CFPP)/℃	夏季产品	-10	0
	冬季产品	-20	-20
20℃时的密度/(g/mL)		0.88	0.83
40℃时的运动黏度/(mm^2/s)		4~6	2~4
闪点/℃		>100	60
可燃性(十六烷值)		最小56	最小49
热值/(MJ/L)		32	35
燃烧功效(柴油=100%)/%		104	100
硫含量/%		<0.001	<0.2
氧含量/%(体)		10	0
燃烧燃料按化学计算法的最小空气耗量/kg		12.5	14.5
水危害等级		1	2
三星期后的生物分解率/%		98	70

一般而言，采用动植物油脂所生产的生物柴油中硫含量均较低，可通过采用二者调和的方法来大大降低石化柴油达标所需的投资和难度。

另外，生物柴油中不含对环境污染的芳烃类物质，因而燃烧废气对人体损害远低于石化柴油。检测结果表明，与石化柴油相比，使用生物柴油可降低90%的空气毒性，降低94%的患癌率。同时，由于生物柴油本身含氧，使其燃烧时更完全，排烟少。一氧化碳的排放与石化柴油相比减少约10%(有催化剂时可达95%)；碳水化合物排放与石化柴油相比减少约40%(有催化剂时可达95%)。

此外，生物柴油中不含芳香烃，燃烧后不会产生芳香烃。与矿物柴油相比，生物柴油具有以下几个优点：

① 有利于酸雨的控制。酸雨的形成与 SO_x 的排放有很大的关系，而柴油的燃烧往往成为 SO_2 的重要来源之一。生物柴油来源于天然的植物资源或动物资源，其中硫的含量极少，因此，采用生物柴油可有效地降低尾气中 SO_x 的排放，从而有利于酸雨的控制。

② 有利于缓解温室效应。生物柴油中的碳元素大部分来源于植物通过光合作用吸收大气的 CO_2 中的碳，它在发动机中燃烧后，又还原成 CO_2 释放到大气中，基本上不增加大气中 CO_2 的浓度，因此使用生物柴油对缓解温室效应有极其重要的意义。

③ 生物可降解性。由于生物柴油来源于可再生的生物资源，因而是一种无毒、可生物降解的燃料，当选择了合适的微生物之后，生物柴油几乎可完全被微生物降解。而石化柴油来源于石油裂解，几乎不可生物降解。

④ 有助于光化学烟雾的控制。机动车尾气中所排放出的CO、HC、NO_x 是形成光化学烟雾的主要物质。在合适的发动机转速下，使用生物柴油可以使机动车尾气中排放的HC较0号柴油减少60%左右，而CO的排放量可以减少40%左右。只是 NO_x 的浓度稍有升高。因此，使用生物柴油为燃料可有效地减少机动车尾气中CO、HC的排放，从而减少大气中光化学烟雾的形成概率，对城市大气环境质量进行有效控制。

5.4.2 生物柴油的生产技术

生物柴油的原料来源丰富，图5-6为生物柴油的原料来源和所占份额。可以看出，目前利用植物油为原料生产生物柴油占绝对大的比重。

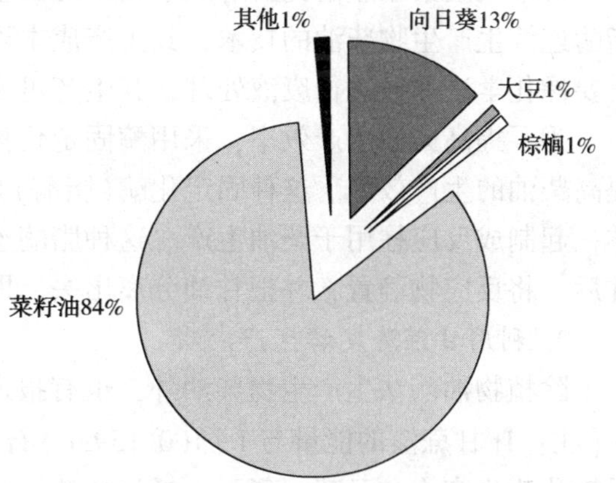

图5-6 生物柴油的原料来源

由植物油制取生物柴油的技术，已实现工业化的有法国石油研究院(IFP)开发的Esterfip工艺，该工艺特点是：可从产品中脱除对柴油发动机有害的杂质。Esterfip工艺是连续式生产，在碱催化剂存在下，由无水甲醇与植物油发生酶基转移反应，然后用倾泻法将甲醇酯与甘油完全分离，最后酯相经水洗及纯化、除去痕量催化剂颗粒、再经真空蒸发得到产品。

生物柴油的合成一般采用比较简单的酯基转移反应(反酯化)，只需油、醇和催化剂，醇类现多选用甲醇，可使植物油与醇类生成酯类并联产丙三醇(甘油)。反酯化工艺基于碱催化或酸催化，碱催化反酯化优于酸催化，过程转化率高(大于98%)，在常压(0.14MPa)

和低温(-66℃)下进行，可直接转化，无中间步骤。油的分子是三甘油酯，含有 3 个脂肪酸链，联结于甘油分子骨架上。催化剂一般采用氢氧化钠，催化剂用量为植物油的 1%。催化剂的作用是使链断开并与甲醇反应生成甲酯，副产甘油(丙三醇)。

一般工艺流程如图 5-7 所示。

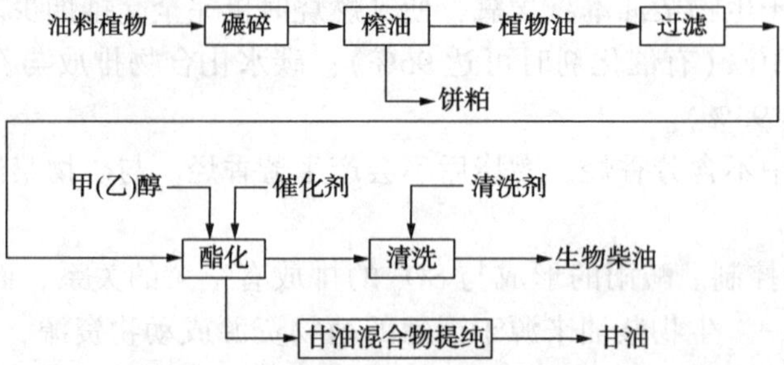

图 5-7　生物柴油生产工艺流程图

目前，国际上对生物柴油的开发形势看好，除利用植物油生产生物柴油的技术之外，制造生物柴油的途径还有五条：一是利用非食用油生产生物柴油；二是利用甘蔗渣发酵生产柴油；三是利用生物质生产清洁柴油；四是利用麻风树油生产柴油；五是利用“工程微藻”生产柴油(利用“工程微藻”生产柴油的方法将在本章单独分节阐述)。

1. 利用非食用油生产生物柴油

利用非食用油，借助酶法即脂酶进行酯交换反应，混在反应物中的游离脂肪酸和水对酶的催化效应无影响。反应液静置后，脂肪酸甲酯即可与甘油分离，从而可获取较为纯净的柴油。但有几点值得注意：①不使用有机溶剂就达不到高的酯交换率；②反应系统中的甲醇达到一定量时，脂酶就失活；③反应时间比较长；④一般来说，酶的价格比较高。这些问题都有待研究解决。

日本大阪市工业研究所解决了用发酵法生产生物柴油的技术问题，开发成功使用固定化脂酶连续生产生物柴油的技术，其生产成本可与用植物油碱催化醇解的化学法相匹敌，且不需要像化学法那样进行废液处理，其生产可实现零排放。

为了提高柴油生产效率，采用酶固定化技术，并在反应过程中分段添加甲醇，更有利于提高柴油的生产效率。这种固定化酶(脂酶)是一种假丝酵母(Candida antarctica)，由它与载体一起制成反应柱用于柴油生产。这种脂酶连续使用 100 天仍不失活。反应液经过几次反应柱后，将反应物静置，并把甘油分离出去，即可直接将其用作生物柴油。

2. 利用甘蔗渣发酵生产柴油

除植物油酶法生产生物柴油外，也有报道利用甘蔗渣为原料发酵生产优质柴油的研究成果[注：1t 甘蔗渣的能量与 1 桶(0.159m^3)石油相当]。如加拿大一家技术公司正在将这一成果转化为生产力，已建立每天 6 桶生物柴油的装置，以蔗渣为原料生产柴油。该公司还计划扩大装置，建成每天 25t 工业规模的生产装置。但是，没有见到采用何种微生物发酵生产柴油及柴油的收率数据。

3. 利用生物质生产清洁柴油

利用农业副产品，包括稻草、玉米秆、小麦秆等生产生物柴油等清洁燃料的技术目前由韩国、日本、中国共同研究，研究表明亚洲和全世界的农业国可用此技术合成清洁燃料，

图 5-8为利用生物质生产清洁柴油的工艺流程图。该工艺为一次通过式流程，压力条件相当缓和。

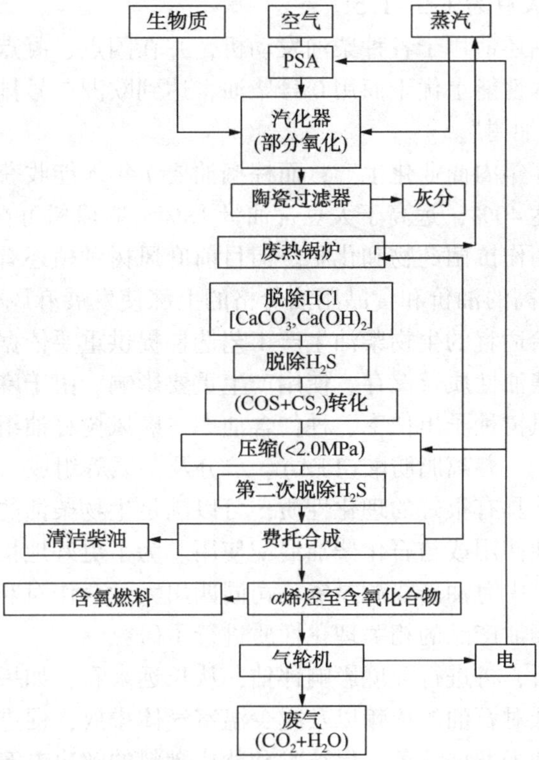

图 5-8 生物质生产清洁柴油的工艺流程图

在生物柴油催化剂方面研究也有较大进展。由 Benefuel 公司与印度国家化学实验室联合开发的专利催化剂基于铁锌双金属氰化物(DMC)的络合物，它可使绝大多数的植物油、动物脂或废弃烹调油直接转化为脂肪酸甲酯(FAMA)。与其他固体酸催化剂不同，DMC 甚至对三甘油酯的反酯化和游离脂肪酸(FFA)的酯化反应同时发生时也有高的活性。游离脂肪酸(FFA)存在于未精制的和废弃的烹调油和非食用油中。新催化剂对水的存在(甚至达 20%水)也不敏感，而其他的固体催化剂则不允许水含量高于 0. 2%。

4. 利用麻风树油生产柴油

一种耐干旱、适宜种植在贫瘠土壤上的植物——麻风树(又称小油桐树、膏桐)，正在击败大豆、菜籽、蓖麻、花生及餐饮回收废油等其他生物柴油原料，而令中外能源巨头青睐有加。麻风树是一种无毒的、纯天然、具有生物可降解性的生物燃料来源，可以作为柴油的替代物。麻风树有很高的经济价值，是世界上公认的生物能源树，其种仁是传统的肥皂及润滑油原料。

麻风树可连续采摘果实长达 30 年，10 亩(1 亩 = 666. 6m^2)麻风树约产 3t 种子，麻风树果籽含油率可高达 60%以上，3t 果籽可榨取 1t 原油，经甲酯化反应进一步加工，1t 原油可转换成约 0. 98t 生物柴油。研究人员指出，每英亩(1 英亩 = 4046. 9m^2)麻风树籽可生产的燃料是大豆的 4 倍，是谷物的 10 倍。

麻风树原产于墨西哥和拉美，现在其他国家如印度和非洲加快发展，以用于制取燃料和医药。麻风树油籽产油32%~37%，而其他常见的原料如大豆产油为18%~22%。麻风树油为环境更为友好和高效的原料，不会与人争粮。从每英亩植物生产的成品生物柴油看，麻风树可产油2.0~3.0t，而大豆为1.2~1.5t。

经过改性的麻风树油还适用于各种柴油发动机，并在闪点、凝点、硫含量、一氧化碳排放量、颗粒值等关键技术性能上优于商用0号柴油，达到欧洲二号排放标准。因此，麻风树在国际上被称为"生物柴油树"。

麻风树油可在种植3年内商业化生产，而棕榈油要7年才能收获。麻风树作为生物燃料的原料，其油籽含油高达40%，远高于大豆含油量18%。麻风树可在赤道南和北25°内大量生长。它的其他用途是用作抗菌药物和化肥。但目前麻风树种植还有限，作为原料，占生物柴油燃料的1%还不到。高的油价和食品用油价格的上涨使发展麻风树颇具吸引力。

原料油的物质组成给适宜的生物柴油生产工艺选择提供重要依据，麻风树油籽的脂肪酸组成及理化性质对生物柴油性质及储存、使用产生重要影响。由于麻风树产地不同，生长条件的差异，世界各地麻风树种子出仁率、种仁含油率、麻风树籽油组成都不尽相同。麻风树籽油主要由脂肪酸甘油酯、游离脂肪酸(FFA)、水分及杂质等组成。

麻风树籽油生物柴油具有很好的理化性质，可以满足生物柴油的标准。其与石化柴油有很好的相容性，可以单独使用或与石化柴油混配使用。为了更好地指导麻风树籽油生物柴油的市场储运、车辆使用，中海油新能源投资公司同四川大学合作对麻风树籽油生物柴油及其与石化柴油混配的生物柴油产品的相关理化性质进行了研究。

完整的生命周期分析，将进行环境影响评估，从长远来看，如果麻风树油制生物柴油在商业上可行，则它可降低对石油的依赖以及减少温室气体排放，促进经济增长。用麻风树生产的生物柴油产品，有助于发展绿色环保技术和替代燃料的解决方案，以减少对化石燃料的依赖。

中国种植麻风树、发展生物柴油产业也正在步入快车道。预计至2020年，中国将有$5\times10^{10}m^2$(7500万亩)贫瘠、干旱的荒地用于种植新一代生物燃料的原材料——麻风树，同时将推动贫困地区的经济发展。

据专家估计，在我国西南地区适宜种植麻风树的面积约$2\times10^{10}m^2$(3000万亩)。目前，麻风树除野生分布外，四川、云南已人工栽培$2\times10^{8}m^2$(30多万亩)。种植麻风树可以不占耕地，耕种成本低，综合开发利用潜能高，另外它改良土壤能力强，有利于保水、固土、防沙化。

麻风树在海拔1000m以下的荒山、山区、半山区可以大力发展，农户房前屋后也可种植。云南育桐种仁含油率一般在30%~45%之间，个别地区麻风树种仁含油率可达60%以上，是我国重要的生物质能源麻风树生产基地。

云南大学依托云南得天独厚的气候条件、宝贵的种质基因，高度重视并大力发展生物资源开发和保护技术。经过4年的调查和大量的分析研究，应用统一栽培条件的方法，将云南省50个不同海拔、不同地质条件、不同温度地区采到的90个样本进行了栽培对照实验，排除环境影响因子，筛选出含油率大于50%的麻风树品种，并应用组织培养脱毒生产出麻风树脱毒种苗，解决了麻风树应用组织培养进行快速繁殖的问题，周期短、成本低，完全能满足麻风树大面积栽培的所需种苗的要求，为麻风树的人工繁殖、脱毒苗生产、培育优良品种提供了一种高效的途径。用该技术培养的无性系后代保持与母本优良特性的高度一致性，比传统种子的增殖速度快，成本降低。经过新技术提炼出来麻风树油，有10多项指标与柴油类似，其中几项用作车辆燃料时甚至优于柴油。在柴油中加入10%~20%的麻风树油，车辆使用的动力效果几乎不受影响；而更由于膏桐油富含脂肪酸，排放的尾气没有丝毫黑烟。

此外，麻风树规模化种植应深入持续开展良种选育和规范化种植研究，采用转基因技术，不断提高种籽含油量和出油率，增强抗病虫害能力和抗寒能力，探索病虫害防治措施，保证对麻风树综合利用开发，形成产业链。对于规模种植，政府应在用地、交通、电力以及资金等方面给予一定的优惠政策，加快推进能源林基地建设。同时，就麻风树种植与提取生物柴油等项目进行国内外招商与合作，争取资金和联合开发，以期形成规模优势。

5.4.3 我国生物柴油生产标准和开发进展

1. 生物柴油生产标准

与普通柴油相比，生物柴油具有环境友好的特点，其柴油车尾气中有毒有机物排放量仅为1/10，颗粒物为20%，CO_2和CO排放量仅为10%。

生物柴油位列我国"863"计划，是替代传统石化柴油的新能源，属可再生新型清洁能源。为了保证从各种植物油和动物脂生产的生物柴油的一致质量，欧盟设立一个委员会制订标准。虽然生物柴油对环境有好处，但它有一些局限性。生物柴油的第一个问题是随着时间推移会发生氧化降解，主要是受温度和氧影响。降解的产物如不可溶树脂、有机酸和醛，可能导致内燃机和喷射器发生问题。因此，标准中的条款包括在110℃下最低的6h降解诱导期。

生物柴油的第二个局限是在低温度下结晶化和生成凝胶。生物柴油的低温流动性由冷过滤塞点表述。冷过滤塞点是这样一个温度，在此温度燃料由于结晶化或凝胶化引致过滤器堵塞。例如在韩国，生物柴油的冷过滤塞点应低于0℃。

生物柴油的氧化稳定性取决于脂肪酸的组分以及天然抗氧化剂。不饱和脂肪酸对氧化降解敏感，高不饱和脂肪酸含量使诱导期很短。生物柴油的冷过滤塞点也取决于脂肪酸组合。高冷过滤塞点这种现象能由高含量的不饱和脂肪酸解释，因为不饱和脂肪酸比饱和脂肪酸有较低的融点。

有高棕榈酸含量的棕榈生物柴油，显示出高氧化稳定性，但低温流动性差(冷过滤塞点为9~11℃)。油菜籽生物柴油有高油酸含量，显示出优良的低温流动性能(冷过滤塞点为-19~-8℃)。含有不同的脂肪酸成分的几种生物柴油的混合物，可改善氧化稳定性和低温流动性。当棕榈生物柴油和油菜籽生物柴油混合物在一起时，混合物的生物柴油会有比油菜籽生物柴油高的氧化稳定性和比棕榈生物柴油低的冷过滤塞点。

刊登在《Bioresource Technology》上的一篇文章，把三种不同的生物柴油混合，以期改良生物柴油的性质。并且检测生物柴油中脂肪酸组合对氧化稳定性和冷过滤塞点的影响，找出决定氧化稳定性和冷过滤塞点的重要脂肪酸。实验中三种不同的生物柴油，即棕榈油、油菜籽油和大豆油制成的生物柴油，以各种不同的比率混合。实验结果显示，混合柴油的氧化稳定性和冷过滤塞点，同主要脂肪酸的组分有紧密的相关性。当亚油酸和亚麻酸的总含量增加时，混合生物柴油的氧化稳定性降低，依据实验数据，得到相关性等式如下：

$$Y=117.92951X+2.5905(0<X<100)$$

其中，X 是亚油酸和亚麻酸含量(质量分数)，%；Y 是氧化稳定性。

冷过滤塞点随总不饱和脂肪酸含量增加而下降。其关系式为 $Y=-0.488X+36.0548(0<X\leqslant 88)$ 和 $Y=-2.7043X+232.0036(88<X\leqslant 100)$。式中 X 是不饱和脂肪酸含量(质量分数)，%；Y 是冷过滤塞点，℃。

如果混合生物柴油的成分已确定，就可能预言它的氧化稳定性和冷过滤塞点。利用上述三个关系式，具有规定特性的生物柴油混合物的混合比率，就能够确定。

世界上很多国家已经拟定了生物柴油标准，从而保证柴油的质量，保证使用者更加放心地使用生物柴油。主要对以下成分进行考评：生产制造的整个反映过程，甘油的去除情况，催化剂的去除情况，酒精的去除情况，以及确保不含游离脂肪酸。生物柴油的生产标准评定指针包括相对密度、动态黏度、闪火点、硫含量、残留量、十六烷值、灰分、水分、总杂质、三酸甘油酯、游离甘油等。生物柴油标准的规范，正在极大地推动生物柴油在这些国家的汽车工业中正式应用和合法化，同时，大量国家对生物柴油的认可也正在推动生物柴油作为一种新型可再生生物能源的国际化。由于目前生物柴油在商用上主要以生物柴油和石化柴油的混合油的形式供应，因此，对于混合油也有标准推出。例如 5%的生物柴油加 95%的常规柴油的混合油需要达到 2000 年颁布的 EN 590(EN 590：2000)的标准，凡是符合这一标准的混合油，都可以安全地应用于所有柴油机发动机，虽然这一混合油不需要添加任何稳定剂，但是国外也有提议称需要在 EN 590：2000 标准中增加这样一条：混合油中的生物柴油自身必须符合 EN 14214 的标准。

截至目前，我国最新的生物柴油国家标准是 2017 年五月由中国石化科学院主导编制，在北京香山饭店审议通过的 GB 25199—2017 国家强制标准。该标准是我国第一代生物柴油的国家标准，也是我国第一个生物柴油标准，为我国生物柴油的大规模发展和利用开启了政策之门。

2. 我国生物柴油生产开发进展

生物柴油固然有非常多的好处，但在我国并没有得到充分的推广。2014 年 10 月 28 日，国家能源局就颁布了《生物柴油产业发展政策》，但由于暂未出台相关配套措施，生物柴油市场并未因此有明显好转。截至 2018 年年底，生物柴油市场内仍存在原料的收集制度、价格形成机制不健全，配套扶持政策、市场销售网络建设不到位等问题。以北京、上海为例。截止到 2018 年年底，由于北京市慎重对待化工类项目的原因，尽管不受禁限目录的限制，北京市仍然没有建设自己的生物柴油生产设施，不具备生产生物柴油的能力。而上海市近年来也只是在公交车上试用生物柴油，没有大规模使用。

可以说技术、成本、市场是生物柴油发展的三座大山。

从制备方法来看，生物柴油的生产方法可分为化学法、超临界法和生物酶法。

均向化学催化法制备生物柴油是最广泛采用的工业化生产工艺，即利用动植物油脂与甲醇在均相酸或碱催化剂作用下发生酯化或转酯化反应，生成脂肪酸甲酯(生物柴油)。该技术虽然成熟，但局限性同样很明显。首先生产过程污染严重，反应过程会有废酸、废碱排放，生产过程需要大量水来清洗；另外，使用碱性催化剂时对原料油要求苛刻，油脂里的游离脂肪酸及水含量必须非常低，原料油预处理工艺复杂。唐山金利海生物柴油股份有限公司采用的就是化学法。该技术经过更新换代，生物柴油转化率不断提高，目前正常运行的生产线，不仅产量达到设计能力，综合能耗远低于行业标准，而且所用原料除水杂外全部转化为产品。另外，检测技术和清洁生产技术的创新，也为唐山金利海被确定为全国循环经济标准化试点示范单位加分。

超临界法制备生物柴油则较为绿色，过程中无需溶剂和催化剂，后续分离和纯化工艺简单，对油脂原料的品质要求也并不严格，并且反应速率快、转化率高、无污染。但是超临界状态的实现条件较为苛刻，对设备制作及运行要求很高，投资及运行成本高。河北金谷再生资源开发有限公司采用的高温中酯化工艺则属于超临界法。采用这种工艺，河北金谷实现了连续自动化生产，原料适应广、运行稳定、收率提高、产品质量稳定，且不造成二次污染。

生物酶法制备生物柴油具有反应条件温和、对原料油品质要求较低、无需复杂的预处理工艺、产品分离回收简单、无污染排放等优点。虽然生物酶法合成生物柴油具有反应条件温和、醇用量小、无污染物排放等优点，但传统酶法工艺中反应物甲醇容易导致酶失活、副产物甘油影响酶反应活性及稳定性，从而使得酶的使用寿命太短，导致酶的使用成本过高，经济上难以与化学方法相竞争，这也是实现酶法产业化生产生物柴油的关键瓶颈。但是在2018年，清华大学发明了一项新的工艺可以完全解除甲醇和甘油对脂肪酶的抑制，成百倍地延长酶的使用寿命。针对传统酶法工艺瓶颈问题，清华课题组提出利用新型有机介质体系进行酶促油脂原料和甲醇进行生物柴油制备的新工艺，解除了传统工艺中反应物甲醇及副产物甘油对酶反应活性及稳定性的负面影响，大大延长了酶的使用寿命。另外，在该新工艺中，脂肪酶不需任何处理就可直接连续循环使用，并且表现出相当好的操作稳定性。

同时考虑到生物柴油产业的规模化发展，还将带来一个严峻的问题，那就是副产物甘油的出路。清华大学已经成功解决了副产物甘油的深度加工问题，率先提出利用生物转化的方法直接将生物柴油副产物甘油（不需经过任何处理）发酵生产高附加值产品1,3-丙二醇（PDO），进而实现了两个生物转化过程的高效耦合，显著提升了整个过程的综合经济效益。2019年8月29日，在深圳市国际低碳论坛发展中心主办的第七届深圳国际低碳城论坛在上，清华大学的刘德华教授团队介绍：经过20年的持续研发，已经掌握具有国际先进水平的专利及专有技术，填补了国内外以甘油为原料发酵生产1,3-丙二醇（简称1,3-PDO）及1,3-丁二醇（简称1,3-BDO）的技术空白。这意味着我国使用生物柴油副产品甘油发酵联产1,3-PDO及1,3-BDO技术已取得全新的突破。

即使解决了技术问题，原料也是生产生物柴油的关键，在制备生物柴油的过程中，原料成本占总成本的70%以上，因此，如何获得规模供应、廉价、可作为能源用途的油料资源是生物柴油产业化必须解决的核心和关键问题。我国生物柴油的生产原料主要是地沟油，而地沟油每年产生的数量有限，且杂质多，提纯利用较为复杂。因此，结合我国国情开发新原料，如木本植物油料、微生物油脂、废弃动物油脂等，是我国生物柴油未来的发展方向。如果能解决生物柴油的原料来源问题，生物柴油的前景将比较看好。

虽然推广使用生物柴油意义重大，但仍然缺乏国家层面的协调机制。原国家能源局副局长吴吟建议，应尽快制订生物柴油的计划，建立生物柴油原料供应保障机制，畅通销售渠道，加快推广应用试点示范建设，完善生物柴油的产业扶持政策。以北京市地沟油为例。从地沟油到生物柴油，还需做到六个统筹：统筹生物柴油规划布局、统筹使用废弃油脂、统筹技术规范标准、统筹市场机制、统筹财税政策、统筹监管。2018年，北京市政府参事王维平表示，京津冀废弃油脂、生物柴油行业借助现有资源，统筹布局，充分发挥社会组织作用，设立产业联盟和产业基金，建设上下游企业产业链，整合行业资源，推动相关政策落地，地沟油循环利用治雾霾的愿景就有可能实现。

5.5 微藻生物燃料

5.5.1 微藻生产生物燃料的优点

藻类是最原始的生物之一，通常呈单细胞、丝状体或片状体，整个生物体都能进行光合作用。按大小分为大藻和微藻。大藻属于低等植物，无真正根、茎、叶的分化形态，分为红藻、绿藻、褐藻三类。其中，用于制备生物燃料的主要是微藻。

微藻是指在海洋和淡水环境中发现的微观光合生物体，其光合作用机理与陆地植物相似。由于细胞结构简单、易于汲取营养物质，微藻能有效地将太阳能转化为生物能（见图 5-9、图 5-10）。

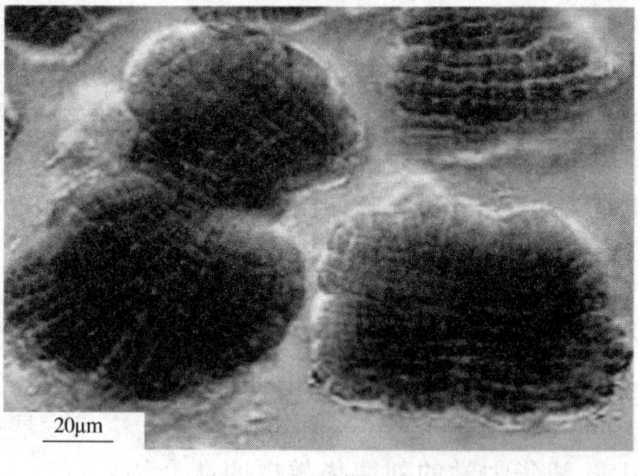

图 5-9 微藻形态

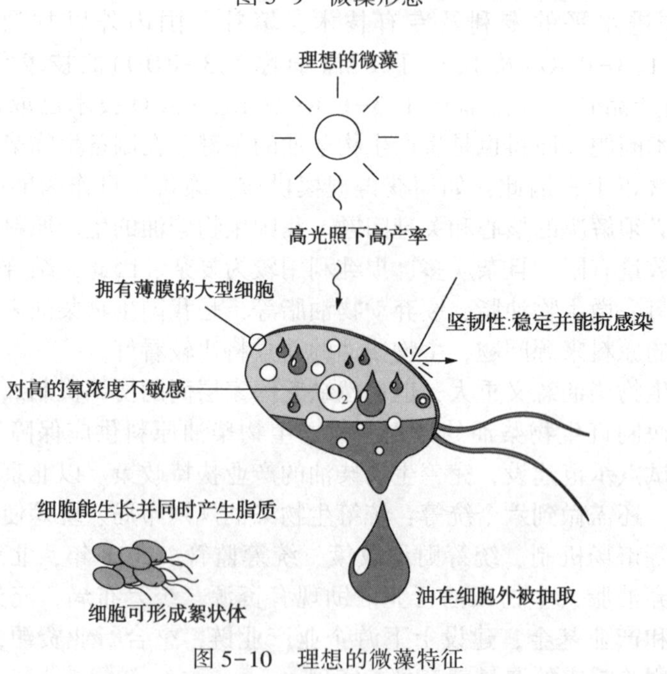

图 5-10 理想的微藻特征

科研人员已逐步认识到，微藻作为生物能源，具有多方面的开发价值：繁殖快且所需养分不多，主要是阳光、水和CO_2，不会与农牧业争地；相对于其他植物，藻类含有较高的脂类、可溶性多糖等，可以用来生产生物柴油或乙醇，还有望成为生产氢气的一条新途径；同木质纤维素材料相比，藻类的光合作用效率比树木高；易被粉碎和干燥，预处理成本较低；热解所得生物质燃油热值高，平均高达33MJ/kg，是木材或农作物秸秆的1.6倍；利用光合作用生长繁殖，捕获废气中的CO_2，可起到保护环境的作用。

基于其独特的优点，微藻可用于脱除烟气中的CO_2，不过目前尚无工业应用的报道。该领域的研究主要集中在三个方面：一是高效固定CO_2的藻种筛选和培养，目前适宜的藻种是蓝藻和绿藻，特别是绿藻中的小球藻；二是微藻固定CO_2机理探索，研究重点是了解无机碳的利用形式、CO_2浓缩机理以及高浓度CO_2对微藻生长的影响；三是微藻培养条件的研究，探索营养、光照、温度、pH值和通气条件等因素的优化，以满足微藻生长的需要，是降低微藻生产成本的有效途径。

将微藻作为能源资源作物进行开发，主要是用于生产乙醇、生物柴油、燃料油或制氢等。将生物量转化为生物质能的方法有很多种，每一种都有其自身的优缺点，主要是根据生物量的来源及特点、最终转化形式、环境保护需求、经济效益等因素进行转化方法的合理选择。

微藻是微小的生物工厂，它利用光合成使二氧化碳和太阳光转化为能量，一天内能有效地使其重量增加几倍。作为光合成过程的组成部分，微藻产生油，与其他用于生产生物燃料的植物如谷物和换季牧草相比，$4.047\times10^3 m^2$(每英亩)可产生高达15倍的油。

图5-11表示出微藻制生物燃料潜在的转化途径。据介绍，微藻油与大豆油类似，可以用来生产生物燃料。然而海藻可以在不适合种植庄稼的土地上栽植，甚至可以生长在咸水里。海藻必须生长肥硕而富含油质。商用海藻如螺旋藻富含蛋白质和淀粉，但油脂不足。少数富含油质的海藻种类如雨生红球藻有希望用于商业化生产。但由于价格昂贵而无法用作汽车燃料。

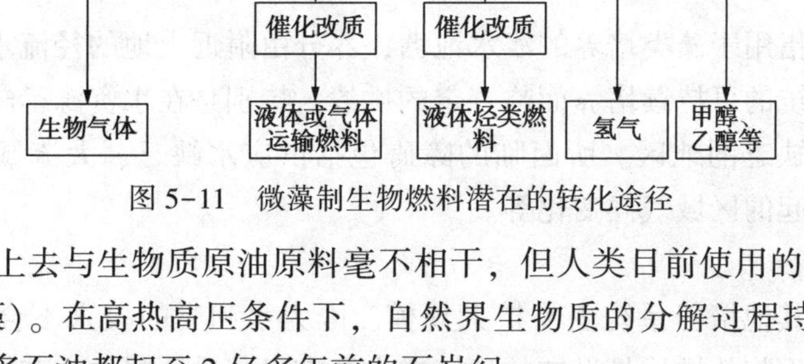

图5-11 微藻制生物燃料潜在的转化途径

"富油微藻"听上去与生物质原油原料毫不相干，但人类目前使用的石油正是源自史前的生物质(包括海藻)。在高热高压条件下，自然界生物质的分解过程持续数百万年之久。我们今天使用的很多石油都起至2亿多年前的石炭纪。

微藻的优点是生长快，与替代品如大豆、棕榈籽或麻风树籽相比产油高。从长期看，微藻培植也有助于从工业设施如电厂直接捕集废弃的CO_2。

微藻体重高达50%为可生产生物柴油所需的脂肪或油类。微藻是用于制取生物柴油最高产率的原料。

微藻生产生物燃料的潜力可大大高于作物基生物燃料。表5-2说明各种原料及其每英亩的产油潜力。

表5-2　各种原料及其每英亩的产油潜力

[g/(m^2/d)为微藻的收获率，TAG%为三甘油酯百分数]

作物	产油量/(加仑/英亩)	作物	产油量/(加仑/英亩)
谷物	18	油菜籽	127
棉花	35	麻风树	202
大豆	48	棕榈油	635
芥末籽	61	微藻[在15%TAG下，收获率10g/(m^2/d)]	1200
向日葵	102	微藻[在50%TAG下，收获率50g/(m^2/d)]	10000

注：1英亩=4046.86m^2；1加仑=158.978×$10^{-3}$$m^3$。

微藻的高产率在于微藻有高的生长率，其生长率常常以小时计而不是以天计，它仅需土地、阳光、水、二氧化碳(成为潜在的碳捕集物)和营养成分。微藻生长循环实际上可看作是一种碳封存机制，因为二氧化碳是微藻生长需要的主要供入物。

5.5.2　微藻生物燃料生产技术

目前用于生产微藻生物燃料的方法主要有光合反应器法、开放池法、发酵容器法、浮动农场以及离岸生产。

1. 光合反应器(PBRS)

光合反应器是指用于藻类培养的不同类型的封闭系统。过程所需的营养物质、二氧化碳以可控方式提供。微藻可直接透过透明容器壁获取阳光，也可通过光纤维管从阳光收集器获取阳光。封闭光合反应器因其全年的高密度而更高效。但为实现系统的可扩展性，光合反应器需克服一系列环境障碍，如供应水缺乏、潜在的高电力投入等。同时，优化单元尺寸的可行性、光运输及分配的难以确定，也成为光合反应器所需解决的问题。

2. 开放池系统

开放池系统是指用于藻类培养的浅水池塘，养分由附近土地的径流水或水处理厂的通道水提供。开放池系统的可持续培养面临一定的挑战，特别是在水资源稀缺、生态系统面临危险等相关环境效益缺乏的地区。所面临的障碍包括供应水缺乏、大流域地区持续用水的影响、由高蒸发率引起的区域气候变化等。

3. 暗发酵容器

暗发酵容器比其他培养系统更易扩大规模，因为水和光的投入不会增加系统设计的困难。暗发酵系统所面临的挑战是潜在的环境成本及有机基质原料的季节性。如果环境问题得

到解决并实现能源平衡，暗发酵有望成为光照不足、气候寒冷或廉价有机基质充足地区极具发展潜力的藻类培养途径。

4. 其他方式

用浮动有机农场中的大藻生产生物燃料并不是一个恰当的选择，因为其收益比微藻低。此外，插入现有水体的屏幕、过滤器或转移河水的自然流向很可能影响水生生物。

微藻培养的另一种方式为离岸生产。其优点：藻类生长的位置扩大、支撑结构材料的使用减少、反应器体积增大、拥有较好的光接触、免费的温度控制及生物培养搅拌。

CO_2 似乎是气候变化的祸首，但是，微藻制生物燃料将有助于碳减排的未来。CO_2 与阳光和水一起是微藻生长所必需的，微藻转而可生产油，另一名称谓之为“微藻油(oilgae)”或“绿色原油”。尽管还处在初期阶段，但利用 CO_2 作为微藻生长的催化剂是一种更可行的解决方案，它比封存在地下更有价值。

5.5.3 我国微藻生物燃料的发展

微藻生物燃料的生产已经不是一项新的技术了，美国、日本等发达国家早在 20 世纪 70~80年代就认识到了微藻作为替代能源资源的巨大价值。

2009 年美国国家可更新能源实验室(NREL)通过现代生物技术建成“工程微藻”，即硅藻类的一种“工程微藻”(Cyclotellacryptica)，在实验室条件下可使脂质含量增加到 60%以上(一般自然状态下微藻的脂质含量为 5%~20%)，户外生产也可增加到 40%以上。这是由于乙酰辅酶 A 羧化酶(ACC)基因在微藻细胞中的高效表达，在控制脂质累积水平方面起到了重要作用。

2014 年据德国尤利希研究中心报道，该中心新成立的藻类科学中心正式启动，工作目标是建设一个利用微藻生产生物煤油的试验工厂。

日本尤绿那公司于 2015 年 4 月 17 日宣布，该公司已在美国加州大学圣地亚哥分校(以下简称为“UC 圣地亚哥”)开始进行生物航空燃料用微藻类的一种——裸藻(绿虫藻)的培养研究。该项目以转基因的“超级裸藻”等为对象，将面向其室外培养开展研究，探讨将这种藻类应用于生物航空燃料的可行性，还将对高效培养方法进行验证。

2019 年 1 月，日本一家海藻养殖场生产的微藻产品可用于生产生物燃料，成为世界上首家通过新的 ASC-MSC 海藻(藻类)标准认证的企业。在经过独立第三方合格评定机构 Amita(CAB)的审核后，Euglena 公司在日本冲绳岛石垣岛生产微藻的农场通过了标准认证。该公司在石垣的岸上生产设施主要生产两种微藻，即 Euglena 和 Chlorella，并研究和推广这些含有多种营养成分(如维生素和氨基酸)微生物的多种应用。除了用作生物燃料，该公司农场生产的微藻还可以有许多其他用途，包括作为水产养殖和农业的环保饲料。其高超碳捕获能力也可能使其在绿色技术中发挥作用。

我国首个以炼油厂 CO_2 废气为碳源的“微藻养殖示范装置”已经于 2012 年 7 月在中国石化石家庄炼化公司建成并投入运行，可为炼油厂减排 $CO_2$20%以上，吸收 CO_2 能力相当于森林的 10~50 倍，同时养殖的微藻为生物柴油的开发奠定原料基础，从而实现循环利用。

2017 年 6 月中国科学院青岛生物能源与过程研究所报道，围绕海洋微藻生物能源与资源化利用等领域，逐步形成了从基础研究、技术示范到产业化开发的完整的研发链条，海洋藻类项目的技术和系列产品研发开始领跑世界，取得重要突破。该所创立了基于单细胞技术的微藻种质资源高通量筛选与定向遗传改造平台，在国际上首次揭示了微藻产油的遗传与调控机制，为获得适于工业化放大的优质藻种资源奠定基础；发展了高效的微藻生物膜贴壁培养新技术并建成中试系统，培养产率高达 6~8t/亩/a(1 亩 = 666.6m^2)，微藻光合效率平均达到了 10%以上，为目前国际报道最高水平。科研人员还形成了多组分综合利用的微藻生物液体燃料技术的系统解决方案，与波音公司对微藻航空煤油技术进行联合攻关，开发了微藻 DHA、ARA、EPA、ω-7、虾青素等高值化学品综合利用生产技术，与青岛琅琊台集团合作建成了国内最大的 1kt/a 微藻 DHA 产业化系统，年产值达 5 亿元。

第 6 章　地热能

6.1　地热能概述

6.1.1　地热能概述

所谓地热能，顾名思义，就是地下以热量形式存在的能源，是由地壳抽取的天然热能，这种能量来自地球内部的熔岩，并以热力形式存在，是引致火山爆发及地震的能量。地球内部的温度高达 7000℃，而在 80~100km 的深度处，温度会降至 650~1200℃。透过地下水的流动和熔岩涌至离地面 1~5km 的地壳，热力得以被转送至较接近地面的地方。高温的熔岩将附近的地下水加热，这些加热了的水最终会渗出地面。运用地热能最简单和最合乎成本效益的方法，就是直接取用这些热源，并抽取其能量。人类很早以前就开始利用地热能，例如，利用温泉沐浴、医疗，利用地下热水取暖、建造农作物温室、水产养殖及烘干谷物等。但真正认识地热资源并进行较大规模的开发利用却是始于 20 世纪中叶。

地热能有两种不同的来源，一种来自地球外部，另一种来自地球内部。地球表层的热能主要来自太阳辐射，表层以下约 15~30m 的范围内，温度随昼夜、四季气温的变化而交替发生明显的变化，这部分热能称为“外热”。从地表向内，太阳辐射的影响逐渐减弱，到一定深度，这种影响消失，温度终年不变，即达到所谓“常温层”。从常温层再向下，地温受地球内部热量的影响而逐渐升高，这种来自地球内部的热能称为“内热”。每深入地下 100m 或 1km，地温的增加数称为地热增温率，或称地温梯度。

地球是一个巨大的椭球体，构造很像鸡蛋，主要分为三层：外表相当于蛋壳的一个薄层叫“地壳”，厚度由 10~70km 不等；地壳下面相当蛋白的那一部分叫“地幔”，总厚度约 2900km；地球内部相当于蛋黄的那一部分叫“地核”，约 3450km。地表至 15km 深处，地热增温率平均为 2℃/100m；15~25km 深处，地热增温率降为平均 1.5℃/100m；再往下，则只有 0.8℃/100m。凡地热增温率超过某一正常值的地区，统称为地热异常区。根据地热增温率的变化计算，地壳底部温度约为 900~1000℃，至 100km 深处的地幔上部，温度可达 1300℃左右，至于地幔下部和地核的温度，根据地球物理学有关资料推断，约在 2000~5000℃之间。所以说，地球是一个巨大的热库，内部蕴藏着几乎是取之不尽的热量。但根据目前的钻井技术，超深井的钻井深度也不超过 12km，还不及地壳平均厚度的 1/3，而一般钻井深度都在 3km 以内，因而现在人们利用的地热能仅仅是“沧海一粟”，潜力还很大。

6.1.2　地热资源

某一未来的时间内能够被经济地和合理地取出来的那部分地下热量称为地热资源。地下热能的储存量是以年平均温度为起算的基准温度计算出来的。地热资源既受技术因素制约，也受经济因素制约。根据麦凯尔维(Mckelvey)1977年提出的资源分类图，地热资源主要有基础资源(或资源底数)和可及资源。基础资源是指不考虑经济技术因素，能最大限度地拿到的资源，通常是指地壳上部10km以内所储存的那部分资源。可及资源是指埋藏的深浅足以使人类在可以预见的将来用钻井的方法取出来的那部分热量。其中，有可能在适当的未来时期内经济而又合理地取出来的那部分热量叫作有用资源，也就是一般所指的地热资源。基础资源和可及资源都包括已查明的和尚未发现的两部分，根据现有的经济和技术能力，能够合理地而且成本也可以和其他能源竞争而采出的那部分已查明的有用资源叫经济资源，即常说的储量。

地热能的储量比目前人们所利用能量的总量多很多，大部分集中分布在构造板块边缘一带，该区域也是火山和地震多发区。它不但是无污染的清洁能源，而且如果热量提取速度不超过补充的速度，那么热能是可再生的。地热能在世界很多地区应用相当广泛。地热能的分布相对来说比较分散，开发难度大。

1. 地热能和地温能

我们经常所说的地热能即地下热能，分为浅层地热能和深层地热能，为了方便区别，简称它们为：地温能和地热能。从名字上可以看出地温能和地热能的区别，即温度的区别："温"和"热"。

(1) 温度

首先从温度及其利用上介绍二者的区别。

1) 地热能：这种能量来自地球内部的熔岩，并以热力形式存在。

地球内部的温度高达7000℃，而在80~100km的深度处，温度会降至650~1200℃，透过地下水的流动和熔岩涌至离地面1~5km的地壳，热力得以被转送至较接近地面的地方，高温的熔岩将附近的地下水加热，这些被加热了的水就形成了地热能。

从地热能的利用与转换角度出发，地热能资源(GB 11615—1989)分为高温、中温、和低温三部分。

高温：$t \geqslant 150$℃；中温：$90 \leqslant t < 150$℃；低温：$25 \leqslant t < 90$℃；

也就是说温度大于等于25摄氏度的地下热能，都可称作地热能。

地热能的利用可分为地热发电和直接利用两大类，而对于不同温度的地热流体可能利用的范围如下：

① 200~400℃：直接发电及综合利用；

② 150~200℃：双循环发电、制冷、工业干燥、工业热加工；

③ 100~150℃：双循环发电、供暖、制冷、工业干燥、脱水加工、回收盐类、做罐头食品；

④ 50~100℃：供暖、温室、家庭用热水、工业干燥；

⑤ 20~50℃：沐浴、水产养殖、饲养牲畜、土壤加温、脱水加工。

现在许多国家为了提高地热利用率，而采用梯级开发和综合利用的办法，如热电联产联供、热电冷三联产、先供暖后养殖等。

2) 地温能：温度：$t < 25$℃。

为什么它的温度较低，这取决于地温能的形成条件，地温能是在太阳能照射和地心热产生的大地热流的综合作用下，存在于地壳下近表层数百米内的恒温带中的土壤、砂岩和地下水里的低温地热能，其能源以太阳能辐射为主，约占60%，地心热为辅。

浅层地能(热)不是传统概念的深层地热，是地热可再生能源家族中的新成员，它不属于地心热的范畴，是太阳能的另一种表现形式，广泛存在于大地表层中。它既可恢复又可再生，是取之不尽、用之不竭的低温能源。以往，这种低温能源，因品位不高(通常温度 < 25℃)，往往被人们所忽视。随着制冷技术及设备的进步和完善，成熟的热泵技术使浅层地能(热)的采集、提升和利用成为现实。

利用情况：通过地源热泵(包括水源热泵和土壤源热泵)来利用地温能，它也属地热利用的范畴。

它利用地下水的抽取和回灌，或在井筒中垂直安置循环迴管，或在土层中水平埋置循环迴管，利用地下水或土壤的温度，通过热泵提取其中的热量或给其释放热量，从而进行冬季采暖或夏季制冷。以这种方式利用的地温能，区别于≥25℃的地热能。

(2) 其他区别

地温能和地热能的对比情况见表6-1。

表6-1 地温能和地热能的对比

名称	内容	地温能	地热能
相同点	蕴藏条件	地下土壤、岩石中	地下土壤、岩石中
	资源性质	可更新资源	可更新资源
	介质	土壤、砂石、地下水	地下水
	作用	节能、环保、释放温室气体小	节能、环保、释放温室气体小
	开发利用要求	钻井、回灌	钻井、回灌
不同点	能量来源	太阳能为主，约占60%，地心热为辅	地心岩浆热
	温度分布	10~25℃，一般小于25℃	大于25℃，一般大于70℃。
	蕴藏深度	几米~几十米~几百米	1000~5000m
	存在地质条件	不限，地下水、土壤、 砂石、岩石均可	1. 提供大量的天然热源； 2. 有一个完好的导热差的盖层； 3. 有含水渗透层可储存地热流体
	利用方式	简介换热	直接利用
	钻井	浅井，一般100m以内，土壤源有120m	一般1000m以上，3000m左右
	风险	低	高
	回灌	易	难
	可再生速率	快	慢
	对地下水影响	小	大
	实际开发费用	低	高

2. 地热资源的要素及类型

形成地热资源有四个要素：热储层、热储体盖层、热流体通道和热源。

地热资源以其在地下热储中存在的形式可划分为五种类型：

① 蒸汽型地热资源：指地下以蒸汽为主的对流水热系统，它以生产温度较高的过热蒸汽为主，杂有少量其他气体，水很少或没有。

② 热水型地热资源：指地下热储中以水为主的对流水热系统，它包括地面呈现的温度低于当地气压下饱和温度的热水和温度高于饱和温度的湿蒸汽，温度范围分为高温（150℃以上）、中温（90~150℃）和低温（90℃以下）。

③ 地压型地热资源：一种目前尚未被人们充分认识但可能是十分重要的地热资源。它以地压水的形式储于地表下2~3km以下的深部沉积盆地中，并被不透水的盖层封闭。由于早期地层受到沉积物的不断形成和下沉，导致封存在地层中的地压水有很高压力。地压水中还溶有大量的甲烷等碳氢化合物，构成有价值的产物。所以，地压型地热资源中的能量实际上由机械能（压力）、热能（温度）和化学能（天然气）三部分构成。

④ 干热岩型地热资源：广义上说，干热岩泛指地下普遍存在的没有水或蒸汽的热岩石。从现阶段来说，是专指埋深较浅、温度较高、有较大开发利用价值的热岩。

⑤ 岩浆型地热资源：指蕴藏在熔融状和半熔融状岩石中的巨大能量，温度在600~1500℃。

3. 地热资源的勘探

主要有地球物理方法和地球化学方法两大类。地球物理方法有地表温度测量、热流测量及电法、重力、磁力和地震勘探。它和其他资料（地质、地球化学的）综合起来，能使孔位较准确地定在理想的位置上。地球化学是地热普查勘探中最便宜和最有效的工具之一。它的任务是分析天然热泉或沸泉的化学成分，从而为确定是否要进行钻探提供重要指导。钻探后，直至地热田开发，化学探测也始终是了解地热田的重要手段。

为了评价地热资源，选择和确定计算参数是十分重要的。待定参数的内容包括热储层的埋深、热储温度、热储面积、热储厚度、渗透率、热储的平均热容量、孔隙度和容积系数、放热量等。根据这些参数，就可以采用常见的评价方法（地表热流量法、平面裂隙法、岩浆热平衡法、体积法或断面流量法）来评价地热资源。

6.1.3 全球地热资源

对在现时条件下有经济上开发利用价值的地热相对富集区，一般称为地热田。地热田的概念及其面积圈定，在不同地区、对不同的利用方式，有很大的差别。如世界上一些用来发电的高温地热田，是以热储温度大于150℃来圈定地热田面积的，如果今后发电技术有所突破或高温资源不能满足需要而使开发150℃以下的资源成为必要时，地热田面积就可以相应扩大。目前中国的一些中低温地热田，热水的利用温度很低，因此，热储温度在40℃以上的地区也可以称为地热田。说明地热田优劣的指标，除地温梯度外，大地热流值也是一个重要的指标，它是指单位时间内通过地球表面单位面积散失的热流量，用符号HFU表示，称为一个热流单位。$1\text{HFU}=1\text{kcal}/(\text{m}^2\cdot\text{s})=4.186\times10^{-7}\text{J}/(\text{cm}^2\cdot\text{s})$。地表大地热流平均值约为$0.06\text{J}/(\text{m}^2\cdot\text{s})$。

大地热流值一般与板块构造有密切关系。20世纪60年代以来，在大陆漂移、海底扩张和地幔对流等假说基础上发展起来的板块构造学说，将造山运动、岩浆活动、变质作用和成矿作用结合起来，构成一个统一的动力模型，是当今地质界的一种新兴的全球大地构造理论。根据这一理论，地球表面（包括洋底）在漫长的地球发展进程中分成了若干块体，在这些块体之间经常发生相对的、规模不等的位移和错动，规模大的可以移动几千公里甚至一万多公里。这些经常处在相互运动之中的地球表面的若干块体，就称为板块。板块属于超巨型构造，在全球范围内，整个岩石圈被划分为大小不等的若干板块，有的划分为6大板块或7大板块，有的划分为12个板块或更多(包括次级板块)。根据板块学说，岩石圈下面有所谓软流圈，板块似乎是漂浮在其上面，地壳的运动就是由于软流圈内的对流所引起。形象地说，大陆壳像是一个“筏”，放在刚性岩石圈上，岩石圈再“漂浮”在软流圈上。由于软流圈的对流作用，使这些大陆壳“筏”向各个方向移动，与大陆板块或其他大陆壳“筏”相碰撞或分离。这些相互作用的地区就是地质活动区、在那里发生着火山喷发、造山活动、一板块在另一板块下消灭、一板块交叠在另一板块上。这些活动产生的热物质就是岩浆，侵入到地壳中加热岩石或包含在其内的水，形成地热资源。

全球地热储量十分巨大，理论上可供全人类使用上百亿年。据估计，即便只计算地球表层10km厚这样薄薄的一层，全球地热储量也有约1.45×10^{26}J，相当于4.948×10^{15}t标准煤，是地球全部煤炭、石油、天然气资源量的几百倍。世界地热资源主要分布于以下5个地热带：

① 环太平洋地热带。世界最大的太平洋板块与美洲、欧亚、印度板块的碰撞边界，即从美国的阿拉斯加、加利福尼亚到墨西哥、智利，从新西兰、印度尼西亚、菲律宾到中国沿海和日本。

② 地中海、喜马拉雅地热带。欧亚板块与非洲、印度板块的碰撞边界，从意大利直至中国的滇藏。

③ 大西洋中脊地热带。大西洋板块的开裂部位，包括冰岛和亚速尔群岛的一些地热田。

④ 红海、亚丁湾、东非大裂谷地热带。包括肯尼亚、乌干达、扎伊尔、埃塞俄比亚、吉布提等国的地热田。

⑤ 其他地热区。除板块边界形成的地热带外，在板块内部靠近边界的部位，在一定的地质条件下也有高热流区，可以蕴藏一些中低温地热，如中亚、东欧地区的一些地热田和中国的胶东、辽东半岛及华北平原的地热田。

世界上已知的地热资源比较集中地分布在三个主要地带：一是环太平洋沿岸的地热带；二是从大西洋中脊向东横跨地中海、中东到我国滇、藏地热带；三是非洲大裂谷和红海大裂谷的地热带。这些地带都是地壳活动的异常区，多火山、地震，为高温地热资源比较集中的地区。图6-1所示为全球地热资源集中分布带。

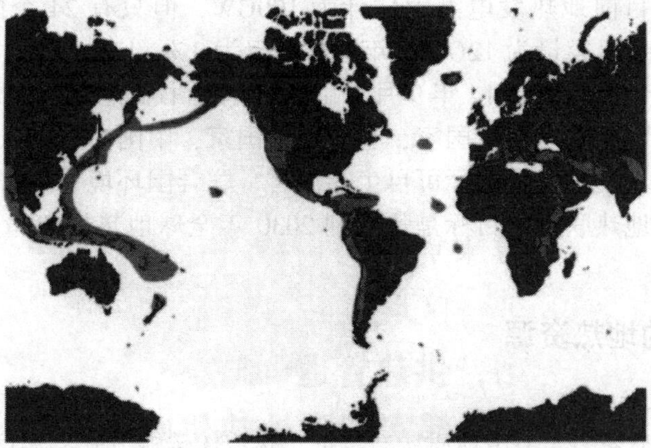

图6-1 全球地热资源集中分布带

地热资源按赋存形式可分热水型、地压地热能、干热岩地热能和岩浆热能四种类型；根据地热水的温度，又可分为高温型（>150℃）、中温型（90～150℃）和低温型（<90℃）三大类。地热能的开发利用可分为发电和非发电两个方面，高温地热资源主要用于地热发电，中、低温地热资源主要是直接利用，多用于采暖、干燥、工业、农林牧副渔业、医疗、旅游及人民的日常生活等方面。此外，对于25℃以下的浅层地温，可利用地源热泵进行供暖、制冷。

以美国为例。在美国，地热资源可谓遍布各地，但最佳的资源还是要数西部各州，那里的地下高温岩层更靠近地表，这意味着钻探工作量更小、勘探成本更低。地热能项目的主要成本就在钻井上，勘探者必须往地下深处钻探，井深介于地表以下3000～12000ft（约900～3000m）之间。

在美国，就装机总量而言，地热能在所有可再生能源中位居第4位，仅次于风能、太阳能和水电。同样，地热能也一直享受着政府针对各种能源形式所提供的补贴。相较其他清洁能源来说，地热能无论是从受关注程度，还是从地质因素考虑，其发展都要略逊。而事实上，地热能是将蒸汽从地下深处提取出来并用于发电。由于地核蕴含的热量是无限的，因此地热能是一种可持续的能源形式，且不会像风能和太阳能那样受到天气的限制。美国大多数地热能都集中于西部地区，其中80%都在加利福尼亚州。

2017年底全球地热装机达到14060MW，排在前10位的地热发电装机国家是：美国（3591MW）、菲律宾（1868MW）、印度尼西亚（1809MW）、土耳其（1100MW）、新西兰（980MW）、墨西哥（951MW）、意大利（944MW）、冰岛（710MW）、肯尼亚（676MW）、日本（542MW）。

但是在2018年9月28日，随着土耳其和新西兰新工厂的增加，全球安装的地热发电能力已达到14369MW。虽然美国仍然是迄今为止最大的地热国家，但有限的开发活动使得印度尼西亚和土耳其等国家受到了大部分关注。2018年印度尼西亚独自增加了工厂，使该国领先于菲律宾。土耳其继续保持稳定增长，目前已将自己的装机容量提高到1200MW（2008年该国的装机容量仅为30MW）。随着新工厂在新西兰的建设，该国于2018年也进入拥有超过1000MW（1GW）安装的地热发电能力的国家集团部。

为促进地热能源开发，由36个国家和相关组织组成的环球地热联盟（Global Geothermal Alliance）于2016年1月在联合国巴黎气候峰会上正式成立。全世界已经有90个国家探明拥有丰富的地热资源。目前地热发电潜力估计为100GW，但只有24个国家利用地热能源发电，现有地热发电总装机容量为12GW，年增长率仅为3%～4%。

环球地热联盟的建立是于2014年9月在由联合国秘书长潘基文组织的一次峰会上开始策划的。目前的成员国既有发展中国家，也有发达国家，中国尚未加入。非洲发展银行、非洲联盟委员会、美洲开发银行、国际可再生能源署、联合国环境计划署、世界银行等是该联盟的合作伙伴。环球地热联盟的目标是争取到2030年全球地热发电量增加5倍，地热供热量增加2倍。

6.1.4 我国的地热资源

1. 我国地热资源的分布

我国地热资源种类繁多，考虑地质构造特征、热流体传输方式、温度范围以及开发利用方式等因素，我国地热资源可分为浅层地热能资源、水热型地热资源和干热岩资源三种类型。

我国水热型地热能资源分布具有明显的规律性和地带性，但受构造、岩浆活动、地层岩性、水文地质条件等因素的控制总体分布不均匀。我国有高温地热资源，但以中低温地热资源为主。其中，高温地热资源主要分布在藏南、滇西、川西和台湾地区，已发现高温地热系统200多处；中低温地热资源主要分布于大型沉积盆地和山地的断裂带上。分布在山地的断裂带上的地热一般规模较小，分布在盆地特别是大型沉积盆地的地热资源储集条件好、储层多、厚度大、分布广，热储温度随深度增加，地热资源储量大，是地热资源开发潜力最大的地区。其中，沉积盆地型地热资源主要分布于我国的东部地区、琼雷盆地、松辽盆地和环鄂尔多斯断陷盆地等地区，均为中低温地热资源。隆起山地型地热资源主要分布于我国的东南沿海、台湾、藏南、川西、滇西和胶辽半岛等地区。而且根据我国区域地质背景，高热流区均处于板块构造带或构造活动带，在藏南、滇西、琼北、长白山等地区分布有范围较大的火山岩体，说明我国具备干热岩地热资源形成的区域构造条件。

2. 我国地热资源的利用

《中国地热能发展报告(2018)》数据显示，我国浅层地热能、中深层地热能直接利用分别以年均28%、10%的速度增长，已连续多年位居世界第一。作为本次论坛举办地的国家级西咸新区沣西新城，正在大规模推广分布式、“零排放”中深层地热能无干扰技术。陕西省西咸新区沣西新城党委书记、管委会主任刘宇斌介绍，该技术通过钻机向地下2500m深处的地层钻孔，在钻孔中安装一种密闭的金属换热器，将地下热能导出，通过水循环专业设备向地面建筑物供热。

全国地热能资源勘查结果显示，我国地热资源约占全球资源量的六分之一。其中，浅层地热能资源量每年相当于9.5Gt标准煤，中深层地热能资源量相当于853Gt标准煤，干热岩资源量相当于860Tt标准煤。在能源消费结构中，地热能利用占比每提高1个百分点，相当于替代标准煤37.5Mt，减排二氧化碳94Mt、二氧化硫900kt、氮氧化物260kt。《经济日报》记者从论坛上了解到，当前我国地热资源的开发利用可分为发电和直接利用两个方面。高温地热资源主要用于发电，中温和低温地热资源则以直接利用为主，对于25℃以下的浅层地热能而言，可利用地源热泵进行供暖和制冷。

(1) 地热发电

我国适于发电的地热资源主要分布在西南和东南沿海地区，总发电潜力9960MW。高温地热资源发电潜力为8460MW，中低温地热资源发电潜力为1500MW。目前，每年发电量可达800×10^8kW·h，相当于我国2015年电力消耗的1.5%。20世纪70年代以来，我国先后在西藏羊八井、朗久、那曲建设商业性地热发电站，总装机容量28.18MW。其中羊八井地热热电站装机容量25.18MW，利用每年$1.095\times10^7m^3$流量、温度130~1700℃的水汽，其2005年、2006年、2007年和2008年的发电量分别为1.154×10^8kW·h、1.261×10^8kW·h、1.158×10^8kW·h和1.436×10^8kW·h，屡创历史最高纪录，羊八井电厂到2014年累计发电量31.1×10^8kW·h，并为拉萨市提供大量电力资源，曾占拉萨电网全年供电量的40%，冬季超过60%。1970年广东丰顺建成第一座地热试验电站，机组功率100kW，随后在河北后郝窑、广东邓屋、湖南灰汤、江西遂川、广西象州、山东招远等地建立了地热试验电站，单机容量50~300kW，总装机容量1.55MW。而在20世纪70年代后期，我国的中低温地热发电厂中有5个陆续关停，虽然技术上并未出现较大障碍，但经济效益不佳是导致关停的主要原因：邓屋电厂和灰汤电厂直到2008年，才因机组老化而停止运行。现仅剩广东丰顺300kW的一个地热试验电站仍在运行。

（2）地热直接利用

近10年来，我国水热型地热能直接利用以年均10%的速度增长，已连续多年位居世界首位。我国地热能直接利用以供暖为主，其次为康养、种植养殖等。截至2017年年底，全国水热型地热能供暖建筑面积超过$1.5\times10^8m^2$。2018年我国水热型地热能供暖建筑面积约为$1.65\times10^8m^2$。

建筑物供暖是地热资源利用的主要方式。目前，利用水热型地热资源供暖面积$8875\times10^4m^2$，利用浅层地热能供暖面积$4.3\times10^8m^2$。浅层地热能资源主要用于供暖制冷。我国浅层地热能资源开发利用起步较晚，热泵技术的研究始于20世纪80年代。90年代中期在北京、宁波等地实施了第一批地源热泵工程应用项目。进入21世纪后，地源热泵技术形成了产、学、研结合利用浅层地温的研究方法。截至2015年年底，全国地源热泵总利用面积达$4.3\times10^8m^2$，其利用浅层地热能的装机容量已超过12.85GW，2010年以来的平均年累进增长率约28%，远高于世界增长速度。我国地源热泵所利用的浅层地热资源量已超过常规地热，成为地热直接利用的最大部分(58%)。

利用地热进行旅游疗养几乎遍及全国各省(区、市)。在已经开发利用的地热田中，全部或部分用于洗浴的估计占热田总数的60%以上。截至2015年年底，全国共有公共温泉浴池和温泉游泳池1600处。利用地热进行水产养殖，北京、天津、福建、广东等地起步较早，现已遍及20多个省(区、市)的47个地热田，建有养殖场约300处，鱼池面积$550\times10^4m^2$。将地热能用于水产养殖的方式在西北地区最多、占33%，华南占26%，华东占19%，华中占17%，西南占3%，华北占2%。

3. 我国地热资源的发展趋势

地热资源是清洁稳定安全高效的能源，节能效果明显。在现有技术条件下，每年可节煤1Gt，其中336个地级以上城市浅层地热能资源高效利用每年可节煤250Mt；地下热水资源高效利用每年可节煤75Mt。地热资源减排效果显著，可在减少温室气体排放中发挥重要作用。每年可减少CO_2排放2.4Gt，其中浅层地热能利用每年可减少CO_2排放600Mt，地下热水资源利用每年可减少CO_2排放1.8Gt，约占2014年我国CO_2排放总量的30%。目前，我国每年已开发地热资源量折合标准煤21Mt，每年减少二氧化碳排放50Mt。如河北雄县利用地热供暖满足了县城90%以上的供热需求，年替代标准煤90kt，减排$CO_2$225kt，创建了地热利用的“雄县模式”。

2019年10月北京市发改委批复了三个地源热泵项目，分别位于石景山、海淀和顺义，这三个项目涵盖了办公场所、科研场所和居民住宅三种建筑空间，顺义项目便是馨港庄园地源热泵建设二期工程。按照计划，这三个项目将在今明两年陆续竣工，建成后总计供暖面积达$36\times10^4m^2$，能够替代燃煤约4.5kt，相当于减少二氧化碳排放11.3kt、氮氧化物排放6.66t。未来几年，北京市将在城市副中心、大兴国际机场以及农村地区推广热泵技术。2019年1月，市发改委等8个单位联合发布实施《关于进一步加快热泵系统应用推动清洁供暖的实施意见》，北京市将加强民用建筑、燃煤替代等清洁供热重点领域的资金支持，热泵项目最高补贴50%。根据目标测算，到2022年，北京市热泵系统累计利用面积将达到$8000\times10^4m^2$，约占全市供热面积8%左右，年可减少燃气等化石能源消耗量折合标准煤约1.0Mt、减排二氧化碳2.4Mt，对本市大气污染防治及环境改善将起到积极作用，可有效减少燃烧化石能源排放的污染物。

6.1.5 我国地热能开发及利用的政策梳理

在我国，地热资源属矿产资源范畴，被列入能源矿产类，地热资源勘查及开发执行《中华人民共和国矿产资源法》及其配套法规，并归国土资源部及其下属职能单位管理。同时，我国在《可再生能源法》中明确，地热能属于非化石能源，也属于可再生能源范畴。2008 年，国家能源局成立，专门设立了新能源和可再生能源司，从组织机构上加强了国家对包括地热能在内的可再生能源的管理力度。

近年来，由于全球性能源形势紧张日益加剧和日益严重的环境问题，地热资源作为一种可再生能源，其开发利用得到了前所未有的发展，尤其是浅层地温资源的开发掀起热潮，这全面推动了我国地热的法制化、规范化、科学化管理。进入 21 世纪之后，国家出台了一系列的促进政策，为地热能及其他可再生能源的发展保驾护航。

2002 年 12 月，国土资源部《关于进一步加强地热矿泉水资源管理的通知》[国土资发〔2002〕1414 号]指出：地热资源是宝贵的矿产资源，是重要的清洁能源之一；要加大地热资源的勘查评价力度，加强地热资源开发和保护；开展地热开发示范项目和地热水回灌等新技术的研究推广工作，实现地热资源的可持续利用。

2005 年 2 月 28 日，《中华人民共和国可再生能源法》颁布，并于 2006 年 1 月 1 日起正式实施。《可再生能源法》中明确规定，地热能属于非化石能源，也是可再生能源。国家将地热能开发利用纳入可再生能源鼓励范围。

2005 年 11 月 29 日，国家发展和改革委员会制订并颁布了《中华人民共和国可再生能源产业发展指导目录》，地热发电、地热供暖、地源热泵供暖和空调、地下热能储存系统被列入重点发展项目；地热井专用钻探设备、地热井泵、水源热泵机组、地热能系统设计、优化和测评软件、水的热源利用等被列为地热利用领域重点推荐选用的设备。

2006 年 1 月 1 日起，由国家发展和改革委员会制订的《可再生能源发电价格和费用分摊管理试行办法》开始执行。其中，第九条规定：地热能发电项目上网电价实行政府定价，其电价标准由国务院价格主管部门按照合理成本加合理利润的原则而制定。

2006 年 4 月，《国土资源"十一五"规划纲要》出台，提出"十一五"期间要加大能源矿产的勘查力度，开展地热、干热岩资源潜力评价，圈定远景开发区。

2006 年，财政部发布的《可再生能源发展专项资金管理暂行办法》中"第二章扶持重点"中第七条指出，"建筑物供热、采暖和制冷可再生能源开发利用，重点支持太阳能、地热能等在建筑物中的推广应用。"

2007 年 1 月，建设部发布《建设事业"十一五"重点推广技术领域》，确定了"十一五"期间九大重点推广技术领域，其中"建筑节能与新能源开发利用技术领域"中重点推广太阳能、浅层地温能、生物质能及其他能源利用技术；其中重点推广建筑节能改造技术供热采暖制冷系统节能改造技术。

2007 年 6 月，国务院发布《国务院关于印发节能减排综合性工作方案的通知》[国发〔2007〕15 号]，明确提出要大力发展可再生能源，抓紧制订出台可再生能源中长期规划，推进风能、太阳能、地热能、水电、沼气、生物质能利用以及可再生能源与建筑一体化的科研、开发和建设，加强资源调查评价。

2007 年 9 月印发的《可再生能源中长期发展规划》对地热能的中长期发展目标和方向做出明确的规定：要积极推进我国地热能的开发利用，合理利用地热资源，推广满足环境保护和水资源保护要求的地热供暖、供热水和地源热泵技术，在夏热冬冷地区大力发展地源热泵，满足冬季供热需要。在具有高温地热资源的地区发展地热发电，研究开发深层地热发电技术。在长江流域和沿海地区发展地表水、地下水、土壤等浅层地热能进行建筑采暖、空调和生活热水供应。到2010年，地热能年利用量达到4Mt标准煤，到2020年，地热能年利用量达到12Mt标准煤。到2020年，建成潮汐电站100Mt。

2008年12月13日，国土资源部下发了《关于大力推进浅层地热能开发利用的通知》，从调查评价、编制规划、加强监测三个方面，对大力推进我国浅层地热能资源的开发利用进行了部署。同时也颁布了其他一些包括地热资源在内的可再生能源的促进办法。

2012年8月，国家能源局发布《可再生能源发展"十二五"规划》指出，我国要合理开发利用地热能。发挥地热能分布广的优势，加快地热资源勘察，加强地热开发利用规划管理，提高地热能开发利用技术水平和开发利用规模，统筹规划和有序开展地热直接利用，加快浅层地温能资源开发，适度发展各类地热能发电。到2015年，各类地热能开发利用总量达到15Mt标准煤，其中，地热发电装机容量争取达到100MW，浅层地温能建筑供热制冷面积达到$5\times10^8m^2$。我国地热能的发展布局和建设重点是地热发电和浅层地温能利用。

根据国土资源部中国地质调查局地热资源调查评价成果，截至2015年年底，我国年利用浅层地热能对建筑物供暖制冷面积为$3.92\times10^8m^2$，其中京津冀$8500\times10^4m^2$，约占全国的20%，是我国浅层地热能开发程度最高、用于建筑物供暖制冷规模最大的地区。

2015年年底，全国水热型地热能供暖面积达$1.02\times10^8m^2$，而当年京津冀直接采用地下水供热面积达$7100\times10^4m^2$。

京津冀地区地热资源本身丰富，且开发和利用程度较高，正在成为我国最大的地热城市群，不仅节约了化石能源，而且对环境保护意义重大。据天津市国土资源和房管局副总工程师张云霞介绍，目前天津利用地热采暖的住宅小区有385个，供暖面积约$2700\times10^4m^2$，每年可节约标准煤310kt，减少二氧化碳排放740kt。

基于京津冀地区的地热资源禀赋和开发基础，中国地质调查局将组织开展京津冀协同发展区地热资源调查评价科技攻坚战，重点开展河北雄安新区、北京城市副中心、天津东丽区等地区的地热资源调查评价工作。

事实上，与潜能相比，我国目前的地热资源开发利用还只是开始。据中国地质调查局2015年调查评价结果，全国336个地级以上城市仅浅层地热能年可开采资源量就折合700Mt标准煤，而2015年，我国地热能年利用总量仅为约20Mt标准煤。

最近几年，我国加强能源体系建设，优化能源消费结构，提高清洁能源的比重，地热能作为清洁可再生能源受到了国家的重视，国家出台一系列政策为行业发展指明了方向。

2017年初，国家发改委、国家能源局、国土资源部联合印发的《地热能开发利用"十三五"规划》明确提出，"十三五"时期各地区根据地热资源特点和当地用能需要，因地制宜开展浅层地热能、水热型地热能的开发利用，开展干热岩开发利用试验，在"十三五"时期，新增地热能供暖(制冷)面积$11\times10^8m^2$，其中新增浅层地热能供暖(制冷)面积$7\times10^8m^2$；新增水热型地热供暖面积$4\times10^8m^2$。新增地热发电装机容量500MW。到2020年，地热供暖(制冷)面积累计达到$16\times10^8m^2$，地热发电装机容量约530MW。

目前我国地热能开发利用发展较快，但是仍然存在地热资源勘察评价和科学研究不充分的问题，全国性地热资源评价缺乏，评价结果精度较低，同时受勘察精度与开发速度不协调的影响，开发利用选区、开采规模确定等方面存在着一定的盲目性。未来我国必须要提高地热资源勘察技术水平，加强地热资源评价。在《地热能开发利用"十三五"规划》提出，积极推进水热型地热供暖，按照"集中式与分散式相结合"的方式推进水热型地热供暖，在"取热不取水"的指导原则下，进行传统供暖区域的清洁能源供暖替代；大力推广浅层地热能利用，加强我国南方供暖制冷需求强烈地区的浅层地热能开发利用。中国大陆埋深5500m以浅干热岩型地热能资源量折合约为1.06Mt标准煤，随着加强地热能开发利用关键技术的研发，开展干热岩资源发电试验项目的可行性论证，选择场址并进行必要的前期勘探工作，未来15~30年干热岩地热等将成为重点研究领域和主攻方向。

6.2 地热直接利用

地热直接利用是指不需进行热、电能量转换的地热利用，即地热非电利用。我国中低温地热直接利用主要在地热供暖、医疗保健、洗浴和旅游度假、养殖、农业温室种植和灌溉、工业生产、矿泉水生产等方面。并逐步开发了地热资源梯级利用技术、地下含水层储能技术等。随着近年来地源热泵的兴起，地热直接利用在全球地热能开发利用中的比重大幅提高，已远远超过地热发电。

1. 地热供暖

将地热能直接用于采暖、供热和供热水是仅次于地热发电的地热利用方式。利用地热水采暖不烧煤、无污染，可昼夜供热水，保持室温恒定舒适。地热采暖虽初期投资较高，但总成本只相当于燃油锅炉供暖的四分之一，不仅节省能源、运输、占地等，又大大改善了大气环境，经济效益和社会效益十分明显，是一种比较理想的采暖能源。

因为这种利用方式简单、经济性好，世界各国对地热采暖非常重视。日本、冰岛、法国、美国、新西兰等都大量利用地热采暖。以冰岛为例，冰岛地处北极圈边缘，气候寒冷，一年中有300~340天需要取暖；但该国缺煤少油，常规能源极其贫乏，他们依靠得天独厚的地下热水，全国有85%的房屋用地热供暖。

地热采暖在我国北方城镇也很有发展前途。北京、天津、辽宁、陕西等省市的采暖面积逐年增多，已具一定规模。2018年11月27~28日，中国地热国际论坛暨地热资源利用国际工程科技高端论坛在上海举办。国家能源局新能源和可再生能源司副司长梁志鹏在致辞中表示，近年来，我国地热能开发利用成绩喜人，整体开发利用规模稳居世界前列，全国水热型地热能供暖面积超过$1.5\times10^{8}m^{2}$，地源热泵装机容量达到了20GW，形成了一系列较为完备的地热能开发利用新技术。

值得一提的是随着人民生活水平的提高，房地产开发商对地热开发产生了浓厚的兴趣，利用地热水供暖、洗浴、游泳的温泉公寓、温泉宾馆、温泉度假村十分看好。他们将房地产开发与地热资源利用相结合，加大资金的投入，大大促进了地热开发利用。

地热供暖是将地下热水经过一定的处理后送入换热器，加热供暖系统中水流，进而热水通过暖气片和地板对千家万户进行供暖。我国地热供暖主要集中在北方的北京、天津、西安、郑州、鞍山等大中城市以及黑龙江大庆、河北霸州、固安、牛驼镇等油区城镇，利用热泵技术开发利用60~100℃的中低温地热水、热尾水和浅层地热能。北方地热采暖，已取得良好的效果。

截至2015年年底，河北省利用浅层地热能供暖(制冷)面积约为$1500\times10^{4}m^{2}$。开发利用方式以地下水式换热系统为主，约占80%，建筑类型以公共建筑为主，主要包括办公楼、宾馆、商场、体育场馆、机关、学校、医院等。根据河北省内地热资源分布特征不同，设立分地区地热能开发目标。重点推进保定、石家庄、廊坊、沧州、衡水、邢台、邯郸、定州、辛集的地热能开发，积极推进唐山、张家口、承德、秦皇岛的地热能开发，适度发展山区地热疗养旅游开发。

另外，陕西省的咸阳市和西安市，山东省的德州、东营、滨州、聊城等市，北京市以及河北省、辽宁、黑龙江等省的一些城市，也都有地热供暖利用。

2. 地热浴疗、洗浴、游泳

地热水含有丰富的对人体健康有益的多种矿物质元素，具有较高的医疗保健价值，在我国利用温泉热水进行医疗保健的历史已经非常悠久。公元前100年汉代张衡的《温泉赋》中便记有“有疾疠兮，温泉治焉”。我国在20世纪50年代已建成上百座温泉疗养院(所)，据不完全统计，在2008年之前我国就已建温泉地热水疗养院200余处，突出医疗利用的温泉浴疗有430处，而且每年都以10%的速度增长。除疗养院外，在已经开发利用的地热田中，全部或部分用于洗浴方面约占地热田总数的60%以上。

2017年3月21日，由内蒙古第七地质矿产勘查开发院承担的自治区地质勘查基金项目——托县地区地热勘查项目地热井成功出水，这是呼和浩特地区地热勘查的又一重大突破，是托克托县首个医疗热矿泉水标准地热井该地热井地处呼包鄂腹地，毗邻黄河，地理位置优越，开发利用条件良好，对托县地区开发利用地热资源、发展低碳经济、发展旅游业及其他相关产业有重要意义。

2017年6月海南水工院承担的海南省公益性、基础性地质项目“海南岛西南部裂隙型地热资源勘查评价(Ⅰ期)”，在三亚崖城地区新发现具有开发利用价值的地热田，可提供优质医疗热矿水，为海南国际旅游岛建设增添重要的地质资源。

我国藏南、滇西、川西及台湾一些高温温泉和沸泉区，不仅拥有高能位地热资源，同时还拥有绚丽多彩的地热景观。如：云南省腾冲是保存完好的火山温泉区，拥有火山、地热景观及珍贵的医疗矿泉水价值；台湾地区的大屯火山温泉区也是温泉疗养和旅游观光胜地。

地热在医疗领域的应用有诱人的前景，目前热矿水就被视为一种宝贵的资源，世界各国都很珍惜。地热水本身具有较高的温度，含有多种化学成分、少量的生物活性离子以及少量的放射性物质，对人体可起到保健、抗衰老作用，对风湿病、关节炎、心血管病、神经系统疾病、妇女病等慢性疾病有特殊的疗效，具有很高的医疗价值。如含碳酸的矿泉水供饮用，可调节胃酸、平衡人体酸碱度；含铁矿泉水饮用后，可治疗缺铁贫血症；氢泉、硫水氢泉洗浴可治疗神经衰弱和关节炎、皮肤病等。由于温泉的医疗作用及伴随温泉出现的特殊的地质、地貌条件，使温泉常常成为旅游胜地，吸引大批疗养者和旅游者。在日本就有1500多个温泉疗养院，每年吸引1亿人到这些疗养院休养。我国利用地热治疗疾病的历史悠久，含有各种矿物元素的温泉众多，因此充分发挥地热的医疗作用，发展温泉疗养行业是大有可为的。

3. 地热水在工农业方面的利用

地热养殖是指利用地热水进行鱼、虾等名贵水产和动物的亲本保种、苗种早繁越冬，延长生长期和冬季养殖。我国地热养殖在北京、天津、福建、广东等地起步较早，现已遍及20多个省(区、市)的47个地热田，建有养殖场约300处，鱼池面积约$445\times10^4 m^2$。全国水产养殖耗水量约占地热水总用水量的5.7%左右。主要养殖非洲罗非鱼、鳗鱼、甲鱼、青虾、牛蛙等，每年成年鱼繁殖能力比在普通水域养殖的鱼大100多倍。大量的新鲜鱼类等畅销海内外，取得了显著的经济效益并提高了农民收入。如北京昌平小汤山地热田，由县畜牧水产局在该地建有两处水产养殖场，年产鱼20×10^4公斤，启用8个地热井，年耗水$120\times10^4m^3$，亩平均年耗地热水$5800m^3$，产鱼每公斤耗地热水$6.0m^3$。估计全国用于水产养殖所消耗的地热水约$1400\times10^4m^3$左右。

利用地热资源非常适合生物的反季节、异地养殖与种植。利用地热能可以为温室供暖，地热水中的矿物质还可以为生物提供所需的养分。用于农业的地热水，主要为低矿化、低温(40℃以下)地热水，也有将高温地热水通过梯级利用后剩余的低温。在我国北方，地热主要用于种植较高档的瓜果类、菜类、食用菌、花卉等反季节、异地养殖与种植的植物。

我国地热工业生产目前主要用于纺织印染、洗涤、制革、造纸与木材、粮食烘干等，部分地热水还可提取工业原料，如腾冲热海硫黄塘采用淘洗法取硫黄，洱源县九台温泉区挖取芒硝和自然硫。华北油田利用封存的油井深部奥陶系进行地热水伴热输油，完全替代了锅炉热水伴热输油，取得了明显的经济、社会效益。

地热水在农、林、牧、副、渔业方面有更广泛的利用。在农业上主要用于地热温室、培育良种、种植蔬菜、花卉、鱼苗越冬和孵化等方面。

地热在农业中的应用范围十分广阔。如利用温度适宜的地热水灌溉农田，可使农作物早熟增产；利用地热水养鱼，在28℃水温下可加速鱼的育肥，提高鱼的出产率；利用地热建造温室，育秧、种菜和养花；利用地热给沼气池加温，提高沼气的产量等。

将地热能直接用于农业在我国日益广泛，北京、天津、西藏和云南等地都建有面积大小不等的地热温室。如北京的小汤山地热联营开发公司用地热温室种植绿菜花、紫甘蓝、玻璃生菜等优特种蔬菜，丰富了人民的菜篮子，为改善和提高广大人民群众的生活水平作出很大贡献。

各地还利用地热大力发展养殖业，如培养菌种、养殖非洲鲫鱼、鳗鱼、罗非鱼、罗氏沼虾等。

地热水在工业中的应用也很广泛，如纺织、印染、烤胶、制革、造纸、蔬菜脱水等。使用地热水印染、缫丝，可以使产品的色泽鲜艳，着色率高，手感柔软，富有弹性。在生产过程中，由于节省了软化水处理费，也相应降低了产品的成本。

中国开发地热水生产饮用天然矿泉水始于20世纪80年代后期，有两种作法：一是利用地热水中某些微量元素(组分)达到饮用天然矿泉水标准，经过处理后生产饮用矿泉水；二是直接利用地热水生产饮用天然矿泉水。据统计，全国利用地热水生产或准备生产饮用天然矿泉水的有近40处，主要是北京、安徽、广东、广西、重庆、贵州、云南、陕西、青海等省(自治区、直辖市)，以利用矿化度0.6g/L以下、温度50℃以下的地热水为主。

综上所述，地热能是一种应用前景十分广阔的新能源。通过长期的利用实践，人们认识到在地热资源的开发利用中应根据资源条件，贯彻“因地制宜，合理开采，避免浪费，综合利用，提高热能利用率”的方针。可喜的是随着我国社会经济的发展，地热能的开发水平逐步提高，已从单一的粗放型利用向综合的集约化利用发展，它必将为我国社会主义现代化建设做出更大的贡献。

未来随着与地热利用相关的高新技术的发展，将使人们能更精确地查明更多的地热资源；钻更深的钻井将地热从地层深处取出，因此地热利用也必将进入一个飞速发展的阶段。

6.3 地热发电

1. 地热发电概述

地热发电是利用地球深层水靠热岩浆加热释放出蒸汽，利用动力透平发电的一种新型的发电技术，实际上就是把地下的热能转变为机械能，然后再将机械能转变为电能的能量转变过程或称为地热发电，有高温地热蒸汽发电和中低温地热水发电两种方式。方法是通过打井找到正在上喷的天然热水流。由于水是从1~4km的地下深处上来的，所以水是处在高压下。一眼底部直径25cm的井每小时可生产$(20\sim80)\times10^4$kg的地热水与蒸汽。由于水温的不同，5~10眼井产出的蒸汽可使一个发电装置生产出55MW的电。1970年，中国科学院在广东省梅州市丰顺县汤坑镇邓屋村建起了发电量0.3MW的地热发电站，这是我国第一座地热发电站。

20世纪70年代，我国开始利用高温地热资源发电，先后建成了西藏羊八井、那曲、郎久等7个地热发电站。然而，由于种种原因，到2010年，我国高温地热发电仅剩下羊八井电站。

中低温地热水发电主要是利用地下热水加热某种低沸点的有机工质推动汽轮机发电。我国20世纪70年代的中低温地热水发电已具备相当水平，创造了67℃世界最低温度发电的实例。近些年来，我国还在研究开发另一种中低温地热水发电技术，称为螺杆膨胀动力机。这一技术在国外也属于探索性的创新技术。我国自20世纪80年代起开始研究，制成了5kW的试验机组。1993年又作为国家“八五”攻关项目开始工业试验机的技术研究。2008年，国电龙源电力集团在羊八井采用双螺杆膨胀动力机技术新建了一个小型地热电项目，可以将地热水全部引入到动力机膨胀做功，地热水在送入全流动力机前无需进行扩容和闪蒸等处理，能量的利用率有较大提高。该项目分两期建设，一期装机1MW，于2009年8月投入运行，经一年多实际运行考验，到2010年年底已累计发电量达560kW·h。项目二期装机为1MW，已于2010年5月开工。我国中低温地热资源丰富，如果螺杆膨胀动力机技术取得进一步成功，前景将非常广阔。

地热能储量丰富非常洁净，且地热发电不受风力等季节和气象条件限制，但地下勘测等前期开发投入较大。目前全世界地热发电总量约8000MW，其中美国2800MW。

地热发电基本上不产生CO_2，包括发电设备及建设送电设施在内，CO_2排放量仅相当于火力发电的几十分之一，为原子能发电的一半左右。由于燃料不依赖国外供应，不存在汇率和燃料价格变动风险。

地热发电是地热利用的最重要方式。高温地热流体应首先应用于发电，地热发电和火力发电的原理是一样的，都是利用蒸汽的热能在汽轮机中转变为机械能，然后带动发电机发电。所不同的是，地热发电不像火力发电那样要备有庞大的锅炉，也不需要消耗燃料，它所用的能源就是地热能。

2018年1月13日，在云南省德宏傣族景颇族自治州瑞丽市的地美特瑞丽地热发电站内，分布式地热发电集装箱组项目一期工程全部四台发电设备发电试验成功，机组生产过程中设备各项参数正常，状态控制良好。分布式地热发电集装箱组项目是瑞丽市根据当地地热资源丰富的特点引进的新能源项目。这一地热发电项目建设完成后，装机容量可达10MW。

传统地热能发电通常是将热能转化为机械能，再转化为电能，而热能直接发电技术可将热能直接转换为电能，不仅适合于广泛的温度范围，温度可低至70℃，而且还具有不需要涡轮机等优点。

2019年8月，中国地质大学(北京)教授李克文向《中国科学报》介绍了其团队在地热发电领域取得的技术突破。热能直接发电被称之为热伏发电，李克文主要从事热伏发电，特别是油田中低温伴生地热开发与利用领域的研究。在大量成功的室内实验的基础上，李克文带领团队在山西省等地联合当地企业开展了热伏发电技术的现场示范工程建设。2019年9月初的现场试验很成功，目前已经实现连续发电，发电功率在该领域达到国际领先水平，具有较好的推广应用前景。

2. 地热发电的类型及原理

要利用地下热能，首先需要有“载热体”把地下的热能带到地面上来。目前能够被地热电站利用的载热体，主要是地下的天然蒸汽和热水。按照载热体类型、温度、压力和其他特性的不同，可把地热发电的方式划分为蒸汽型地热发电和热水型地热发电和干热岩石发电。

(1) 蒸汽型地热发电

蒸汽型地热发电是把蒸汽田中的干蒸汽直接引入汽轮发电机组发电，但在引入发电机组前应把蒸汽中所含的岩屑和水滴分离出去。这种发电方式最为简单，但干蒸汽地热资源十分有限，且多存于较深的地层，开采技术难度大，故发展受到限制。主要有背压式和凝汽式两种发电系统。

蒸汽型地热发电有一次蒸汽法和二次蒸汽法两种。一次蒸汽法直接利用地下的干饱和(或稍具过热度)蒸汽，或者利用从汽、水混合物中分离出来的蒸汽发电。二次蒸汽法有两种含义，一种是不直接利用比较脏的天然蒸汽(一次蒸汽)，而是让它通过换热器汽化洁净水，再利用洁净蒸汽(二次蒸汽)发电；第二种含义是，将从第一次汽水分离出来的高温热水进行减压扩容生产二次蒸汽，压力仍高于当地大气压力，和一次蒸汽分别进入汽轮机发电。

(2) 热水型地热发电

地热水中的水，按常规发电方法是不能直接送入汽轮机去做功的，必须以蒸汽状态输入汽轮机做功。这种发电装置有两类：汽轮机发电和二元发电装置。为了供给一台汽轮发电机蒸汽，抽出的地热水(带压)在称为闪蒸罐容器的表面释放出来，一部分水(约占35%，取决于它的温度)闪蒸(沸腾)为蒸汽，进入汽轮发动机进而带动一台发电机。涡轮的排气用传统冷却塔冷却。闪蒸罐内剩余的水在沸腾阶段之后又注入热库边缘的地下，它有助于维持热库的压力并补充对流的水热系统。

在二元发电装置中，不是将热水闪蒸为蒸汽，而是送至一台热交换器，用以加热工作介质，后者通常是有机化合物，如异丁烷或异戊烷。工作介质被汽化，用汽化后的蒸汽驱动涡轮发动机，进而带动发电机。在离开涡轮后工作介质冷凝为液体，流回热交换器再次被汽化。地热流体通过喷射并又回到地下，这一点与汽轮发电机中的情况很相似。由于在二元地热发电装置中所用的工作介质是在比水低的温度下蒸发的，所以它的发电效率比汽轮发电机高。

这两类发电装置各有其优点。汽轮发电机制造和运行都不太贵，但为了在高效率下操作，它要求水温在180~200℃以上。二元发电装置制造和运行费用较高，但它可用100℃或更低温的水发电。目前世界上多数正在运行的地热发电装置属于汽轮机型，但二元发电装置越来越普及。

从热力学原理来看，地热资源的温度越高，发电的效率也越高，经济性就越好。20世纪50年代以前，普遍认为发电的地热流体温度要超过200℃，否则就无法和其他能源发电相竞争。60年代以后，一方面是常规能源价格上涨，另一方面是地热发电技术提高，使地热电站的热水温度下限逐渐有所降低。目前公认有竞争力的最低温度为180℃，但是150℃左右的热水发电试验机组也已建造不少。人们相信，随着常规能源发电成本的不断上涨，地热发电的热水温度也必将向更低的范围发展。

(3) 干热岩石发电

地热发电的前景取决于如何开发利用地热储量大的干热岩资源。无论是电力工程师还是普通民众，几乎无人认为可以利用干热岩石进行“基本负荷”发电，换句话说就是，不可能依靠可再生能源实行每周7天、每天24小时供电。例如，风能不能确保安装在高地上的涡轮机持续运转，夜间阳光也不会照射到太阳能发电厂，就连水力发电在干旱缺雨季节也无法正常运营。

这些重大可再生能源技术所固有的不稳定性，是电力系统规划者不得不考虑的严重问题。这类技术的这一缺憾，制约着这些可再生能源发电入网能力的发挥。常规地热能发电需要大量自然资源，包括天然蒸汽和热水等，这些自然资源通常只能在火山区才能找到，所以在世界大部分地区无法利用地热能发电。因此，人类迫切需要广泛获得清洁的基本负荷电力供应，而被称为“干热岩石”的非常规地热能就是一种理想的发电能源。

虽然地表以下仅几千米处的干热岩石就能提供有效发电热量，但在没有天然蒸汽或热水的情况下把干热岩石中的热量输送到地表，尚需从工程上寻求解决方案。说起来道理很简单，只要打两口以上的5km深井，在其中一口井中注入冷水并使其穿过热岩石，然后将其取回地表，即可获得发电所需热能，而且这种做法可反复进行。然而，制约干热岩石地热能长期利用的实际上是经济问题，因为深井钻探费用高昂，而且在发电厂开始发电之前就须筹集到所需资金。因此，干热岩石热源越浅，其成本越低，其开发项目的竞争力就越强。此外，化石燃料和裂变燃料成本的提高，将加大人们对干热岩石开发项目的兴趣。尽管地下普遍存在干热岩石，而且许多地方的干热岩石的热量巨大，但要获取这些热量却面临着科学和工程学的挑战。

6.4 地源热泵

地源热泵又称地源中央空调，可从土壤中吸收热量或提取冷量送入室内释放，达到空调的目的。在夏季，地源热泵把室内的热量“取”出来释放到土壤中去，并且常年能保证地下温度的均衡；在冬季，把土壤中的热量“取”出来，供给室内用于采暖，提高了空调系统全年的能源利用效率。热泵就像泵把水从下抽上来那样，将热从低温往高温转移的装置。冷藏库或空调机也是考虑热泵的领域，空调机是空气热源热泵，利用外部空气，温热的房屋也可制冷。地中热热泵是从地下吸收热或将地中热放出的设备，不管热是来自大气或是地中，其工作原理和空调机一样。地中热利用热泵有地中热交换型、地下水利用型、地表水利用型等。

地源热泵是利用浅层地能进行供热制冷的新型能源利用技术。它与使用煤、气、油等常规供热制冷方式相比，具有清洁、高效、节能等诸多优势。因地制宜发展地源热泵系统，有利于优化能源结构，促进多能互补，显著提高能源利用效率。

地源热泵有四大优点，首先，从运行效率的角度讲，热泵机组的高效率在供暖模式上用运行系数COP来表示，它是输出能量与输入能量(电能)之比，目前热泵机组的COP一般都能达到3~4，即热泵的效率是300%~400%，而空调机(空气-空气热泵)的效率是200%，电的效率是100%，燃油的效率是90%，燃煤的效率是55%，因此热泵的效率是最高的。

其次，从环保的角度讲，热泵作为供热装置可以减少全球6%以上的二氧化碳排放量，它是目前市场上可获得的减少二氧化碳排放量最大的单项技术之一。虽然热泵本身不排放二氧化碳，但电厂发电时的二氧化碳排放有1/4~1/3要算在热泵的账上，所以热泵摊有少量二氧化碳排放，但没有其他污染产生。

第三，从工程难易程度的角度讲，地热热泵利用浅层地温的能源只需要钻50~100m深的钻孔，有的地方或许需要200m深，但比起地热井要钻1000~3000m来就经济、简易得多。

第四，从可操作性角度讲，浅层地温能的资源条件到处具备，不像地热井那样受到地域局限，它基本上是普遍适用于世界各地，哪怕是寒带也无妨。另外，地源热泵的换热部分为地下工程，可分设于绿地、车场、道路等建筑物周边任何可利用的空间内，不占用土地资源。

虽然地源热泵利用历史不长，但推广很快，目前，美国、日本、德国、法国、瑞典等许多发达国家都在广泛使用地源热泵技术。这项技术被许多空调专家认定为21世纪最有效的空调技术之一。

第7章　核能发电技术与应用

7.1　核能发展简史

7.1.1　核资源

世界上有比较丰富的核资源，核燃料有铀、钍氘、锂、硼等，世界上铀的储量约为417×10^4t。地球上可供开发的核燃料资源是矿石燃料的十多万倍。

核能是人类最具希望的未来能源。目前人们开发核能的途径有两条：一是重元素的裂变，如铀的裂变；二是轻元素的聚变，如氘、氚、锂等。重元素的裂变技术已得到实际性的应用；而轻元素聚变技术也正在积极研制之中。可不论是重元素铀，还是轻元素氘、氚，在海洋中都有相当巨大的储藏量。

铀是高能量的核燃料，1kg铀可供利用的能量相当于燃烧2050t优质煤。然而陆地上铀的储藏量并不丰富，且分布极不均匀。只有少数国家拥有有限的铀矿，全世界较适于开采的只有1Mt，加上低品位铀矿及其副产铀化物，总量也不超过5Mt，按目前的消耗量，只够开采几十年。而在巨大的海水水体中，却含有丰富的铀矿资源。据估计，海水中溶解的铀的数量可达4.5Gt，相当于陆地总储量的几千倍。如果能将海水中的铀全部提取出来，所含的裂变能可保证人类几万年的能源需要。不过，海水中含铀的浓度很低，1000t海水只含有3g铀。只有先把铀从海水中提取出来，才能应用。而要从海水中提取铀，从技术上讲是件十分困难的事情，需要处理大量海水，技术工艺十分复杂。但是，人们已经试验了很多种海水提铀的办法，如吸附法、共沉法、气泡分离法以及藻类生物浓缩法等。

20世纪60年代起，日本、英国、联邦德国等先后着手研究从海水中提取铀，并且逐渐建立了从海水中提取铀的多种方法。其中，以水合氧化钛吸附剂为基础的无机吸附方法的研究进展最快。目前，评估海水提铀可行性的依据之一是一种采用高分子黏合剂和水合氧化钴制成的复合型钛吸附剂。现在海水提铀已从基础研究转向开发应用研究的阶段。日本已建成年产10kg铀的中试工厂，一些沿海国家也计划建造百吨级甚至千吨级工业规模的海水提铀厂。

氘和氚都是氢的同位素。它们的原子核可以在一定的条件下互相碰撞聚合成较重的原子核——氦核，同时释放巨大的核能。一个碳原子完全燃烧生成二氧化碳时，只放出4eV的能量，而氘-氚反应时能放出1780×10^4eV的能量。据计算，1kg氢燃料，至少可以抵得上4kg铀燃料或1×10^4t优质煤燃料。每升海水中含有0.03g氘，这0.03g氘聚变时释放出来的能量相当于300L汽油燃烧的能量。而且氘的提取方法简便，成本较低，核聚变堆的运行也是十分安全的。因此，以海水中的氘、氚的核聚变能解决人类未来的能源需要将展示出最好的前景。氘-氚的核聚变反应，需要在上千万摄氏度乃至上亿摄氏度的高温条件下进行，这样的反应，已经在氢弹上得以实现，用于生产目的的受控热核聚变在技术上还有许多难题。但是，随着科学技术的进步，这些难题正在逐步解决。

重水是原子能反应堆的减速剂和传热介质，也是制造氢弹的原料，海水中含有 2×10^{14}t 重水，如果人类一直致力的受控热核聚变的研究得以解决，从海水中大规模提取重水一旦实现，海洋就能为人类提供取之不尽、用之不竭的能源。

7.1.2　月球的核应用

早在20世纪60年代末和70年代初，美国阿波罗飞船登月时，6次带回368.194kg的月球岩石和尘埃。科学家将月球尘埃加热到3000℉时，发现有氦等物质。经进一步分析鉴定，月球上存在大量的氦-3。科学家在进行了大量研究后认为，采用氦-3的聚变来发电会更加安全。

有关专家认为，氦-3在地球上特别少，但是月球上很多，光是氦-3就可以为地球开发1万~5万年用的核电。地球上的氦-3总量仅有100~150kt，可谓奇缺。但是，科学家在分析了从月球上带回来的月壤样品后估算，在上亿年的时间里，月球保存着大约500Mt氦-3，如果供人类作为替代能源使用，足以使用上千年。

核能是人类历史上的一项伟大发明，这离不开早期西方科学家的探索发现，他们为核能的应用奠定了基础。

19世纪末，英国物理学家汤姆逊发现了电子。1895年，德国物理学家伦琴发现了X射线。

1896年，法国物理学家贝克勒尔发现了放射性。1898年，居里夫人与居里先生发现新的放射性元素钋。1902年，居里夫人经过4年的艰苦努力又发现了放射性元素镭。1905年，爱因斯坦提出质能转换公式。1914年，英国物理学家卢瑟福通过实验，确定氢原子核是一个正电荷单元，称为质子。1935年，英国物理学家查得威克发现了中子。1938年，德国科学家奥托·哈恩用中子轰击铀原子核，发现了核裂变现象，如图7-1所示。

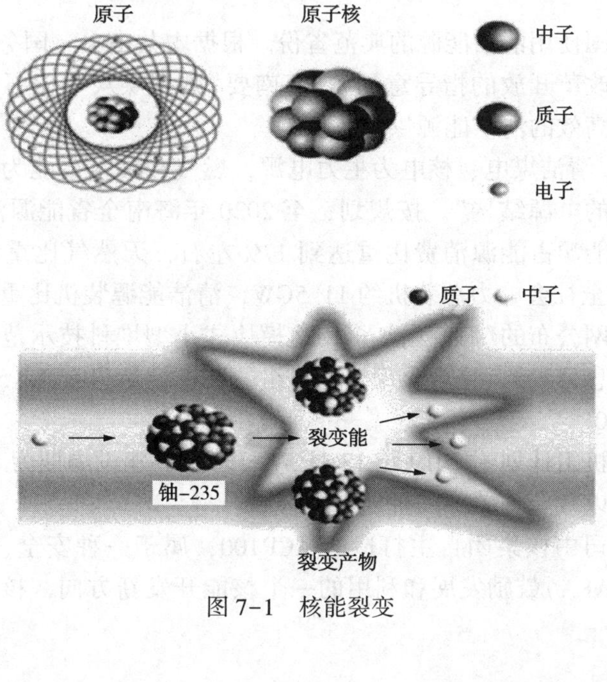

图7-1　核能裂变

1942年12月2日，美国芝加哥大学成功启动了世界上第一座核反应堆。1945年8月6日和9日，美国将两颗原子弹先后投在了日本的广岛和长崎。1954年，苏联建成了世界上第一座核电站——奥布灵斯克核电站。在1945年之前，人类在能源利用领域只涉及物理变化和化学变化。二战时，原子弹诞生了，人类开始将核能运用于军事、能源、工业、航天等领域。美国、俄罗斯、英国、法国、中国、日本、以色列等国相继展开对核能应用前景的研究。

核能发电的历史与动力堆的发展历史密切相关，动力堆的发展最初是出于军事需要。1954年，苏联建成世界上第一座装机容量为5MW(电)的核电站，英国、美国等也相继建成各种类型的核电站。到1960年，有5个国家建成20座核电站，装机容量1279MW(电)。由于核浓缩技术的发展，到1966年，核能发电的成本已低于火力发电的成本。核能发电真正迈入实用阶段。1978年全世界22个国家和地区正在运行的30MW(电)以上的核电站反应堆已达200多座，总装机容量已达107776MW(电)。20世纪80年代因化石能源短缺日益突出，核能发电的进展更快。到1991年，全世界近30个国家和地区建成的核电机组为423套，总容量为3.275×10^8kW，其发电量占全世界总发电量的约16%。

中国大陆的核电起步较晚，80年代才动工兴建核电站。中国自行设计建造的30×10^4kW(电)秦山核电站在1991年年底投入运行。大亚湾核电站于1987年开工，于1994年全部并网发电。

中核集团在“十二五”期间加速开发多用途模块式小型压水堆，并于2010年6月正式批准将模块式小型压水堆开发作为其重点科技专项。中国核电还在海南昌江投建的两台装机容量均为65×10^4kW·h的核电机组，已分别在2015年和2016年实现商业运行。

但海南需要更多的核电。海南省是一个能源资源缺乏的省份，为建立安全、可靠、稳定、经济的能源保障体系，必须采取能源供应多元化战略，发展核电是实现海南能源供应多元化的重要途径，是实现能源供应可持续发展的需要。增加核电项目比重，可改善海南省以火电为主的电源结构，可缓解煤炭供应和运输压力，减少煤电的大气污染物排放，有利于环境保护。

海南有望成为中国使用清洁能源的典范省份。根据中共中央、国务院2018年下发的《关于支持海南全面深化改革开放的指导意见》，海南要“减少煤炭等化石能源消耗，加快构建安全、绿色、集约、高效的清洁能源供应体系”。

海南正在“构建以清洁煤电、核电为主力电源，燃气和抽水蓄能为调峰电源，以可再生能源为重要组成部分的电源结构”。按规划，至2020年海南全省能源消费总量控制在26Mt标准煤左右，非化石能源占能源消费比重达到17%左右，天然气比重约18%，煤炭消费比重控制在38%以内，全社会电力总装机约11.5GW，清洁能源装机比重提高到50%左右。

根据中国核电官网公布的《海南昌江多用途模块式小型堆科技示范工程项目环境影响评价公众参与第二次信息公告》，这台小型核电机组的装机容量只有12.5×10^4kW·h，采用的核电机组名叫ACP100。

根据报告书，该机组计划于2019年12月31日开工，建设周期为65个月。报告书同时指出，具体开工时间以政府相关部门批复为准。

由中国核电母公司中核集团自主打造的ACP100，属于一种安全、经济的核电新堆型，是国际原子能机构(IAEA)鼓励发展和利用的一个核能开发新方向，核电发达国家都在积极研发。这些国家包括美国、俄罗斯、韩国、日本、法国等。

这种小型核电机组的另一个优势是，能够满足中小型电网的供电、城市供热、工业供热和海水淡化等各种领域应用的需求，是大型核电机组无法取代的。高度的灵活性，使得它能够满足不同区域、用户的新的能源形式，是促进区域经济发展的良好能源保障。

7.2　核能发电

7.2.1　核能发电概述

核能发电就是利用核反应堆中核裂变所释放出的热能进行发电的方式，它与火力发电极其相似，只是以核反应堆及蒸汽发生器来代替火力发电的锅炉，以核裂变能代替矿物燃料的化学能。除沸水堆外，其他类型的动力堆都是一回路的冷却剂通过堆心加热，在蒸汽发生器中将热量传给二回路或三回路的水，然后形成蒸汽推动汽轮发电机。沸水堆则是一回路的冷却剂通过堆心加热变成 70 个大气压左右的过饱和蒸汽，经汽水分离并干燥后直接推动汽轮发电机。

核能发电的能量来自核反应堆中可裂变材料（核燃料）进行裂变反应所释放的裂变能。裂变反应指铀-235、钚-239、铀-233 等重元素在中子作用下分裂为两个碎片，同时放出中子和大量能量的过程。反应中，可裂变物的原子核吸收一个中子后发生裂变并放出两三个中子。若这些中子除去消耗，至少有一个中子能引起另一个原子核裂变，使裂变自持地进行，则这种反应称为链式裂变反应，实现链式反应是核能发电的前提。

核能发电就是利用铀燃料进行核分裂连锁反应所产生的热，将水加热成高温高压的蒸汽，利用产生的水蒸气推动蒸汽轮机并带动发电机。核反应所放出的热量较燃烧化石燃料所放出的能量要高很多（相差约百万倍），比较起来需要的燃料体积比火力电厂少相当多。核电站还可以大大减少燃料的运输量，例如，一座 1GW 的火电站每年耗煤 3~4Mt，而相同功率的核电站每年仅需铀燃料 30~40t。核电的另一个优势是干净、无污染，几乎是零排放。

7.2.2　核能发电的优缺点分析

1. 核能发电的优点

核能发电不像化石燃料发电那样排放巨量的污染物质到大气中，不会产生加重地球温室效应的二氧化碳，因此核能发电不会造成空气污染。核能发电所使用的铀燃料，除了发电外，暂时没有其他的用途。核燃料能量密度比起化石燃料高百万倍，故核能电厂所使用的燃料体积小，运输与储存都很方便。核能发电的成本中，燃料费用所占的比例较低，核能发电的成本较不易受到国际经济情势影响，故发电成本较其他发电方法稳定。

2. 核能发电的缺点

核能电厂会产生高低阶放射性废料，或者是使用过的核燃料，虽然所占体积不大，但因具有放射性，故必须慎重处理。核能发电厂热效率较低，因而比一般化石燃料电厂排放更多废热到环境中，故核能电厂的热污染较严重。核能电厂投资成本太大，电力公司的财务风险较高。另外，兴建核电厂较易引发政治歧见纷争。最重要的是核电厂的反应器内有大量的放射性物质，如果在事故中释放到外界环境，会对生态及民众造成伤害。

7.2.3 世界核能发电发展

目前，核能的在电力领域和军事领域都有应用。其中，发电是核能最主要的利用方式。

由于切尔诺贝利核电站事故及三里岛核电站事故，核能在20世纪90年代发展速度明显放缓，核恐惧和高成本使得核能利用较高的发达国家重新审视核电的利弊，美国90年代一直致力于核电站的维护而不是新建；在欧洲，许多国家也在讨论如何迅速关闭其核电厂。但进入新世纪核电又受到世界各国的重视，出现了较快的发展势头。

根据IAEA统计，截至2019年6月底，全球共有449台核电机组在运，分布在30个国家，核电装机近400GW，另有54台机组在建，装机约为55GW，全球核电运行堆年超过1.8万年。世界核协会年度报告显示，2018年全球核发电量超过2500×10^{8}kW·h，占全球电力供应的10.5%。IAEA专家认为，目前全球核电有四个趋势值得关注：一是作为清洁能源，核电是全球减碳的主要贡献者，未来可发挥更大作用；二是人类要有效应对能源需求、气候变化、环境保护挑战，核电份额需稳步提升；三是从核电发展地域和技术看，世界核电发展的中心正从欧洲、北美向亚洲转移；四是核电持续发展需要各国综合性的政策支持。

下面介绍一些国家发展核电的状况：

① 俄罗斯：目前，俄罗斯共有35台机组商运，其中包括两台快堆，13台气冷堆，2018年核发电占比近18%，还有6台机组在建。俄罗斯十分重视核电全球战略布局，该国在全球推销核电的方式方法也非常值得学习：强调可以提供从核电基础结构开发、选址、设计、建造、运行、维修、废物处置及退役全链条全方位的服务；把核电基础结构建设与核电工程总承包(EPC)相结合，便于及早介入而锁定项目；充分借助IAEA平台，通过资助IAEA核电管理学校(NEMS)、技术合作(TC)项目和跨地区(INT)项目，培植亲俄力量；他们有专门的核电推广团队，有针对性地整体开展工作。目前，俄罗斯核电出口占据了全球绝大部分新兴市场，据报道，其在手的核电订单近40台机组。

② 美国：现有97台机组运行，2台AP1000机组在建。长期以来，美国核发电占比保持在20%左右，2018年核发电占比为19.32%。自20世纪90年代以来，尽管美国没有规模建设核电机组的计划，但通过升级改造、提升容量，相当于新建了6~8台百万级核电机组。美国核电业界不断提升运行水平，政府给予电力消纳方面的支持，其机组能力因子近年来保持在92%左右，核电有效利用率极佳。美国政府在核电中小型反应堆、先进堆等方面持续给予政策和资金支持，以期保持其在先进核电技术方面的领先地位。

③ 韩国：核电技术引进自美国，但通过几十年来有效的消化、吸收、再创新，成功开发出自己的三代技术APR1400，首台机组于2016年投入运行；凭借自主三代技术，韩国赢得阿联酋首批4台机组的订单，并于2012年开工建设。韩国目前有25台核电机组运行，4台机组在建，2018年核电发电量占比近24%。福岛事故后，随着韩国国内反核势力的日渐高涨，政府部门在调整原来比较庞大的核电规划，但核电作为重要的清洁低碳能源仍将在其能源结构中占有重要地位。

④ 印度：目前有22台机组在运，7台机组在建，核电占比不高，保持在3.2%左右，其主要能源仍然是化石能源。印度核电起步较早，具有核电设计建造能力，但其核电机组容量较小。近年来，印度与俄罗斯合作，开工建设了百万千瓦级的核电机组，部分机组已投入运行。

⑤ 阿根廷：目前有3台机组在运行，2014年开始的CREAM25MW小堆仍在建设中，预计2022年完工。另外，阿根廷与中核集团合作建设"华龙一号"机组的协议已经签署，各项工作正在推进中。

⑥ 捷克：20世纪70年代开始建设核电基础结构，目前该国50%的电力和大部分供热由核电提供。

⑦ 匈牙利：目前有4台苏联提供的440MW机组运行，已批准延寿20年，功率提升至500MW；另计划从俄罗斯引进建设两台VVER1200机组，2017年已获厂址许可。

⑧ 罗马尼亚：目前有两台重水堆机组在运，核电占比为16%，政府积极支持核电发展。今年5月9日与中广核签署了有关协议，拟由中广核投资建设另两台重水堆机组。该国建有干式中间储存设施，乏燃料可保存50年。

⑨ 斯洛伐克：现有4台机组运行，2台在建，3台永久停运，核电装机占25%，核发电占比达55%，该国还有再建新机组的计划。

⑩ 德国：目前还有7台机组在运行，按关停计划，2019年将关停两台、2021年关停3台、2022年关停最后一台，但仍将保留研究堆。

⑪ 瑞士：现有5个机组仍将运行至寿期结束，将持续保持核电研发能力，暂无新核电机组建设计划。

一些新兴核电国家核电发展情况如下：

① 阿联酋：由韩国承建的4台机组进展顺利，首堆于2012年开工建设，目前已基本完工，正在等待监管当局的许可，预计2019年装料、调试，2020年运行。4台机组(单机容量1350MW)建成投运后，将占全国电力供应的25%；未来计划新建4~8台百万千瓦核电机组。

② 白俄罗斯：首台机组于2013年开工建设，计划今年6月开始调试工作，属于内陆核电站。2021年两台机组并网后，可占全国电力供应的38%。中、日、韩、俄参与了竞标，最后俄罗斯原子能公司中标。

③ 孟加拉国：全国电力装机中年天然气发电占比53%；缺少本土能源资源，核电已作为国家基荷能源来发展，2017年、2018年先后开工两台俄罗斯原子能公司承建的AES-2006，计划分别于2023年、2024年开始调试工作；未来20年拟陆续再建4台百万千瓦核电机组。

④ 土耳其：全国能源72%依赖进口，近年来能源需求上升快，需要发展核电；计划2030年有3个核电基地共12台机组，核电占比达到15%。与俄罗斯合作的Akkuyu核电站计划建设两台VVER V-509机组，首台机组已于2018年4月开工；与日本合作的第二个核电站Sinop，相关工作正在推进中；第三个核电站正在选址过程中，有与中国合作的计划。

⑤ 埃及：由于本土缺乏一次能源，埃及于20世纪50年代就开始计划引入核电，但由于各种原因，除了分别由俄罗斯和阿根廷援建了两台研究堆外，核电计划没有实质性进展。进入新世纪后，随着能源需求增加，核电建设再次提上日程：2007年通过原子能法，2017年明确了发展核电的国家政策；2016年与俄罗斯原子能公司签订了工程总承包合同(EPC)并于次年生效，计划在El Dabaa电站建设4台VVER-1200机组。俄罗斯将负责为该电厂提供核燃料、建造乏核燃料容器和储存设施、人才培养、前十年核电厂运营和维护支持。

⑥ 波兰：目前能源供应以煤为主，占比达78%，预计该国褐煤资源将在2040年左右消耗殆尽，因此于2009年启动发展核电的计划。福岛核事故给该国推进核电发展带来了一定

的阻力，但因能源需求、大气污染和 CO_2 减排的压力，目前重新推进核电的共识越来越多、呼声越来越高。“波兰核电规划(PNPP)”2013 年获经济部批准，2014 年经内阁会议审查通过，2018 年升版后的规划被纳入波兰国家能源规划。该国计划 2030 年核电占比为 6%，2040 年达到 18%，目前正在开展选址和环境影响评价等前期工作。

⑦ 越南：原计划 2020 年建成首堆，日本福岛核事故后，公众更加关注核安全，加之国际国内经济形势的影响，推迟了核电计划。2016 年经过修订的“国家电力发展计划”得到总理批准，计划到 2030 年建成 4 台百万千瓦机组，届时核电占比将达到 10.1%。一期项目为俄罗斯原子能公司承建的 Ninh Thuan1 号两台机组，首堆计划 2028 年建成；二期项目计划为日本公司承建的 Ninh Thuan2 号两台机组。

⑧ 约旦：一次能源短缺，约 96%的能源依赖进口。因此，其“2007~2020 国家能源战略”以及升级版“2015~2025 能源战略”中，都将核能列入国家能源战略的重要选项，包括发展百万千瓦的大型商用堆和中小反应堆，目前核电计划仍然处于初期阶段。

⑨ 印度尼西亚：2016 年其能源结构前三位分别是石油(37%)、煤(31%)和天然气(23%)，可再生能源为 7.7%，一次能源严重依赖进口。2014 年通过的政府法令中，规划到 2025 年包括核电在内的新能源和可再生能源提高到 23%，届时核电装机计划为 2GW；2050 年占比将达到 31%，核电装机为 8GW。近年来，印度尼西亚公众对核电的支持率上升，由 2011 年(福岛事故后)的 49%上升到 2017 年的 77%。

⑩ 尼日利亚：1976 年成立国家原子能委员会，但推进核电的工作直到 2006 年才开始实际运作，核电推进计划受福岛核事故影响，进展缓慢。2015 年初步计划首台百万千瓦机组于 2025 年建成，另外还计划在 2030 年建成 3 台机组。2018 年以来正在对 2015 年的计划进行修订和完善。

⑪ 苏丹：在 IAEA 帮助下，自 2007 年开始推进核电发展计划，但由于政治、经济等各方面的原因，进展缓慢。2016 年通过水利电力部部长法令，计划在 2031 年建设两台 600MW 万千瓦机组的首座核电站。

⑫ 马来西亚：2008 年计划引入核电，2011 年 1 月成立马来西亚核电公司，作为推进核电计划的责任单位。福岛事故后，核电计划推进无实质性进展，主要原因是公众接受问题和政府对核电的态度不明朗。

⑬ 巴基斯坦：目前有 5 台运行核电机组，装机为 1430MW，核发电占比为 4.3%。首台机组为从加拿大引进、1972 年建成投运的 K-1 机组；两台在建机组(K-2、K-3 号)采用中国“华龙一号”技术，目前进展顺利；C-5 项目(华龙)正在与中核集团洽谈商务合同。巴基斯坦计划到 2030 年核电装机达到 8800MW。

⑭ 巴西：建立了较完整核燃料循环体系，有多座研究堆；首台核电机组 ANGRA 1 号(657MW，西屋公司提供技术)于 1985 年投入运行，ANGRA2 号(1350MW，由西门子等提供技术)于 2001 投运；目前正在推进建设 ANGRA 3 号机组(1405MW，由西门子/法玛通提供技术)。

⑮ 亚美利亚：现有两台机组分别于 1977 年、1980 年投运，1988 年发生大地震后，尽管两台机组完好，苏联仍然下令长期停机。1993 年，为克服经济危机影响，决定重启 2 号机组。在俄罗斯帮助下，2 号机组于 1995 年成功恢复运行，但 1 号机仍处于长期停运状态。福岛事故对该国核电新机组计划带来较大影响，但老机组依然进行了延寿，2015 年，该国

政府决定再建设1台600MW新机组。

⑯ 乌克兰：1986年4月，前苏联时代乌克兰境内发生了尔诺贝利核事故，切尔诺贝利电站共有4台机组，事故机组为4号机组，事故发生后即永久封存，但该厂址另外3台机组保持了持续运行，最后一台机组运行至2000年才宣布永久停机。目前，核电仍然是该国主要能源来源，现有4个核电站15台机组在运，装机13835MW，2017年核发电占比超过55%。2017年8月内阁通过的“2035年能源战略”中，核电仍然扮演重要角色：计划通过对现在机组延寿、功率提升(已有9台机组获延寿10年或20年)，继续建设KHMELNITSKI3号和4号两台百万千瓦机组(分别于1986年、1987年开工)，使其核发电占比保持在50%左右。

⑰ 法国：目前有58台机组在运，1台EPR机组在建，多年来其核发电占比保持在75%左右。法国未来的能源规划中，计划大量发展包括核能、可再生能源在内的低碳能源，2035年核发电规模仍将保持在50%左右。

⑱ 伊朗：首台核电机组(Busheher核电站，俄罗斯提供的VVER-1000堆型)于2013年并网发电。未来计划包括建设一台100MW小型反应堆(用于发电和海水淡化)，建设两台俄罗斯的VVER-1000型号的大型机组。

7.2.4 中国核能发电现状与展望

中国正在加大能源结构调整力度，积极发展核电、风电、水电等清洁优质能源已刻不容缓。中国能源结构仍以煤炭为主体，清洁优质能源的比重偏低。

从核电发展总趋势来看，中国核电发展的技术路线和战略路线早已明确并正在执行，当前发展压水堆，中期发展快中子堆，远期发展聚变堆。具体地说就是近期发展热中子反应堆核电站；为了充分利用铀资源，采用铀钚循环的技术路线，中期发展快中子增殖反应堆核电站；远期发展聚变堆核电站，从而基本上“永远”解决能源需求的矛盾。

日本2011年3月发生核泄漏事故是对中国的警示，将会有利于中国核电工业更加健康有序地发展。事故发生后，中国政府加强对核电安全的重视，核电建设速度也因此放缓。但未来中国核电站建设不会因此而停止。当前中国的核电使用的是法国的三代核技术，比日本使用的二代技术安全性高，而且目前中国已经掌握了4代核电技术。

中国近几年掀起核电建设的热潮，一些资源贫乏的内陆省份纷纷出台地方核电规划，并申报核电项目。中国的核电站选址也从最初的沿海地区，扩大到内陆城市，发改委计划在两年内上马第一个内陆核电站。

日本核事故发生后，对中国的核电技术路线也将产生影响。目前国内的核电技术路线不统一，主要有中核、中广核、国家核电技术公司研发，实力悬殊较大。中国未来将以三代核电技术路线为主，即由国家核电技术公司引进的AP1000技术。

根据中国核能行业协会发布的《中国核能发展报告(2019)》蓝皮书(下称《蓝皮书》)，截至2018年12月底，中国在运核电机组44台，装机容量达到44645.16MW，全年核能发电量为2944×10^8kW·h，同比增长约为18.96%，创造历史最高水平。

但中国核电装机和发电量在总装机和总发电量中的占比较低，与全球平均水平相比仍有距离。

中国电力企业联合会专职副理事长魏昭峰介绍称，截至2018年年底，中国核电机组装机容量约占全国总装机的2.3%，发电量占比仅为4.2%，远低于全球核电发电量平均占比。

截至2018年年底，全球在运核电机组454台，总装机容量超过400GW，核电占全球总发电量约10%。

根据国际原子能机构(IAEA)统计，2017年，核电发电量占比超过10%的有20个国家，超过25%的有13个国家，超过50%的有4个国家。

《蓝皮书》显示，2018年，中国福建、海南、广东、辽宁、浙江五省的核电发电量在本省总发电量中的占比，均超过全球核电发电量平均占比。

魏昭峰指出，当前利用小时数、交易电价下降给核电发展带来压力。

近年来，随着竞价上网、限制上网电量等措施的实施，核电设备利用小时数下降，核电的高效利用面临挑战。

国网能源研究院提供的数据显示，2017年，红沿河、昌江、防城港等核电机组设备利用率较低，部分机组设备利用率低于70%。

2018年，核电设备利用小时数有所提高，达7184h，同比提高95h。与2017年相比，去年大部分省份核电利用小时有所提高，但江苏和广东分别下降268h和1053h。

当前核电与其他形式电源在电力市场中竞争激烈。

"部分核电企业2017年市场电量为20%左右，个别省份接近50%。核电交易电价既低于核电标杆电价，也低于煤电标杆电价，企业盈利能力下降。"魏昭峰说道。

核电过度参与调峰也存在一定程度的风险。

核电带基荷运行，可提高燃料利用效率，有利于节能减排，是各国通行的做法。中国核电机组原则上以带基荷为主，但在目前电力系统供应多元化、供大于求的实际情况下，部分核电机组适度参与系统调峰运行也是应该的。但调峰幅度的一般不低于85%，。

国网能源研究院能源战略与规划研究所所长鲁刚指出，核电调峰的风险主要来自长期低功率运行和频繁调峰。核电参与系统调峰成本较高。根据2010年国际原子能机构数据，负载率由90%降至70%时，核电度电成本(LCOE)上升约35%，远高于煤电的10%和气电的7%。

魏昭峰建议，核电机组应以基荷运行为主，要增加电力系统的调峰能力，来缓解核电参与调峰的压力。

他认为，投资主体的局限性也是制约核电发展的因素之一，应加快推进核电投资主体多元化、市场化。

"除中核、中广核之外，国内五大发电集团或多或少涉足核电产业，开发了不少核电厂址，但仍未实现控股压水堆项目的突破，耗费的财力是巨大的"。

设备、技术"卡脖子"的瓶颈制约同样不容忽视。

中核集团总经理、党组副书记顾军指出，当前，三代核电、四代核电的一些关键设备、核心技术，还存在研发制造、试验验证受制于人的棘手问题，不利于核电的商业化、规模化推广和"走出去"。

据《蓝皮书》预测，2030年前，中国核电发电量将有望超过美国和其他国家；核电在发电量中的占比将从目前的4.22%上升到2035年的10%左右。

截至2019年6月30日，我国大陆运行核电机组共47台，装机容量48.73GW；在建机组11台，装机容量约11.34GW，多年来保持全球首位。中国核能行业协会统计报告显示，

2018年，我国大陆共44台商运核电机组，总装机容量44.64516GW，占全国电力总装机容量的2.35%；全年核发电为2865.11×10^8kW·h，约占全国累计发电量的4.22%，全年核电设备平均利用小时数为7499.22h，设备平均利用率为85.61%。与燃煤发电相比，核发电相当于减少燃烧标准煤88245.4kt，减少排放二氧化碳231202.9kt，减少排放二氧化硫750.1kt，减少排放氮氧化物653.0kt。

经过30多年持续不断的发展，中国核电从无到有、从小到大，自主建设和引进消化吸收再创新同步进行，实现了三代核电技术设计自主化、重要关键设备国家产化；具有四代核电特征的高温气冷堆示范工程已进入工程最后阶段，预计在明年实现装料，600MW霞浦示范快堆于2017年开工，目前工程推进顺利；在聚变堆研究方面，作为重要成员之一，中国积极参加国际热核聚变反应堆计划(ITER)，并在关键领域取得了重要进展。

切尔诺贝利事故和日本福岛核事故为世界核电界敲响了警钟，也促使中国核电行业进一步优化设计、加强安全监管和日常运行管理，不断提升核电安全运行水平。长期以来，我国核电安全运行一直保持良好业绩，根据世界核电运行协会(WANO)的综合指数统计，2017年，全球有57台机组获得满分100分，中国有11台；2018年，全球53台机组获得满分100分，中国有12台。我国是世界上少数几个拥有完整核燃料循环体系的国家，几十年来核电建设步伐没有停止，积累的核电建造能力居世界前列，包括AP1000、EPR在内的主要的三代核电率先在中国建成投运，自主三代核电华龙一号全球首堆福清5号已于2019年4月提前50天启动冷试全面转入调试阶段，海外华龙首批项目(巴基斯坦卡拉奇2、3号机组)推进顺利。

第8章　氢　　能

8.1　氢能概述

8.1.1　氢能

化学元素氢(H，Hydrogen)，在元素周期表中位于第一位，它是所有原子中最细小的。众所周知，氢原子与氧原子化合成水，但氢通常的单质形态是氢气(H_2)，它是无色无味极易燃烧的双原子气体，氢气是最轻的气体。在0℃和1atm(1atm=101.325kPa)下，每升氢气只有0.0899g——仅相当于同体积空气质量的2/29。氢是宇宙中最常见的元素，氢及其同位素占到了太阳总质量的84%，宇宙质量的75%都是氢。

氢具有高挥发性、高能量，是能源载体和燃料，同时氢在工业生产中也有广泛应用。现在工业每年用氢量为$5500\times10^8m^3$，氢气与其他物质一起用来制造氨水和化肥，同时也应用到汽油精炼工艺、玻璃磨光、黄金焊接、气象气球探测及食品工业中。液态氢可以作为火箭燃料，因为氢的液化温度在-253℃。

氢能在21世纪有可能在世界能源舞台上成为一种举足轻重的二次能源，它是一种极为优越的新能源。其主要优点：燃烧热值高，每千克氢燃烧后的热量，约为汽油的3倍，酒精的3.9倍，焦炭的4.5倍；燃烧的产物是水，是世界上最干净的能源；资源丰富，氢气可以由水制取，而水是地球上最为丰富的资源，演绎了自然物质循环利用、持续发展的经典过程。

所谓一次能源是指直接取自自然界没有经过加工转换的各种能量和资源，它包括：原煤、原油、天然气、油页岩、核能、太阳能、水力、风力、波浪能、潮汐能、地热、生物质能和海洋温差能等。一次能源可以进一步分为再生能源和非再生能源两大类。再生能源包括太阳能、水力、风力、生物质能、波浪能、潮汐能、海洋温差能等，它们在自然界可以循环再生。而非再生能源包括：煤、原油、天然气、油页岩、核能等，它们是不能再生的。

由一次能源经过加工转换以后得到的能源产品，称为二次能源，二次能源是联系一次能源和能源用户的中间纽带。例如，电力、蒸汽、煤气、汽油、柴油、重油、液化石油气、酒精、沼气、氢气和焦炭等。二次能源又可分为“过程性能源”和“合能体能源”，当今电能就是应用最广的“过程性能源”；柴油、汽油则是应用最广的“合能体能源”。过程性能源和合能体能源是不能互相替代的，各有自己的应用范围。作为二次能源的电能，可从各种一次能源中生产出来，例如，煤炭、石油、天然气、太阳能、风能、水力、潮汐能、地热能、核燃料等均可直接生产电能。而作为二次能源的汽油和柴油等则不然，生产它们几乎完全依靠化石燃料。随着化石燃料耗量的日益增加，其储量日益减少，终有一天这些资源将要枯竭，这就迫切需要寻找一种不依赖化石燃料的、储量丰富的新的含能体能源，氢能正是一种理想的新的含能体能源。

氢如同汽油和天然气一样易燃性强，空气环境下含量达到4%～96%均可燃，所以可用作燃料。氢气加氧气在火花点燃后产生热量。而其燃烧后的残留生成物仅仅是纯水，所以氢被誉为是零排放燃料。其燃烧生成的水可进行收集或直接以水汽形式排入大气。燃烧生成的水与制氢所消耗的水量完全一样。所以从这个角度而言，氢是取之不尽，用之不竭的。

当前国际社会制定了节能减排时间表，对新能源的开发应用提出了更加迫切的要求。氢气在新能源的开发应用中有着不可或缺的地位，有朝一日，人类必将摆脱对化石燃料的依赖，而氢能会像现在的电、燃料、燃气一样走进千家万户。

氢虽说取之不尽、用之不竭，但因属于二次能源，地球上单质氢含量微乎其微，只能由其他能源转化得到。当采用水电解的方式制氢时，制氢过程的副产品仅仅是氧气。而采用天然气、石油或煤制氢时，不可避免地要产生二氧化碳和其他温室效应气体。因此，使用氢能作为燃料仅能解决整个环保问题的一半。其实从氢的制取到使用，氢扮演着能量载体的角色，如果在氢气的制取上也能完全解决污染问题，那么整个氢能的利用过程就能成为真正意义上的零污染过程。

8.1.2 氢能的特点

氢作为能源，氢有以下特点：

① 所有元素中，氢质量最轻。在标准状态下，它的密度为0.0899g/L；在-252.7°C时，可成为液体，若将压力增大到数百个大气压，液氢就可变为金属氢。

② 所有气体中，氢气的导热性最好，比大多数气体的导热系数高出10倍，因此在能源工业中氢是极好的传热载体。

③ 氢是自然界存在最普遍的元素，据估计它构成了宇宙质量的75%，除空气中含有氢气外，它主要以化合物的形态储存于水中，而水是地球上最广泛的物质。据推算，如把海水中的氢全部提取出来，它所产生的总热量比地球上所有化石燃料放出的热量还大9000倍。

④ 除核燃料外氢的发热值是所有化石燃料、化工燃料和生物燃料中最高的，为142351kJ/kg，是汽油发热值的3倍。

⑤ 氢燃烧性能好，点燃快，与空气混合时有广泛的可燃范围，而且燃点高，燃烧速度快。

⑥ 氢本身无毒，与其他燃料相比氢燃烧时最清洁，除生成水和少量氮化氢外不会产生诸如一氧化碳、二氧化碳、碳氢化合物、铅化物和粉尘颗粒等对环境有害的污染物质，少量的氮化氢经过适当处理也不会污染环境，而且燃烧生成的水还可继续制氢，反复循环使用。

⑦ 氢能利用形式多，既可以通过燃烧产生热能，在热力发动机中产生机械功，又可以作为能源材料用于燃料电池，或转换成固态氢用作结构材料。用氢代替煤和石油，不需对现有的技术装备作重大的改造现在的内燃机稍加改装即可使用。

⑧ 氢可以以气态、液态或固态的金属氢化物出现，能适应储运及各种应用环境的不同要求。

由以上特点可以看出氢是一种理想的新的含能体能源。

8.1.3 氢能开发利用

氢能优点众多，开发利用也颇受关注。

早在1970年，美国通用汽车公司的技术研究中心就提出了“氢经济”的概念。1976年美国斯坦福研究院就开展了氢经济的可行性研究。20世纪90年代中期以来多种因素的汇合增加了氢能经济的吸引力。这些因素包括：持久的城市空气污染、对较低或零废气排放的交通工具的需求、减少对外国石油进口的需要、CO_2排放和全球气候变化、储存可再生电能供应的需求等。虽然其他利用形式是可能的(例如，取暖、烹饪、发电、航行器、机车)，但氢能在小汽车、卡车、公共汽车、出租车、摩托车和商业船上的应用已经成为焦点。

中国对氢能的研究与发展可以追溯到20世纪60年代初，中国科学家为发展本国的航天事业，对作为火箭燃料的液氢的生产、H_2/O_2燃料电池的研制与开发进行了大量有效的工作。将氢作为能源载体和新的能源系统进行开发，则是从20世纪70年代开始的。

氢能利用方面很多，有的已经实现，有的人们正在努力追求。接下来将氢能的主要用途简要叙述一下。

1. 氢能用于航天

1869年俄国著名学者门捷列夫整理出化学元素周期表，他把氢元素放在周期表的首位，此后从氢出发，寻找与氢元素之间的关系，为众多的元素打下了基础，人们对氢的研究和利用也就更科学化了。至1928年，德国齐柏林公司利用氢的巨大浮力，制造了世界上第一艘“LZ-127齐柏林”号飞艇，首次把人们从德国运送到南美洲，实现了空中飞渡大西洋的航程。大约经过了十年的运行，航程16万多公里，使1.3万人感受了上天的滋味，这是氢气创造的奇迹。

然而，更先进的是20世纪50年代，美国利用液氢作超音速和亚音速飞机的燃料，使B57双引擎轰炸机改装了氢发动机，实现了氢能飞机上天。特别是1957苏联宇航员加加林乘坐人造地球卫星遨游太空和1963年美国的宇宙飞船上天，紧接着1968年阿波罗号飞船实现了人类首次登上月球的创举。这一切都依靠着氢燃料的功劳。面向科学的21世纪，先进的高速远程氢能飞机和宇航飞船商业运营的日子已为时不远。

2. 氢能用于交通

以氢气代替汽油作汽车发动机的燃料，已经过日本、美国、德国等许多汽车公司的试验，技术是可行的，目前主要是廉价氢的来源问题。

氢是一种高效燃料，氢气燃烧不仅热值高，而且火焰传播速度快，点火能量低(容易点着)，所以氢能汽车比汽油汽车总的燃料利用效率可高20%。当然，氢的燃烧主要生成物是水，只有极少的氮氧化物，绝对没有汽油燃烧时产生的一氧化碳、二氧化碳和二氧化硫等污染环境的有害成分，氢能汽车是最清洁的理想交通工具。

氢能汽车的供氢问题，目前将以金属氢化物为储氢材料，释放氢气所需的热可由发动机冷却水和尾气余热提供。现在有两种氢能汽车，一种是全烧氢汽车，另一种为氢气与汽油混烧的掺氢汽车。掺氢汽车的发动机只要稍加改变或不改变，即可提高燃料利用率和减轻尾气污染。使用掺氢5%左右的汽车，平均热效率可提高15%，节约汽油30%左右。因此，近期多使用掺氢汽车，待氢气可以大量供应后，再推广全燃氢汽车。德国奔驰汽车公司已陆续推出各种燃氢汽车，其中有面包车、公共汽车、邮政车和小轿车。以燃氢面包车为例，使用

200kg 钛铁合金氢化物为燃料箱，代替 65L 汽油箱，可连续行车 130 多公里。德国奔驰公司制造的掺氢汽车，可在高速公路上行驶，车上使用的储氢箱也是钛铁合金氢化物。

掺氢汽车的特点是汽油和氢气的混合燃料可以在稀薄的贫油区工作，能改善整个发动机的燃烧状况。在中国许多城市交通拥挤，汽车发动机多处于部分负荷下运行、采用掺氢汽车尤为有利。特别是有些工业余氢（如合成氨生产）未能回收利用，若作为掺氢燃料，其经济效益和环境效益都是可取的。

2019 年 11 月，法国铁路车辆企业阿尔斯通、荷兰格罗宁根省当地运营商 Arriva、荷兰铁路基础设施经理 Prorail 和能源公司 Engie 签署了一项试验项目计划合作。多方计划首次在荷兰测试其全球第一列氢燃料电池客运列车 Coradia iLint。这也是世界首列氢能源普速 Coradia iLint 在德国外的第一个试点项目。该试验项目计划在 2020 年第一季度，位于格罗宁根和勒沃登之间的轨道上以最高每小时 140km 的速度进行，并将持续大约两周。据悉，Coradia iLint 是世界上首辆商业化运营的氢燃料电池客运列车，该车由氢燃料电池提供电力，由阿尔斯通在德国萨尔茨吉特建造。这部列车最高可达 140km/h 的行驶速度，将在德国多个城市之间总长 1000km 的列车网络提供服务，逐步取代易北河铁路交通服务商 EVB 现有的柴油列车。

2019 年 11 月 6 日，第二届中国国际进口博览会上太平洋资源（氢能）集团发布了太平洋氢能 H_2 Station V 加氢站和重型氢能货轮等产品。太平洋氢能是加拿大国家氢能协会里，少有的自有大型工业厂房的企业，与全球著名企业及城市有着紧密的合作。太平洋氢能提供最先进的各类加氢站，提供适用于吉普、重型卡车、客车、船舶的氢燃料电池发动机。集装箱式移动式加氢站 35/70Pa 压力及发电机组，能在温度-40～80℃的环境下工作，以重型卡车拖带四十尺集装箱为一个载体，可以给公共汽车、乘用车加氢，同时，可以给大约 500 人的社区供应氢能电力、热力等。适合抗震救灾，适合高原及偏远地区。PWRIFC-V 系列氢燃料电池发动机设计采用最先进的设计、测试、定型，体积小，功率强，耐久性高，适应各种复杂气候环境，生产成本比普通燃料电池减少巨大，稳定性和适应性得到大幅度提高。功率有 60kW、90kW、130kW、300kW 乃至更高兆瓦级的动能。配合适应各种复杂环境的加氢站，PWRIFC-V 系列氢燃料电池发动机适用于港口拖车、港口拖轮、集装箱卡车、公路卡车、公共汽车、吉普车、轿车、叉车等。

3. 燃烧氢气发电

大型电站，无论是水电、火电或核电，都是把发出的电送往电网，由电网输送给用户。但是各种用电户的负荷不同，电网有时是高峰，有时是低谷。为了调节峰荷，电网中常需要启动快的和比较灵活的发电站，氢能发电就最适合扮演这个角色。利用氢气和氧气燃烧，组成氢氧发电机组。这种机组是火箭型内燃发动机配以发电机，它不需要复杂的蒸汽锅炉系统，因此结构简单，维修方便，启动迅速，要开即开，欲停即停。在电网低负荷时，还可吸收多余的电来进行电解水、生产氢和氧，以备高峰时发电用。这种调节作用对于电网运行是有利的。另外，氢和氧还可直接改变常规火力发电机组的运行状况，提高电站的发电能力。例如，氢氧燃烧组成磁流体发电，利用液氢冷却发电装置，进而提高机组功率等。

更新的氢能发电方式是氢燃料电池。这是利用氢和氧（成空气）直接经过电化学反应而产生电能的装置。换言之，也是水电解槽产生氢和氧的逆反应。20 世纪 70 年代以来，有些国家加紧研究各种燃料电池，现已进入商业性开发。

氢燃料电池技术一直被认为是利用氢能、解决未来人类能源危机的终极方案。上海一直是中国氢燃料电池研发和应用的重要基地，包括上汽、上海神力、同济大学等企业与高校，也一直在从事研发氢燃料电池和氢能车辆。随着中国经济的快速发展，汽车工业已经成为中国的支柱产业之一。在能源供应日益紧张的今天，发展新能源汽车已迫在眉睫。用氢能作为汽车的燃料无疑是最佳选择。

尽管许多专家认为，氢能的大量利用将在10多年后。但一些大的石油公司包括BP和壳牌都将能源市场锁定为氢燃料。氢气可作为某些化工和炼油生产的副产品而低成本地产生，但大量生产需要能源和基础设施，因而用作燃料仍存在一些问题。

众所周知，我国能源资源并不富有，人均资源量则更低，研究人员认为氢能是解决我国能源短缺的根本对策之一。巨大的能源短缺，直接关系到能源安全和国家安全。要解决中国能源短缺问题，近期应考虑其他液体替代能源。如甲醇、二甲醚等，从长远来看应考虑氢能的作用。

在宏观国家问题上，我国早已试验成功的氢弹就是利用了氢的热核反应释放出的核能，是氢能的一种特殊应用。我国航天领域使用的以液氢为燃料的液体火箭，是氢用作燃料能源的典型例子。氢能在宇航研究中具有广阔的应用前景，如火箭发动机、氢内燃机等。在宏观民用工业领域，燃料电池近年来发展迅速。燃料电池(Fuel Cel，lFC)技术的最新发展及其诱人的前景，使全世界都看到氢作为能源的可行性和必然性。作为具有无污染、高效率、适用广、无噪声、具有连续工作和积木化等优点的动力装置——氢能燃料电池，将随着制氢技术的进步和储氢手段的完善，在21世纪的能源舞台上大展风采。此外，面对民生问题，我国于1999年开展的清洁城市汽车计划压缩天然气燃料汽车(CNG)和液化天然气燃料汽车(LNG)技术、由于成本低廉、使用环保，在国际上越来越受到重视。我国在北京、上海、广州、南京、沈阳等大中城市规划和建立了上千个天然气加气站。现有天然气燃料汽车15万辆以上。为进一步开发氢能，推动氢能利用的发展，2019年10月30日，国家发改委发布了第29号令，修订发布了《产业结构调整指导目录(2019年本)》。其中，能源化工类涉及煤炭鼓励类18项，石油、天然气鼓励类10项，新能源方面鼓励氢能、风能与光伏发电互补系统技术开发与应用，鼓励氢能的发展。这些规划与措施，极大地缓解了我国对石油产品的依存度，降低了环境污染，为我国经济健康稳定发展做出了贡献。

4. 氢能的利用前景展望

当氢能源的使用成本降低到能够与石油等常规能源一样或者更低的时候，氢能源将被广泛利用于生活中的很多方面。

① 氢气发电：大型电站，无论是水电、火电或核电，都是把发出的电送往电网，由电网输送给用户。但是各种用电户的负荷不同，电网有时是高峰，有时是低谷。为了调节峰荷，电网中常需要启动快和比较灵活的发电站，氢能发电就最适合扮演这个角色。利用氢气和氧气燃烧，组成氢氧发电机组。这种机组是火箭型内燃发动机配以发电机，不需要复杂的蒸汽锅炉系统，因此结构简单，启动迅速，要开即开，欲停即停。在电网低负荷的，还可吸收多余的电来进行电解水，生产氢和氧，以备高峰时发电用。

② 燃料电池：这是利用氢和氧(成空气)直接经过电化学反应而产生电能的装置。其能源转换效率可达60%~80%，而且污染少，噪声小，装置可大可小，非常灵活。

③ 家用氢能：随着制氢技术的发展，氢能利用迟早将进入家庭，它可以像输送城市煤

气一样，通过氢气管道送往千家万户。每个用户则采用金属氢化物储罐将氢气储存，然后分别接通厨房灶具、浴室、氢气冰箱空调机等，并且在车库内与汽车充氢设备连接。人们的生活靠一条氢能管道，可以代替煤气、暖气甚至电力管线，连汽车的加油站也省掉了。这样清洁方便的氢能系统，将给人们创造舒适的生活环境，减轻许多繁杂事务。

④ 更加普及的氢燃料电池汽车：以氢燃料电池代替汽油作汽车发动机的燃料，无疑氢能汽车将是最清洁最理想的交通工具。除了产生同等的能量花费比石油更少的量的优势以外，氢能属于清洁的可再生能源。对人类环境状况不会产生过大的负面影响。

8.1.4 氢能的发展展望

1. 世界氢能产业发展综况

中投顾问发布的《2016~2020 年中国氢能行业投资分析及前景预测报告》指出，氢能被视为 21 世纪最具发展潜力的清洁能源，人类对氢能的应用自 200 年前就产生了兴趣，到 20 世纪 70 年代以来，世界上许多国家和地区就广泛开展了氢能研究。

早在 1970 年，美国通用汽车公司的技术研究中心就提出了“氢经济”的概念。1976 年美国斯坦福研究院就开展了氢经济的可行性研究。20 世纪 90 年代中期以来多种因素的汇合增加了氢能经济的吸引力。这些因素包括：持久的城市空气污染、对较低或零废气排放的交通工具的需求、减少对外国石油进口的需要、CO_2 排放和全球气候变化、储存可再生电能供应的需求等。氢能作为一种清洁、高效、安全、可持续的新能源，被视为 21 世纪最具发展潜力的清洁能源，是人类的战略能源发展方向。世界各国如冰岛、中国、德国、日本和美国等不同的国家之间在氢能交通工具的商业化的方面已经出现了激烈的竞争。虽然其他利用形式是可能的(例如取暖、烹饪、发电、航行器、机车)，但氢能在小汽车、卡车、公共汽车、出租车、摩托车和商业船上的应用已经成为焦点。由于氢能利用过程中 CO_2 的零排放这一优势，其能源供给及转换技术已被认真加以评估。氢能能够通过从化石燃料或生物物质(包括城市废物等)中获取氢原子而得到，或者通过用化石发电、无碳能源电解水得到。后者通常花费更为昂贵并且产品利用率仅能达到 4%。虽然如此，这种基于混合资源的电解氢会增加 CO_2 的排放，因为此种方法通常增加了低效、碳基能源产品的产量。在近几年内，除了在斯堪的纳维亚(半岛)、巴西和加拿大这些地区有价格低廉而又丰富的水力电能，从天然气、甲醇、重油或 MSW 中获取氢的成本是最低的。早期在岛屿应用的有冰岛、夏威夷岛、瓦努阿图、大西洋群岛。氢能的应用具有特别的吸引力，然而即使包括 CO_2 的回收和封存的成本，在大型市场当中从化石燃料中提取氢产品的成本仍然比电解氢的成本低。

随着国际气候变化和对石油进口依赖程度的不断加深，导致人们对氢能市场生存能力发展产生普遍兴趣。虽然日本是世界上第一个以审慎的态度投入 2 亿美元开展氢能研究的国家(研究计划年限为 1993~2002 年)，在其之后，又兴起了大量寻求构建氢经济的国家。从历史的角度上说，能源观念的转变需要花费几十年才能实现，一定范围内政府、跨国公司和个人企业对氢能产业的推动将是加速能源转换的必要因素。已有的一些有关氢能研发顺序的问题也会影响氢能经济的发展方向。举例来说，氢生产集中与分散，研究、发展和氢能汽车的营销，燃料电池技术的发展与内燃机，基础设施的改进包括燃料运输和建立燃料供应站等等，氢能商业化和市场渗透往往依赖于这些因素相互间错综复杂的影响，也影响它的成本、效率、能量存储密度和交通工具的成本、性能和安全性，而且在一个地区氢能和燃料电池的发展突破将不可避免地影响其他地区全球性的经济发展计划。

2. 中国氢能行业总体发展状况

中国对氢能的研究与发展可以追溯到20世纪60年代初，中国科学家为发展本国的航天事业，对作为火箭燃料的液氢的生产、H_2/O_2燃料电池的研制与开发进行了大量有效的工作。将氢作为能源载体和新的能源系统进行开发，则是从20世纪70年代开始的。

氢能对国家能源集团来说，是下游业务(火电发电和煤化工产业)的一个自然延伸，国家能源集团正在大力推进氢能源的发展，目标是从世界上最大的能源集团之一变成世界上最好的清洁能源集团之一。国家能源集团北京低碳清洁能源研究院是一个全球化的研发机构，总部在北京，同时在德国和北美都有研发中心。该研究院主要从事低碳清洁能源领域的研发工作，包括煤的清洁应用、光伏、先进材料和环保技术，现在也正在做氢能的研发。氢能既可以实现化石能源的清洁化使用，也可实现可再生能源的规模化发展，最终实现一个低碳甚至零碳的能源体系。

2019联合国开发计划署氢能产业大会在佛山市南海区樵山文化中心隆重召开。在主题为燃料电池汽车产业发展趋势与挑战的论坛上，国家能源集团北京低碳清洁能源研究院院长、首席执行官卫昶发表了题为《国家能源集团氢能产业发展战略》的演讲。他表示，未来两年，中国市场上可能会有5000辆燃料电池汽车和100座加氢站建成；2020～2030年可能有1000000辆燃料电池汽车和1000座加氢站投入市场使用；2030年之后，氢能将会成为能源生态体系里的一个重要组成部分，燃料电池汽车也会成为新能源汽车的重要组成部分。

国外氢能的快速发展，要求我国应尽快将开发氢能列入国家长期能源战略，制定目标明确的氢能源开发路线图。加强国内外氢能技术交流与合作，充分利用国内外现有的研究成果和资源，开发具有中国特色的氢能技术与装备，同时加强氢能制取，存储与专用燃料电池的产业化工作。

2019年中国石化宣布，国内首座油氢合建站中国石化佛山樟坑油氢合建站正式建成。氢能时代正在向我们走来，中国石化并不是全球第一家切入氢能的油气公司，中国石油、壳牌、BP、道达尔等也都在积极布局。氢能何以成为油气公司的下一个战略选择？《中国汽车报》记者日前独家专访了中国石油规划总院高级工程师张震博士。

人类社会的几次重大飞跃发展都与能源变革息息相关。1913年，煤炭提供能源的峰值占到70%。20世纪60年代之后，人类进入油气时代，1973年，石油提供的能源峰值占到49%。薪柴、煤炭、油气在输送能源的同时也释放出大量的碳，煤的碳排放系数为0.89kg/kW·h，石油为0.73kg/kW·h，天然气为0.5kg/kW·h。大量的二氧化碳及颗粒物排放到大气中，对环境造成一定的污染。

未来全球将进入低碳时代，新型清洁能源的碳排放系数大幅降低，光伏为0.09kg/kW·h，生物能为0.05kg/kW·h，风能、核电、水电均为0.03kg/kW·h。

石油巨头清楚能源转换将对现有市场格局带来较大冲击，纷纷把目光投向新能源，但在细分领域，大家的侧重点有所不同。BP、壳牌、道达尔、中国石油、中国石化都关注氢能，美孚、雪佛龙、挪威国油分别侧重生物燃料、风能、地热能等。“未来可供选择的新能源有很多类型，氢能的‘体量’巨大。氢能业务是未来可以规模发展，且与油气公司现有业务结合最紧密的二次能源。”

当前氢能面临三大挑战：首先是政策以及标准的缺乏，现在在氢能方面缺乏相关的政策以及标准体系，特别是在氢气生产以及加氢站方面，需要出台或者更新相应的标准和政策。第二个挑战是基础设施的缺乏，国内目前加氢站的数量不如其他国家多，这是因为现在加氢站建设的成本还是很高；另外，对于已经建成的加氢站，其加氢规模还偏小。现在国内大的加氢站规模也就每天1000公斤，事实上这个规模还是很小。第三是国内在关键技术上亟待突破，比如车载储氢技术、氢气压缩技术、加氢机技术，燃料电池技术及氢气检测技术等，这些方面都应当有更大的技术突破。

国家能源集团将根据氢能发展战略来应对这些挑战。首先，国家能源集团会关注基础设施方面，包括氢气的生产、运输、储存和加注。国家能源集团有足够的工业副产氢气，还有很大的煤气化规模，可以提供非常低成本的氢气。此外，还有很大的风电装机容量，可提供可再生能源制氢。在燃料电池方面，国家能源集团希望跟业界同行合作，推动整个产业的发展。国家能源集团在氢能的整个行业链都有研发布局：有加氢机产品，可以应用于移动式或固定式加氢；同时，也在研发跟加氢站有关的技术、高效的电解制氢技术、可再生能源制氢技术、氢气的纯化技术等。

8.2 氢能的制备与存储

绝大部分氢是从石油、煤炭和天然气中制取的，这就得消耗本来就很紧缺的矿物燃料；另有4%的氢是用电解水的方法制取的，但消耗的电能太多，很不划算，因此，人们正在积极探索研究制氢新方法。

8.2.1 氢能的制备

1. 从含烃的化石燃料中制氢

这是过去以及现在采用最多的方法，它是以煤、石油或天然气等化石燃料作原料来制取氢气。

(1) 煤制氢

煤是我国最主要的化石能源，其主要成分是碳，也有很少的碳氢化合物。煤制氢的本质是以碳取代水中的氢，最终生成氢气和二氧化碳。这里，碳起到化学试剂作用并为置换反应提供热。氢几乎全来自水。

以煤为原料制取含氢气体的方法主要有两种：

一是煤的焦化(或称高温干馏)，煤在隔绝空气条件下，在900~1000℃制取焦炭，副产品为焦炉煤气。焦炉煤气组分中含氢气55%~60%(体)、甲烷23%~27%、一氧化碳5%~8%等。每吨煤可得煤气300~350m^3，作为城市煤气，亦是制取氢气的原料。

二是煤的气化，使煤在高温常压或加压下，与水蒸气或氧气(空气)等反应转化成气体产物。气体产物中氢气的含量随不同气化方法而异。煤气化制氢是一种具有我国特点的制氢方法。通常做法是将煤从地下挖出，破碎、分类后放到专门的设备中进行上述反应。其实也可以在地下进行煤制氢，一般在煤矿的地表建成两口井，一个进气，一个出含氢的混合气。在地面上净化，得到可用的氢。煤地下气化方法近数十年已为人们所重视，我国已经在山东、河北一带进行了几个工业化示范，效果很好。地下气化技术具有煤资源利用率高及减少或避免地表环境破坏等优点。

(2) 天然气制氢

天然气的主要成分是甲烷(CH_4)，本身就含有氢。和煤制氢相比，用天然气制氢产量高、加工成本较低，排放的温室气体少，因此天然气成为国外制造氢气的主要原料。其中天然气蒸汽转化是较普遍的制造氢气方法。工业上甲烷蒸气转化过程采用镍做催化剂，操作温度750~920℃，操作压力2.17~2.86MPa。较高的压力可以改善过程效率。反应是吸热的，热量通过燃烧室燃烧甲烷供给。甲烷蒸气转化制得的合成气，经过高低温变换反应将一氧化碳转化为二氧化碳和额外的氢气。为了防止甲烷蒸气转化过程析炭，反应进料中需采用过量的水蒸气。最终氢气的收率与采用的技术路线有关。天然气制氢的本质是以甲烷中的碳取代水中的氢，碳起到化学试剂作用并为置换反应提供热。氢大部分来自水，小部分来自天然气本身。

(3) 重油部分氧化制氢

重油是炼油过程中的残余物，可用来制造氢气。重油部分氧化过程中碳氢化合物与氧气、水蒸气反应生成氢气和二氧化碳。该过程在一定的压力下进行，可以采用催化剂，也可以不采用催化剂，这取决于所选原料与过程。催化部分氧化通常是以甲烷或石脑油为主的低碳烃为原料，而非催化部分氧化则以重油为原料，反应温度在1150~1315℃。重油部分氧化制得的氢主要来自水蒸气。

自从天然气大规模开采后，传统制氢的工业中有96%都是以天然气为原料，天然气和煤都是宝贵的燃料和化工原料，其储量有限，且制氢过程会对环境造成污染，用它们来制氢显然摆脱不了人们对常规能源的依赖和对自然环境的破坏。

2. 电解水制氢

这种方法是基于氢氧可逆反应分解水来实现的。为了提高制氢效率，电解通常在高压下进行，采用的压力多为3.0~5.0MPa。目前电解效率为50%~70%。由于电解水的效率不高且需消耗大量的电能，因此利用常规能源生产的电能来进行大规模的电解水制氢显然是不合算的。

3. 生物制氢

生物制氢以生物活性酶为催化剂，利用含氢有机物和水将生物能和太阳能转化为高能量密度的氢气。与传统制氢工业相比，生物制氢技术的优越性体现在：所使用的原料极为广泛且成本低廉，包括一切植物、微生物材料，工业有机物和水；在生物酶的作用下，反应条件为温和的常温常压，操作费用十分低廉；产氢所转化的能量来自生物质能和太阳能，完全脱离了常规的化石燃料；反应产物为二氧化碳、氢气和氧气，二氧化碳经过处理仍是有用的化工产品，可实现零排放的绿色无污染环保工程。由此可见，发展生物制氢技术符合国家对环保和能源发展的中、长期政策，前景光明。

4. 微生物制氢

利用微生物在常温常压下进行酶催化反应可制得氢气。这方面的最初探索大概在1942年前后。科学家们首先发现一些藻类的完整细胞，可以利用阳光产生氢气流。7年之后，又有科学家通过试验证明某些具有光合作用的菌类也能产生氢气。此后，许多科学工作者从不同角度展开了利用微生物产生氢气的研究。近年来，已查明在常温常压下以含氢元素物质(包括植物淀粉、纤维素、糖等有机物及水)为底物进行生物酶催化反应来制得氢气的微生物可分为5个种类，即：异养型厌氧菌、固氮菌、光合厌氧细菌、蓝细胞和真核藻类。其中蓝细胞和真核藻类产氢所利用的还原性含氢物质是水；异养型厌氧菌、固氮菌、光合厌氧细菌所利用的还原性含氢物质则是有机物。按氢能转化的能量来源来分，异养型厌氧菌、固氮菌依靠分解有机物产生 ATP 来产氢；而真核藻类、蓝细胞、光合厌氧细菌则能通光合作用将太阳能转化为氢能。

5. 生物质制氢

在生物技术领域，生物质又称生物量，是指所有通过光合作用转化太阳能生长的有机物，包括高等植物、农作物及秸秆、藻类及水生植物等。利用生物质制氢是指用某种化学或物理方式把生物质转化成氢气的过程。降低生物制氢成本的有效方法是应用廉价的原料，常用的有富含有机物的有机废水、城市垃圾等，利用生物质制氢同样能够大大降低生产成本，而且能够改善自然界的物质循环，很好地保护生态环境。

通过陆地和海洋中的光合作用，每年地球上所产生物量中所含的能量是全世界人类每年消耗量的 l0 倍。生物质的使用为液态燃料和化工原料提供了一个有充足选择余地的可再生资源，只要生物质的使用跟得上它的再生速度，这种资源的应用就不会增加空气中 CO 的含量。就纤维素类生物质而言，我国农村可供利用的农作物秸秆达 500~600Mt，相当于超过 200Mt 标准煤。林产加工废料约为 30Mt，此外还有 10Mt 左右的甘蔗渣。这些生物质资源中，有 16%~38%是作为垃圾处理的，其余部分的利用也多处于低级水平，如造成环境污染的随意焚烧、采用热效率仅约为 10%的直接燃烧方法等。开发生物质制氢技术将是解决上述问题的一条很好的途径。

目前我国 97%的氢气是由化石燃料生产的，其余的通过水电解法生产。化石燃料制造氢气要向大气排放大量的温室气体，对环境不利。水电解制造氢气则不产生温室气体，但是生产成本较高。因此水解制氢适合电力资源如水电、风能、地热能、潮汐能以及核能比较丰富的地区。

8.2.2 氢气的储存

目前储氢技术分为两大类即物理法和化学法。前者主要包括液化储氢、压缩储氢、碳质材料吸附、玻璃微球储氢等；后者主要包括金属氢化物储氢、无机物储氢、有机液态氢化物储氢等。传统的高压气瓶或以液态、固态储氢都不经济也不安全，而使用储氢材料储氢能很好地解决这些问题。目前所用的储氢材料主要有合金、碳材料、有机液体以及络合物等。

1. 金属氢化物储氢材料

金属氢化物是氢和金属的化合物。氢原子进入金属价键结构形成氢化物。金属氢化物在较低的压力(100MPa)下具有较高的储氢能力，可达到 $100kg/m^3$ 以上，但由于金属密度很大，导致氢的质量分数很低，只有 5%左右。

储氢合金不仅具有安全可靠、储氢能耗低、单位体积储氢密度高等优点，还有将氢气纯化、压缩的功能，是目前最常用的储氢材料。按储氢合金材料的主要金属元素区分，可分为稀土系、钙系、钛系、锆系、镁系等；

(1) 稀土系储氢合金

LaNi 是较早开发的稀土储氢合金，它的优点是活化容易、分解氢压适中、吸放氢平衡压差小、动力学性能优良、不易中毒。但它在吸氢后会发生晶格膨胀，合金易粉碎。

（2）镁基储氢材料

镁系储氢合金具有较高的储氢容量，而且吸放氢平台好、资源丰富、价格低廉，应用前景十分诱人。但其吸放氢速度较慢、氢化物稳定导致释放氢温度过高、表面容易形成一层致密的氧化膜等缺点，使其实用化进程受到限制。镁具有吸氢量大（MgH，含氢的质量分数为7.6%）、质量轻、价格低等优点，但放氢温度高且吸放氢速度慢。通过合金化可改善镁氢化物的热力学和动力学特性，从而出现实用的镁基储氢合金。

（3）钛系储氢合金

钛系储氢合金最大的优点是放氢温度低（-30℃）、价格适中，缺点是不易活化、易中毒、滞后现象比较严重。近年来对于Ti-V-Mn系储氢合金的研究开发十分活跃，通过亚稳态分解形成的具有纳米结构的储氢合金吸氢质量分数可达2%以上。

（4）钒基固溶体型储氢合金

钒可与氢生成VH氢化物。钒基固溶体型储氢合金的特点是可逆储氢量大、可常温下实现吸放氢、反应速率大，但合金表面易生成氧化膜，增大激活难度。金属氢化物储氢具有较高的容积效率，使用也比较安全，但质量效率较低。如果质量效率能够被有效提高，这种储氢方式将是很有希望的交通燃料的储存方式。

2. 碳质储氢材料

在吸附储氢的材料中，碳质材料是最好的吸附剂，它对少数的气体杂质不敏感，且可反复使用。碳质储氢材料主要是高比表面积活性炭、石墨纳米纤维（GNF）和碳纳米管（CNT）。

（1）超级活性炭吸附储氢

超级活性炭储氢始于20世纪70年代末，是在中低温（77～273K）、中高压（1～10MPa）下利用超高比表面积的活性炭作吸附剂的吸附储氢技术。与其他储氢技术相比，超级活性炭储氢具有经济、储氢量高、解吸快、循环使用寿命长和容易实现规模化生产等优点，是一种很具潜力的储氢方法。

（2）碳纳米管/纳米碳纤维吸附储氢

从微观结构上来看，碳纳米管是由一层或多层同轴中空管状石墨烯构成，可以简单地分为单壁碳纳米管、多壁碳纳米管以及由单壁碳纳米管束形成的复合管，管直径通常为纳米级，长度在微米到毫米级。石墨纳米纤维的储氢能力取决于其纤维结构的独特排布。氢气在碳纳米管中的吸附储存机理比较复杂。根据吸附过程中吸附质与吸附剂分子之间相互作用的区别以及吸附质状态的变化，可分为物理吸附和化学吸附。

3. 络合物储氢材料

络合物用来储氢起源于硼氢化络合物的高含氢量，日本的科研人员首先开发了氢化硼钠和氢化硼钾等络合物储氢材料，它们通过加水分解反应可产生比其自身含氢量还多的氢气。后来有人研制了一种被称之为“Aranate”的新型储氢材料：氢化铝络合物。这些络合物加热分解可放出总量高达7.4%（质）的氢。氢化硼和氢化铝络合物是很有发展前景的新型储氢材料，但为了使其能得到实际应用，人们还需探索新的催化剂或将现有的钛、锆、铁催化剂进行优化组合以改善NaA1H等材料的低温放氢性能，而且对于这类材料的回收再生循环利用也须进一步深入研究。

4. 有机物储氢材料

有机液体氢化物储氢技术是20世纪80年代国外开发的一种新型储氢技术，其原理是借助不饱和液体有机物与氢的一对可逆反应，即加氢反应和脱氢反应实现的。烯烃、炔烃和芳烃等不饱和有机物均可作为储氢材料，但从储氢过程的能耗、储氢量、储氢剂和物理性质等方面考虑，以芳烃特别是单环芳烃为佳。

目前研究表明，只有苯、甲苯的脱氢过程可逆且储氢量大，是比较理想的有机储氢材料。有机物储氢的特点是：①储氢量大；②便于储存和运输；③可多次循环使用；④加氢反应放出大量热可供利用。

8.3 氢燃料电池

8.3.1 氢燃料电池的概述

燃料电池是通过燃料与氧化剂的电化学反应，将燃料储藏的化学能转化为电能的装置。相比较燃料直接燃烧释放的热能，电能转化不受卡诺循环的限制，转化效率更高，同时应用更加方便，对环境更为友好，因此通过燃料电池能实现对能源更为有效的利用。燃料电池是氢能利用的最重要的形式，通过燃料电池这种先进的能量转化方式，氢能源能真正成为人类社会高效清洁的能源动力。

燃料电池的负极为燃料 H_2，发生氧化反应，放出电子：$H_2=2H^++2e$

释放的电子通过外电路到达燃料电池的正极，使氧化剂 O_2 发生还原反应：$O_2+e+H^+=H_2O$

在电池内部，电荷通过溶液中的导电离子传递，正极生成的 H^+ 通过质子交换膜扩散到负极，完成电荷的循环并在负极生成产物 H_2O。

将这两个反应加和，得到总反应：$2H_2+O_2 = 2H_2O$。即为通常的氢气氧化反应，通过燃料电池，反应的化学能以电能的形式给出。

1. 氢燃料电池的原理

氢燃料电池是使用氢这种化学元素，制造成储存能量的电池。其基本原理是电解水的逆反应，把氢和氧分别供给阴极和阳极，氢通过阴极向外扩散和电解质发生反应后，放出电子通过外部的负载到达阳极。

2. 氢燃料电池的基本结构

氢燃料电池的基本结构和基本燃料电池的结构相同包括：电极、电解质隔膜与集电器等。电极是燃料氧化和还原的电化学反应发生的场所，可分成阴极与阳极两部分。电解质隔膜的功能是分隔氧化剂与还原剂并同时传导离子。目前燃料电池所采用的电解质隔膜可以分为两类，一类为以绝缘材料制作多孔隔膜，例如石棉膜、碳化硅膜和铝酸锂膜等，再将电解液，例如氢氧化钾、磷酸和熔融碳酸盐等浸入多孔隔膜；另一类电解质隔膜为固态离子交换膜，例如质子交换膜燃料电池中采用的全氟磺酸树脂膜。集电器也称作双极板，它只有收集电流、疏导反应气体及分隔氧化剂与还原剂的作用；双极板的性能取决于材料特性、流场设计与加工技术。

8.3.2 氢燃料电池的应用

20 世纪 60 年代，氢燃料电池就已经成功地应用于航天领域。往返于太空和地球之间的“阿波罗”飞船就安装了这种体积小、容量大的装置。进入 70 年代以后，随着人们不断地掌握多种先进的制氢技术，很快，氢燃料电池就被运用于发电和汽车。随着制氢技术的发展，氢燃料电池离我们的生活越来越近。到那时，氢气将像煤气一样通过管道被送入千家万户，每个用户则采用金属氢化物的储罐将氢气储存起来，然后连接氢燃料电池，再接通各种用电设备。它将为人们创造舒适的生活环境，减轻繁重的生活事务。但愿这种清洁方便的新型能源——氢燃料电池早日在人们日常生活中使用。

1. 燃料电池汽车

燃料电池汽车无温室气体排放，但成本较高，需氢气加注站。

尽管目前大多数汽车生产商仍将注意力集中于混合动力汽车或纯电动汽车，但是燃料电池汽车的支持者们却认为，虽然氢动力汽车发展比混合动力、纯电动汽车晚一步，但其拥有更多的优势：燃料添加时间短、单次行程远等。另有专业人士认为，未来小型电动汽车将成为短途旅行的理想选择，而燃料电池技术则更适合大型车辆，如卡车等，因为盛装氢燃料的罐子会占很大空间。除了高成本外，氢气充电站和大小适中的车型缺乏也是燃料电池汽车研发道路上的障碍。2009 年 9 月，丰田、本田、现代、福特、通用、戴姆勒、起亚等知名汽车公司共同发表声明，呼吁各国政府在 2015 年前建立更多的氢燃料基础设施。

截至 2019 年 11 月，欧洲氢气网络中共有 137 个加氢站，而且数量还在增加。通过新的信息系统，氢动力汽车用户不仅可以确定欧洲各地燃料站的位置，他们还可以实时检查每个站点的状态，并在用户前往加氢站之前对任何计划内或计划外的故障发出警报。欧洲氢动力公司(H2ME)迄今已在欧洲资助安装了 32 个氢站。他们的目标是到 2022 年将这一数字扩大到 49 个。此外，泛欧项目已经部署了 550 多辆氢动力汽车。在英国、斯堪的纳维亚、法国和德国等欧洲国家，这些车辆已被用于私人和商业用途。

德国的燃料电池汽车氢燃料补给站的网络越来越密集。截至 2019 年 10 月，该国共有 76 个加氢站；到 2020 年初，这个数字将达到 100 个。Bad Homburg 的地区中心坐落在 A5 高速公路上，与莱茵-主要都会区相连，是加氢站网络的补充。操作一个氢燃料泵对司机来说十分容易；加氢与传统汽油车类似，只需要 3~5 分钟。该设施可储存约 200kg 氢气，每天可为 40~50 辆汽车提供燃料。

通用汽车公司已研制成功使用液氢燃料电池产生动力的零排放概念车“氢动一号”、该车加速快，操作灵活，从 0~100km/h 加速仅 16s，最高时速可达 140km/h，续驰里程 400km。空气产品公司、普拉克斯公司作为领先的液氢供应商，其供氢站已经可为氢燃料电池汽车供应 24~34MPa 的液氢。

2. 燃料电池客船和飞机

研制燃料电池航空发动机的主要目的是减少飞机采用航空汽油对大气的污染。燃料电池进行的氢氧化学反应产生的只是纯净水，而这些水还可用来冲刷飞机上的厕所。采用燃料电池还可以将飞机上的动力系统与电力系统有效地结合起来，并减少飞机携带汽油的自重。将把燃料电池技术与太阳能技术结合起来，在下一代空中客车飞机的研制中引入这些新技术。

世界上第一架仅使用燃料电池为动力的飞机于 2009 年 7 月 9 日在德国问世，该飞机产生的二氧化碳排放为零。德国航天中心(DLR)发言人表示，该飞机采用了改进性能和高效率的燃料电池，借此可验证这一技术的实用潜力，也可望专门应用于航天事业。该系统采用氢气为燃料，直接转化成电能，与空气中的氧气发生电化学反应，无任何燃烧产生。仅有的副产物为水，如果氢燃料采用可再生能源来生产，则该飞机发动机完全无 CO_2 产生。德国航天中心(DLR)表示，虽然燃料电池要成为商用飞机推进的主要能源仍然有很长一段路要走，但因其是可靠的机载动力形式，将成为现有能源系统有魅力和重要的替代方案。

美国海军研究实验室于 2009 年 10 月 23 日宣布，称之为离子虎(Ion Tiger)的氢动力燃料电池无人飞机完成了 23 小时 17 分钟的飞行，创造了非官方燃料电池动力耐力飞行的纪录。离子虎氢动力无人飞机试飞始于美国马里兰州哈特福德(Hartford)郡阿伯丁(Aberdeen)试验场。该燃料电池动力推进系统有低噪声特点，充分利用了高能燃料氢。550W(0.75 马力)的燃料电池使氢动力无人飞机的效率与内燃机相比高出约 4 倍，并且，该系统比当量质量的电池能量高出 7 倍。小型无人机的发展对美国海军执行任务是重要的，它提供的功能可从监控收集到通讯联系等。电动无人机有被地面几乎检测不到的额外功能。由于燃料电池系统高的能量，可望执行长航任务，从而可以有较大的巡航范围，减少日常起飞和降落的次数。这就提供了更多的使用能力，同时可节省机组人员的时间和精力。通过研究团队的努力，使氢动力燃料电池无人飞机具有高的动力、高效的燃料电池系统、轻量化的氢气储罐、改进的热能管理以及这些系统高效的集成，从而可实现长航飞行。

3. 工业应用的燃料电池发电系统

工业上应用的大型燃料电池发电系统也步入快车道。陶氏化学公司与通用汽车公司(GM)合作，在美国得州自由港建设大型燃料电池发电系统。生产 1MW 电力，该燃料电池项目最终可供应 35MW 电力，占陶氏化学公司该生产地所需电力的 2%，可大大提升氢气的利用价值，成为迄今最大的商业化燃料电池应用设施。陶氏化学公司从自由港提供副产的氢气以驱动该燃料电池，该燃料电池的投用减少了排放污染，并与其他能源供应展开竞争。

4. 燃料电池发电项目

2019 年 8 月世界上最大的 50MW 级二次氢燃料电池发电站，位于韩国中清省南部的 Seosan，东西发展公司(East-West Development)表示，它已经开始 Daesan 二级氢燃料电池的开发工作。大山氢燃料电池发电站(Daesan Hydrogen Fuel Cell Power Plant)由大山绿色能源(Daesan Green Energy)运营，该公司是韩国东西电力(Korea East-West Power)、韩华能源(Hanwha Energy)和斗山集团(Doosan)的合资企业。在韩国忠南郡的 Seosan Hanwha total 厂址，50.16MW 的发电厂中将设置 440kW · h 磷酸燃料电池(PAFC)。韩国政府于 2019 年 1 月宣布了振兴氢经济的路线图，并正在推动扩大使用氢燃料的汽车和发电基础设施。根据该计划，韩国东西部电力公司(Korea East-West Power Co.)，一家正在发展中的上市公司，计划到 2030 年，通过注入总计 5.8 万亿韩元的资金，扩建一座达到 1GW 的氢燃料电池发电站。

5. 燃料电池配套材料

我国两类碱性石棉膜型氢氧燃料电池系统通过了航天环境模拟试验。国家已将质子交换膜燃料电池列为重点攻关项目，以大连化学物理研究所为牵头单位，在国内全面开展了质子交换膜燃料电池的材料和电池系统的研究，并组装了多台各种功率(1~25kW)的电池组和电池系统，达到了电动车动力源的要求。以纯氢为燃料的 5kW×6=30kW 质子交换膜燃料电池为动力的中巴车也试运行成功。大连化物所5kW级甲醇自热转化氢源系统与燃料电池一次联试也取得成功，集成的转化氢源系统和转化气燃料电池技术标志着我国在甲醇自热转化氢源系统和转化气燃料电池的研制方面取得了突破性进展。在6个多小时的联试过程中，氢源系统及燃料电池系统的工况均正常稳定，甲醇转化气中CO浓度为0.3μL/L左右，氢气含量达到53%，燃料电池输出功率始终维持在5~5.2kW之间。联试结果不仅证明了燃料电池的抗CO能力很好，而且采用燃料电池尾气作为制氢系统的燃料气，实现了全系统的能量平衡和优化利用。

氢能是无碳能源，因此被称为绿色能源。目前我国要想直接跨入氢能时代尚有一段很长的距离，氢能利用不能只着眼于氢燃料电池汽车的发展，最好的利用方式应是从在其他燃料中掺一点氢的“浅绿”阶段开始，逐渐过渡到全部为氢气的“深绿”阶段。氢燃料电池车所用氢中不添加其他燃料，是利用氢能的“深绿”阶段，也是公认的利用氢能的最好方式之一，但目前由于成本等问题，尚处于示范阶段，还需要十几年的时间才能进入市场。因此，氢能利用不能只着眼于氢燃料电池汽车，应先在容易商业化的“浅绿”阶段加大拓展力度，即混氢的利用方式。

在天然气中混入氢气(HCNG)，可以有效降低燃料的燃烧温度，从而减少排放气中氮氧化物含量，既可以用于汽车燃料，也可用作工业或民用燃料。印度已将HCNG作为发展氢能的主要内容。在我国，山西省国新能源技术有限责任公司已经建立了HCNG的工业示范项目，我国应在有条件的地方开展HCNG应用。此外，处于商业化门口的还有氢燃料电池叉车和氢燃料电池备用电源等，只要进一步推动，就可以实现产业化。

氢能是清洁的二次能源，对改善我国气体比重过低的能源结构和缓解碳减排压力具有深层次意义。在氢能利用方面，车用燃料是一个方向，但绝对不是唯一的方向。分布式家用燃料电池电站已在日本、加拿大、美国等获得成功应用。我国拥有很多氢能相关技术，各种技术的商业化水平也不同，应根据我国国情，把氢能经济中能够商业化的部分先做起来。

氢能利用应以混氢时代作为过渡。氢不但可以直接作为燃料，也可以作为燃烧促进剂。将少量氢气加入汽车燃料中，可使汽车能耗减少15%~20%，甚至30%，这在美国和加拿大都已得到实验验证，是一个值得产业界联合起来深入探索的氢能利用方向。

8.3.3 我国氢燃料电池发展中遇到的问题

1. 氢气的制取

一般工业制氢方法有电解水、含烃的化石燃料制氢、太阳能光电化学分解热化学制氢、光和微生物制氢等多种方法，但是目前还没有一种价格低廉、无污染、制作工艺成熟、技术优良的工艺方法，这个也是我们技术攻关的方向和目标。

2. 氢气的储存

一般的储存方法有常压储氢、高压储氢、液氢储氢、金属氢化物储氢以及吸附储存。由于氢特别轻，无色无味，而且容易泄漏、易在空气中达到爆炸极限浓度而发生爆炸，所以氢的储存成为制取之后又一个技术性难题。

3. 氢气的运输

氢虽然有良好的可运输性，但不论是气态氢或是液氢，他们在使用过程中都存在不可忽视的实际问题。首先，氢特别轻。在运输和使用时。单位能量所占的体积相对较大，这对作汽车动力有一定的挑战。其次，氢特别容易泄漏，即使是真空密封的燃料箱，每 24h 的泄漏率就达 2%，而汽油一般每一个月才泄漏 1%，因此，对储氢容器和输氢管道、接头、阀门等都要采取特殊的密封措施。第三，液氢的温度极低，只要有一滴滴在皮肤上，就会发生严重的冻伤。因此在运输和使用过程中必须十分谨慎。要特别注意采取各种安全措施。

针对氢气制取、储存和运输上面存在的问题，从经济性和技术成熟度两个维度分析气氢拖车、管道运输、液氢罐车和储氢材料这四种可能性：

气氢拖车是未来一段时间的主要运输方式，气氢拖车具有运输成本较低的特点，但相对的运输量太小的劣势也暴露了出来；液氢罐车是未来的重要方向，其运输能力是气氢拖车的十倍以上，配合大规模可再生能源或者核电的弃电，是燃料电池大规模部署后的氢气解决方案；液氢压缩的能源消耗和氢罐的制造成本过高则是其需要改进之处，管道氢气运输运营成本低、运输规模庞大，但最致命的缺点是投资成本高且只能点对点，因此在一段时间内很难成为主流；固态储氢材料是未来氢气储存与运输的重要研究方向，包括物理吸附与金属或非金属氢化物储氢三个方向，目前都处于研究或者小规模实验状态。

第9章 新能源汽车

9.1 新能源汽车概述

新能源汽车是指除汽油、柴油发动机之外所有其他能源汽车。包括燃料电池汽车、混合动力汽车、氢能源动力汽车和太阳能汽车等。其废气排放量比较低。据不完全统计，全世界现有超过400万辆液化石油气汽车、100多万辆天然气汽车。传统汽车拥有量的增长，带来了环境污染、气候变化、能源短缺等许多问题。

低排放的新能源汽车又称清洁能源汽车，含混合动力、纯电动(BEV，包括太阳能)、燃料电池电动(FCEV)、氢发动机、其他新能源(如高效储能器)等以能源为动力的汽车。

节能与新能源汽车目前主要包括天然气、生物质燃料、煤基燃料等代用燃料汽车；使用汽柴油或代用燃料同时增加电驱动系统的混合动力汽车；由动力电池作为蓄能装置、由电机驱动的纯电动汽车等。节能与新能源汽车具有燃料效率利用率高、低排放或零排放等特点。

2019年10月17日，全球领先的电动汽车电池制造商韩国LG化学公司表示，预计2024年全球电动汽车销量将在2018年的水平上增长逾5倍，占到全球汽车总销量的15%左右。该公司还预计，到2025年，电池成本将从2015年的平均每千瓦时200美元降至每千瓦时100美元。目前电池成本约占电动汽车价格的三分之一，是更广泛采用电动汽车的最大障碍之一。该公司表示，预计2024年全球纯电动和插电式混合动力汽车销量将从去年的240万辆增至1320万辆，占全球汽车总销量的15%。

在近年内，电动汽车已成为汽车工业的战略重点，但是在全球市场上，该技术仍处初期发展阶段。替代动力/燃料的定义是不使用纯汽油和柴油动力/燃料，但包括这些燃料的混用。可能的替代动力/燃料包括CNG、CNG/柴油混合、柴油/电动混合动力、汽油/电动混合动力、汽油/CNG混合动力、汽油/LNG混合动力、纯电动、乙醇(E85)、乙醇(E85)/电动混合动力、氢能和燃料电池汽车。

中国的汽车工业发展之快，轿车个人拥有量之大，在国际上也是少有的。有人认为由此改变了世界汽车格局，“中国汽车已经坐稳世界第一”。然而，我们也不得不面对一些现实问题，如中国的环境空间、交通设施和石油资源。

1. 大气污染

当前，中国汽车排放的有害气体扩散到空气中造成空气污染占整个城市空气污染的70%，甚至到90%。汽车尾气对环境的污染和人体健康造成的危害，成为中国城市污染的罪魁祸首。

2. 交通拥堵

资料显示，目前中国近700个中小城市中，道路总长不足35万公里，而这35万公里的道路却要容纳全国90%以上的机动车辆，支撑80%以上经济社会的运行，按国内汽车消费年均15%的增速计算，5年内，城市道路将饱和。

3. 能源紧张

在当今国际舞台上，石油领域的竞争超出了纯商业的范围，已成为大国之间经济、军事、政治斗争的武器。因此，大力推进传统汽车节能减排和新能源汽车产业化，已成为中国汽车业亟须解决的重大课题。

9.2 中国新能源汽车发展状况

中国新能源汽车产业始于21世纪初。2001年，新能源汽车研究项目被列入国家“十五”期间的“863”重大科技课题，并规划了以汽油车为起点，向氢动力车目标挺进的战略。“十一五”以来，我国提出“节能和新能源汽车”战略，政府高度关注新能源汽车的研发和产业化。形成了完整的新能源汽车研发、示范布局。

在能源和环保的压力下，新能源汽车无疑将成为未来汽车的发展方向。“十二五”期间，我国新能源汽车正式迈入产业化发展阶段，在全社会推广新能源城市客车、混合动力轿车、小型电动车。“十三五”期间即2016~2020年，我国将进一步普及新能源汽车，多能源混合动力车、插电式电动轿车、氢燃料电池轿车将逐步进入普通家庭。

汽车工业协会数据显示，2019年6月中国新能源汽车产销量分别完成13.4万辆和15.2万辆，比上年同期分别增长56.3%和80.0%。其中，2019年6月中国纯电动汽车产销分别完成11.3万辆和12.9万辆，比上年同期分别增长78.0%和106.7%。2019年6月中国插电式混合动力汽车生产完成2万辆，比上年同期下降8.9%。2019年6月中国燃料电池汽车产销分别完成508辆和484辆，比上年同期分别增长9.8倍和14.6倍。

累计方面，2019年1~6月中国新能源汽车产销量分别达到61.4万辆和61.7万辆，比上年同期分别增长48.5%和49.6%。其中，2019年1~6月中国纯电动汽车产销分别完成49.3万辆和49.0万辆，比上年同期分别增长57.3%和56.6%。2019年1~6月中国插电式混合动力汽车产销分别完成11.9万辆和12.6万辆，比上年同期分别增长19.7%和26.4%。2019年1~6月中国燃料电池汽车产销分别完成1170辆和1102辆，比上年同期分别增长7.2倍和7.8倍。

参 考 文 献

[1] 钱伯章．新能源——后石油时代的必然选择[M]. 北京：化学工业出版社，2007.

[2] 钱伯章．石油和天然气技术与应用[M]. 北京：科学出版社，2010.

[3] 钱伯章．可再生能源发展综述[M]. 北京：科学出版社，2010.

[4] 钱伯章．生物质能技术与应用[M]. 北京：科学出版社，2010.

[5] 钱伯章．生物乙醇、丁醇和生物柴油技术与应用[M]. 北京：科学出版社，2010.

[6] 钱伯章．太阳能技术与应用[M]. 北京：科学出版社，2010.

[7] 钱伯章．水力能、海洋能、地热能技术与应用[M]. 北京：科学出版社，2010.

[8] 钱伯章．核能和氢能技术与应用[M]. 北京：科学出版社，2010.

[9] 钱伯章．新能源汽车与新型蓄能电池、热电转换技术[M]. 北京：科学出版社，2010.

[10] 钱伯章．醇醚燃料与天然气和煤基合成油技术与应用[M]. 北京：科学出版社，2010.

[11] Beenackers A A C M. Solar energy R&D in theEuropean Community series E advanced gasification[M]. London：D. Reidel Publishing Company，1986.

[12] Kendry P M. Energyproduction from biomass(part2)：Conversion technologies[J]. Bioresource Technology，2002，(83)：47 -54.

[13] Appell H R，Fu Y C，Friedman S，et al. Report ofInvestigation 7560 [R]. Pittsburg ：US Bureau ofMines，1971.

[14] Minow at Z. Liquefaction cellulose in hot compressedwater using sodium carbonate products distribution atdifferent reaction temperature[J]. J. Chem. Eng. Japan，1997，(1)：186 -190.

[15] Luo Guoliang，Zhang Yuanmin. Analysis on rural energy consumption of China[J]. Chinese Agricultural Science Bulletin，2008，24(12)：535-540.(in Chinese with English abstract).

[16] Zhi X，Zhou X E，Melcher K，et al. Structures and regulation of non-X orphan nuclear receptors：A retinoid hypothesis[J]. The Journal of steroid biochemistry and molecular biology，2015.

[17] Andre'P. C. Faai. Bio-energy in Europe：changing technology choices Europe：changing technology choices [J]Applied Energy，2010，4.

[18] Eleni A. Kaditi *，Bio-energy policies in a global context[J]Journal of Cleaner Production 2009，7.

[19] Bernard D，Desruet M D，Wolf M，et al. Radioiodine therapy in benign thyroid disorders. Evaluation of French nuclear medicine practices [C]//Annales d´endocrinologie. Elsevier Masson，2014，75(4)：241-246.

[20] Guo X，Guo X. Nuclear power development in China after the restart of new nuclear construction and approval：A system dynamics analysis[J]. Renewable and Sustainable Energy Reviews，2016，57：999-1007.

[21] 王仲颖，任东明，高虎．中国可再生能源产业发展报告[R]. 北京：化学工业出版社，2011：105-111.

[22] 宋嘉颖．核能安全发展的伦理研究[D]. 南京理工大学，2013.

[23] 罗国强，叶泉，郑宇．法国新能源法律与政策及其对中国的启示[J]. 天府新论，2011(2)：66-72.

[24] 江绵恒，徐洪杰，戴志敏．未来先进核裂变能-TMSR 核能系统[J]. 中国科学院院刊，2012，27(3)：366-374.

[25] 张瑞吟．中国新能源汽车产业发展现状与技术瓶颈[J]. 集成电路应用，2012，12.